中国高校艺术专业技能与实践系列教材

设计心理学基础

SHEJI XINLIXUE JICHU

刘能强 ◆ 主编

人民美术出版社

北京

图书在版编目（CIP）数据

设计心理学基础 / 刘能强主编. -- 北京：人民美术出版社, 2023.9
中国高校艺术专业技能与实践系列教材
ISBN 978-7-102-09211-9

Ⅰ. ①设… Ⅱ. ①刘… Ⅲ. ①工业设计－应用心理学－高等学校－教材 Ⅳ. ①TB47-05

中国国家版本馆CIP数据核字(2023)第142877号

中国高校艺术专业技能与实践系列教材
ZHONGGUO GAOXIAO YISHU ZHUANYE JINENG YU SHIJIAN XILIE JIAOCAI
设计心理学基础
SHEJI XINLIXUE JICHU

编辑出版 人民美術出版社
（北京市朝阳区东三环南路甲3号　邮编：100022）
http://www.renmei.com.cn
发行部：（010）67517799
网购部：（010）67517743

主　　编　刘能强
策划编辑　教富斌
责任编辑　李春立
装帧设计　翟英东
责任校对　白劲光
责任印制　胡雨竹
制　　版　朝花制版中心
印　　刷　雅迪云印（天津）科技有限公司
经　　销　全国新华书店

开　本：889mm×1194mm　1/16
印　张：14.25
字　数：250千
版　次：2023年9月　第1版
印　次：2023年9月　第1次印刷
印　数：0001—3000
ISBN　978-7-102-09211-9
定　价：78.00元
如有印装质量问题影响阅读，请与我社联系调换。（010）67517850

版权所有　翻印必究

序 言
FOREWORD

专业——高校根据社会的专业分工而设立的学业类别，是知识学习的边界。一个人要想把本专业的知识学精学通，需要有对专业的高度认识和对知识的熟练掌握。只有做到熟悉学习方法和路径，才能做到一通百通。在科技高速发展的今天，我们强调学科交叉、多才多艺，强调每个人都应该树立无边界学习的理念，即“进校前有专业，进校后要通学”。平面（视觉设计）、立体（产品和工业设计）、空间（室内、建筑、景观）、时尚（服饰、数字媒体）的交叉，只是同类专业的互补，而文、理、艺的交叉才能培养出全面发展的人才。

课程——学校专业教学的科目，包含专业的主体精神，是知识的具体体现。课程的合理性为个人专业知识的建构和实践能力的培养打下了良好基础。美国著名课程与教育专家格兰特·威金斯（Grant Wiggins）提出的“追求理解的教学设计”（UBD）理论，以及在课程体系中的“逆向设计法”，避开了教学设计中的聚焦活动和知识灌输这两大误区，致力于发掘大概念，帮助学生获得持久、可迁移的理解能力，而不是得到学了却不会用的知识。

该理论被广泛应用于美国大、中、小学的教育课程体系设计中，为人才培养目标进行课程体系的应用技能设计，以证明学生实现了预期的目标。一个好的专业须有课程知识能量的支撑。为什么教育部首先亮红灯的是动画专业？因为该专业的课程结构设置不合理，导致了学生知识的缺失，继而影响了他们的就业与发展。

教材——课程的意志体现并支撑着课程教学。“工欲善其事，必先利其器”，教材是教学最重要的元素，其优劣决定着教学效率的高低。直接影响教学效率的因素有三：一是教师的专业素养，二是教学的配套设施，三是教材的选择。其中，最具有提升空间的就是教材。好的教材，不仅能够使教师在教学过程中有行云流水般的顺畅感，让教学事半功倍，更能确保学生在有限的时间内学到真东西，达到学习目标。

好的教材应具备三种特质：一是课程知识点的科学性；二是教学案例、作业程序的合理性，让学生能创作出好的作品；三是突破纸质教材成本和页数的局限性，通过“相关信息”“相关链接”等拓展内容，使学生得到无限的知识和信息。这些特质虽简单却包含着无限的知识能量。

2018 年 11 月 1 日召开的教育部高等学校教学指导委员会成立大会强调指出，教育重心要重新回归到本科教学上来，并把教材视为教学质量中最为重要的环节。正是在这样的语境下，本套教材实现了教学精神的回归。

教育部高等学校
设计学类专业教学指导委员会副主任
同济大学教授、博士生导师　林家阳
2018 年 12 月

前　言
PREFACE

现代设计作为一个新兴学科，同时也作为一种服务性和创造性行为与思想领域，无论是在艺术还是在技术层面，都已经深刻而全面介入并影响到现代人们的生活，而人们在依设计对生活经营和享受的过程中，总会引发各种意愿、感受、认知以及丰富而微妙的情感体验等心理活动。所以，当我们谈论起设计心理学，其实不仅仅是在谈论一门学科、一个课题、一门课程或一个项目，而是谈论对生活的感悟与对人类自身的关切。

设计心理学，作为一门跨学科的科学，旨在探索和理解人类生活与设计之间的关系，以及设计对人类行为和感知的影响。随着科技的不断发展和社会的进步，设计心理学在当今社会中的重要性越来越凸显。同时，设计也已成为现代社会日常生活中不可或缺的一部分，贯穿着人们的生活、工作、娱乐等各个方面。设计心理学是一门既独立又综合的知识领域，它将心理学中的感知、情感、想象和行为等多方面的研究与设计领域的实践相结合，旨在帮助设计师设计的作品最大限度满足用户的需求，提高用户的满意度。因此，研究设计心理学不仅能够增加我们对人类行为和感知的理解，而且能够推动设计本身的发展，从而更加提高设计的实用性和艺术性。

和所有学科一样，设计心理学也在不断发展和演变中，或者说由于设计学和心理学随着时代和社会在不断发展，设计心理学作为以人们的设计行为和消费行为的心理现象及其规律为研究对象的交叉学科，自然也不会原地踏步。随着时代的变化和科技的进步，设计领域的需求和挑战也在不断增加，给设计心理学的学习和研究提出了许多新的课题。因此，本教材在为学生和从业人士提供一个全面、系统的设计心理学基础知识体系的同时，尽力帮助他们更好地理解设计与心理学之间的关系，并且能够更好地运用设计心理学的理论知识指导设计实践。更重要的是，这本教材将力图超越设计本身，帮助学生和从业人士不仅了解人们与设计相关的感知、思维、情感、行为和决策等方面的知识原理，还希望有助于读者了解如何与人们沟通、合作和互动，使他们能够更好地理解和满足用户的实际需求，并设计和提供出更加人性化的产品和服务。在此基础之上，本教材努力对接最新的研究和应用前沿，为学生和从业人士提供能够与时俱进的理论参考。

《设计心理学基础》是系统介绍设计心理学的入门教材，由西华大学刘能强主编，西华大学曾英负责第一、二章编撰，张雪梅负责第三章编撰，刘书亮负责全书统筹及图片资料整理和处理，四川师范大学武婵娟负责第四章编撰，成都文理学院蒋旭负责第五章编撰，四川交通职业学院尹浩英负责第六、七章编撰。感谢参编老师的努力和辛苦付出，同时感谢人民美术出版社的大力支持，使本书得以再度出版。

本书希望能为您带来更多的知识启示和实践借鉴，并为您在设计领域的学习和实践提供实际帮助。您的使用就是对本书的最大支持，并且由于您的支持，将会进一步推动设计心理学的研究和实践应用。在此向广大读者表示最诚挚的谢意！当然，囿于写作水平及见识浅陋，其中错讹难免，愿乞批评指正。

刘能强

2023年6月25日

课程计划

CURRICULAR PLAN

章 名	节 次	参考学时	基本内容
第一章 设计心理学概述	第一节　什么是设计心理学	3+2	设计心理学的概念与发展历程
	第二节　设计心理学的理论基础		认知心理学、行为主义心理学、审美心理学、人机工程学等
	第三节　设计心理的生理基础		大脑认知机制、感知神经机制、行为心理生理学等
第二章 设计的心理过程	第一节　设计与认知心理	3+2	包括感知、注意、记忆等认知过程与设计的关系
	第二节　设计过程中的情感与意志		情感与情绪的处理、意志力对设计的影响等
第三章 设计师心理	第一节　设计师人格与创造力	4+2	设计师的人格特质、创造力以及影响因素
	第二节　设计师的素质		沟通能力、表达能力、团队合作能力等
	第三节　设计师的心理特征		好奇心、创造力、开放性、自信心等
	第四节　设计师职业压力与应对		时间管理、项目管理、团队管理等
第四章 视觉传达心理学	第一节　视觉传达原理	6+2	图形、色彩、字体等基本视觉元素
	第二节　视觉化设计		信息图表、交互设计、界面设计等
第五章 环境艺术设计心理学	第一节　环境与心理	6+2	空间、采光、交通等环境因素对心理的影响
	第二节　环境设计与行为方式		人流控制、建筑外形、布局等
第六章 产品设计心理学	第一节　产品的可行性与可用性设计	6+2	用户体验、用户界面、交互设计等；
	第二节　产品的情感性设计		情感设计、品牌形象设计等。
第七章 设计与消费者心理	第一节　设计与消费者心理	4+4	市场调研、心理分析、用户研究等
	第二节　消费者心理分析与设计		消费者行为模式、心理需求等分析与设计

说明：本课程学时计划建议一般按2—3学分计算，安排32—48学时，教师可根据实际教学计划要求合理调整课时量。

目 录
CONTENTS

上　篇

设计心理学通识

第一章　设计心理学概述

第一章　设计心理学概述

本章概述

本章主要介绍了设计心理学的概念、理论基础以及生理基础。第一节中，我们将从学习设计心理学的定义开始，认识设计如何涉及人类的感知、认知、情感等心理过程，相关心理学知识如何应用于设计领域。设计心理学的起源和发展历程也是本章的重要部分。第二节中，我们将会探讨设计心理学的理论基础，这些理论包括感知心理学、认知心理学、情感心理学等，它们能有效地解释人们在面对不同设计选择时所表现出的行为和决策，并能够指导设计实践的方向和方式。第三节中，我们深入了解设计心理的生理基础，即人类的生理学与神经科学相关知识。

学习目标

1. 充分认识设计心理学的概念和意义，正确理解设计行为中的心理过程。
2. 了解并基本掌握设计心理学的理论基础。
3. 了解设计心理的生理基础，并掌握基本的相关术语和概念。
4. 能够初步思考如何将设计心理学应用到实际工作中，提高设计作品的质量和成功率。

第一节　什么是设计心理学

一、设计心理学的研究对象与范畴

（一）心理学的研究对象

心理学是研究人的心理现象及其发生、发展变化规律的科学。人的心理现象是非常复杂的，其表现形式也是多种多样的，但为了研究的方便，我们一般把它分为既相区别又相联系的两个方面，即心理过程和个性心理。

1.心理过程

心理过程又叫心理活动，是心理发生、发展的过程。心理过程一般都要经历发生、发展和结束的不同阶段。根据心理过程的形成和作用，可将其分为认识过程、情感过程和意志过程三个方面，简称知、情、意。

（1）认识过程。认识过程是人的基本的心理过程，是个体获取知识和运用知识的过程，是对作用于人的感觉器官的外界事物进行信息加工的过程，它包括感觉、知觉、记忆、思维、想象等。注意是人的心理活动或意识对一定事物的指向和集中。注意本身并不是一种独立的心理过程，它只是人的心理活动的一种伴随状态。在感知、记忆、思维、想象等认知过程中都有注意现象。

（2）情感过程。人在认识和改造客观世界时，并不是无动于衷的。人们不仅要认识周围世界，还在认识的过程中对这个世界产生了这样或那样的态度，体验着喜、怒、哀、乐等情绪情感，有时感到高兴和喜悦，有时感到气愤和憎恶，有时感到悲伤和忧虑，有时感到幸福和爱慕等。情绪和情感是人脑对客观事物是否符合人的需要而产生的主观体验。

（3）意志过程。人们不仅在不断地认识世界，产生情感体验，还在实践活动中改造世界。人们在社会实践活动中，拟定实践计划、做出决定、执行决定以及为达到目的而克服各种困难等心理活动，在心理学中称为意志过程。简言之，意志过程就是有意识地支配、调节行动，克服困难以实现预定目的的心理过程。

认识过程、情感过程和意志过程都有其自身的发生和发展的过程，但是，它们不是彼此孤立的过程，它们之间有着密切的联系。认识是情感和意志产生的基础，情感对认识有巨大的反作用，是意志行为产生的催化剂。三者之间是相互联系、相互促进的，它们共同构成了人的心理过程，是统一的心理活动的不同方面。

2.个性心理

个性也称人格，是指一个人在生活、实践活动中经常表现出来的、比较稳定的、带有一定倾向性的个体心理特征的总和，是一个人区别于其他人的独特的精神面貌和心理特征。每个人的生活及其独特的发展道路形成了与众不同的个性。个性贯穿于人的一生，影响着人的一生。个性心理是由个性心理特征和个性倾向性两个部分构成的。正是人的个性心理特征中所包含的气质、性格、能力，影响和决定着人生的风貌、人生的事业和人生的命运；正是人的个性倾向性中所包含的需要、动机和理想、信念、世界观，指引着人生的方向、人生的目标和人生的道路。

（1）个性心理特征。个性心理特征是指个体身上表现出来的经常的、稳定的心理特征，主要包括气质、性格和能力，其中以性格为核心。个性心理特征首先表现出极其稳定的特点，例如，能力的变化是缓慢的，因此是相对稳定的。其次，个性心理特征是多层次、多侧面的，由各种复杂的心理特征的独特结合构成的整体。这些层次包括三点。第一，顺利完成某种活动的潜在可能性的心理特征，即能力。第二是气质，气质是人的心理活动的典型的、稳定的动力特征。所谓心理活动的动力特征，是指心理过程发生的速度、强度、稳定性以及心理活动的指向性。气质是性格的内在基础，是决定个性类型的基础。第三是性格，主要是指完成活动任务的态度和行为方式的特征。性格是个性的外在表现，是显露的气质的外形，是在社会实践中对外界现实的基本态度和习惯的行为方式。个性心理特征的成分不是孤立存在的，而是错综复杂、相互联系、有机结合的一个整体。

（2）个性倾向性。个性倾向性是个体进行活动的基本动力，是个性结构中最活跃的因素。它决定着人对现实的态度、对认识活动的对象的趋向和选择。个性倾向性主要包括需要、动机、兴趣、理想、信念和价值观。它较少受生理、遗传等先天因素的影响，主要是在后天的培养和社会化过程中形成的。个性倾向性中的各个成分并非孤立存在的，而是互相联系、互相影响和互相制约的。其中，需要又是个性倾向性乃至整个个性积极性的源泉，只有在需要的推动下，个性才能形成和发展。动机、兴趣和信念等都是需要的表现形式。而价值观居于最高指导地位，它指引和制约着人的思想倾向和整个心理面貌，它是人的言行的总动力和总动机。由此可见，个性倾向性是以人的需要为基础、以价值观为指导的动力系统。个性倾向性是人活动的动力来源。

个性心理特征与个性倾向性在个人身上独特的稳定的结合，就构成了个体区别于他人的个性心理。个性心理是指在一定社会历史条件下的个体所具有的个性心理特征与个性倾向性的总和。

心理过程和个性心理总是密切联系在一起的。一方面，心理过程是个性心理形成和发展的基础。人的个性心理通过心理过程而形成，并在心理过程中表现出来。另一方面，已经形成的个性心理反过来又制约着一个人心理过程的发展和表现，对心理过程具有调节作用。事实上，不存在不具有个性心理的心理过程，也没有不表现在心理过程中的个性心理，二者是同一现象的两个不同方面。心理过程和个性心理既有区别，又相互联系、相互制约。

（二）设计心理学的研究对象

设计心理学是心理学的一门分支学科，也是设计学的重要组成部分，是研究设计活动中的人的心理现象的科学。与其他心理学的研究类似，设计心理学的研究应围绕与设计活动相关的人（主体）的心理和行为来进行。设计活动中的主体类型是多种多样的，但其中最主要的是设计师（设计主体）和消费者（设计客体）两类。这是设计心理学的主要的研究对象。

具体而言，设计心理学的研究对象包含以下几个方面。

基础部分，即影响设计活动中人的心理产生和发展的生理基础和心理基础。

心理过程，即设计活动中人的心理发生、发展的过程，包含认识过程、情感过程和意志过程三个方面，如消费者的心理活动过程、消费者购买过程中的心理活动、影响消费者行为的心理因素。

个性心理，即在设计活动中个人经常表现出来的、比较稳定的、带有一定倾向性的个体心理特征的总和，包含动力系统和个性心理特征。

（三）设计心理学的研究范畴

1.设计师心理

设计是一项有目的的创造性劳动，具有实用和审美的双重属性。设计师是创造性劳动的主体，用设计将设计产品与消费者联系在一起。设计师心理就是研究设计师在设计过程中，围绕设计活动所产生的心理现象及其发展规律以及如何帮助设计师提高其设计能力（或创造力）的问题。从这个角度来看，设计心理学的研究在于运用心理学的一般原理，研究设计师的思维、能力、兴趣等心理现象，帮助设计师发展创造性思维，激发创作灵感，培养审美情趣和设计能力，提升设计师的心理素质，以促使他们以良好的心态和融洽的人际关系进行设计，并与消费者有效地沟通，敏锐地感知市场信息，了解消费动态，同时，还可在设计教育中，对设计专业的学生进行训练，帮助他们培养和提高设计创意能力。

2.消费者心理

消费者心理主要研究消费者在消费活动中的心理现象和行为规律，具体而言，包含以下几个方面的问题。

（1）消费者在解读设计信息以及购买决策等消费行为中表现出来的心理活动及其一般的规律。消费者在消费行为中表现出来的认知、情感等心理现象，必然受到消费者的购买动机、兴趣等个性心理的影响，带有明显的个性。消费者在消费行为中表现出来的感觉、知觉、记忆、思维、美感等心理过程，则表现为人的一般的心理活动，带有规律性。通过对消费心理的研究，可以找出消费过程中消费者的一般心理规律。

（2）消费者心理发展变化的一般趋势。消费者每次在购买行为中以某种形式表现出来的心理现象，都是下一次购买行为发生的起点。消费者的消费心理虽然具有重复性，但不是静止不变的，随着消费者自身背景、社会环境、家庭状况等方面的变化，消费者的心理会发生变化。其发展趋势是：消费者在消费活动中常常更多考虑未来的消费，不仅注重有形商品的消费，还关注无形商品的消费。

二、设计心理学的发展现状

现代设计心理学的雏形大致产生在20世纪40年代后期。首先，“二战”中人机工程学和心理测量等应用心理学科得到迅速发展，战后转向民用，实验心理学以及工业心理学、人机工程学中很大一部分研究都直接与生产、生活相结合，为设计心理学提供了丰富的理论来源；其次，西方进入消费时代，社会物质生产逐渐繁荣，盛行消费者心理和行为研究；最后，设计成为了商品生产中最重要的环节，并出现了大批优秀的职业设计师。其中的代表人物是美国设计师德雷夫斯（Henry Drefuss），他率先开始以诚实的态度来研究用户的需要，为人的需要设计，并开始有意识地将人机工程学理论运用到工业设计中。德雷夫斯 1951 年出版了《为人民设计》（*Design for People*）一书，介绍了设计流程、材料、制造、分销以及科学中的艺术等。书中的许多内容都紧密围绕用户心理研究展开。他的设计不仅应作为“人性化设计”的先驱，同时其针对用户心理的研究也应作为针对设计的心理学研究的先行之作。

1961 年，曾经获得诺贝尔经济学奖的赫伯特·A. 西蒙发现了现代设计学中最重要的著作之一《人工科学》，他的思想核心就在于所谓的“有限理性说”和“满意理论”，即认为人的认知能力具有限度，人不可能达到最优选择，而只能“寻求满意”。他将复杂的设计思维活动划分为问题的求解活动，其理论为人工智能、智能化设计、机器人等研究领域提供了重要依据，初步界定了设计心理学以“有限理性”和“满意原则”为研究内容的基本理论。

认知科学和心理学家唐纳德·A. 诺曼对现代设计心理学以及可用型工程做出了最杰出的贡献。20 世纪 80 年代，他撰写了《设计心理学》（*The Design Everyday Things*）一书，成为可用性设计的先声。他在书的序言中写到“本书侧重研究如何使用产品”。诺曼虽然率先关注产品的可用性，但他同时提出不能因为追求产品的易用性而牺牲艺术美，他认为设计师应设计出“既具有创造性又好用，既具美感又运转良好的产品”。2004 年，他又发表了第二部设计心理学方面的著作《情感设计》，这次，他将注意力转向了设计中的情感和情绪。他根据人脑信息加工的三种水平，将人们对产品的情感体验从低级到高级分为三个阶段：内脏控制阶段、行为阶段、反思阶段。内脏控制阶段是人类的一种本能的、生物性的反应；反思阶段有高级思维活动参与，有记忆、经验等控制的反应，而行为阶段则介于两者之间。他提出的三种阶段对应于设计的三个方面，其中内脏控制阶段对应“外形”，行为阶段对应“使用的乐趣和效率”，反思阶段对应“自我形象、个人满意和记忆”。

目前，我国对设计心理学的研究尚处于起步阶段。研究设计心理学的专家，按照专业背景的不同，可以分成两类：一类是曾接受了系统的设计教育，对与设计相关的心理学研究有浓厚兴趣，并通过不断扩充自己的心理学知识，而成为会设计、懂设计且要为设计师提供心理指导的专家；另一类是以心理学为专业背景，专门研究设计领域活动的应用心理学家，他们的心理学专业色彩较浓，通过补充学习一定的设计知识（了解设计的基本原则和运作模式），在心理学研究中有较高的造诣。

前者具有一定的设计能力，在实践中能够与设计师很好地沟通，是设计师的“本家人”。较一般的设计师而言，他们具有更丰富的心理学知识，能够更敏锐地发现设计心理学问题，并能运用心理学知识调整设计师的状态，提出更好的设计创意，是设计师的设计指导和公关大使，对设计活动的开展充当顾问角色，比设计师看得更远更高。由于其特殊的知识背景，可以在把握设计师创意意图的同时调整设计，兼顾设计师的创意和客户的需求，更易被设计师接受。后者是心理学家，心理学研究的广度和深度都优于前者，但若不积累一定层次的设计知识则很难与设计师沟通。他们在采集设计参考信息、分析设计参数、训练设计师方面有前者不可比拟的优势。现在许多设计项目都是以团队组织的形式进行，团队中有不同专业的专家，他们都专长于某一学科的知识，同时具有一定的设计鉴赏能力，可以从他们的专业角度，提出对设计方案的独到见解和提供必要的参考资料。心理学专家也是其中的一员，辅助、协助设计师进行设计。而为了与其他专业的专家沟通，设计师的知识构成中也应包括其他学科的一些必要的相关知识。在设计团队中，设计师与心理学家及其他专业的专家结成一种相互依靠的关系。由于设计师不可能精通方方面面的知识，因此，与其他专业的专家在不同程度上的协作十分必要。设计创造思维的训练也主要由心理学专家来指导进行，因为其专业知识，使他们在训练方法、手段和结果测试方面的作用更突出。前者以设计指导的角色出现，主要指导设计，把握设计效果，从某种意义上说，他们仍然是设计师。后者主要还是进行心理学的研究，研究的范围锁定在设计领域，研究的方法和手段具有心理学的学科特色，更关注对人的研究。但目前存在的问题是，在对设计心理学的研究中，设计学与心理学的结合还不够紧密，针对性不够强。

对消费者和设计师的双重关注，使设计心理学在培养设计师、为企业增加效益、以设计打开市场、获取高额利润方面都有不可估量的重要作用。各设计专业的心理学研究有的已经很成熟了，有的则刚刚起步，它只能随着设计心理学的发展而发展。目前存在的问题是，部分来自调研、设计、销售等实践环节的经验，由于缺乏严谨的心理学和设计学的理论作基础，常常停留在现象层次，没有上升到理论高度。

设计是一个艰苦创作的过程，与纯艺术领域的创作有很大的差别，必须在许多的限制条件下综合进行。因此，积极地发展有设计特色的设计创造思维是设计心理学不可或缺的内容。传统的消费观关注的是物，只要能够充分发挥物质效能的设计就是好的设计。现代消费观越来越关注人，对设计的要求和限制越来越多，人成为设计最主要的决定因素，人们不仅要求获得商品的物质效能，而且迫切要求满足心理需求。设计越向高深的层次发展，就越需要设计心理学的理论支持。而设计是一门尚未完善的学科，研究的方法和手段还不成熟，主要是依靠和运用其他相关学科的研究理论和方法手段，设计心理学的研究也是如此，主要利用心理学的实验方法和测试方法来进行。

可见，设计心理学的研究是必要而迫切的，设计心理学还有很大的发展空间，还需要在建立设计心理学的框架后细分设计心理学的内容，使其更专业化、更完善，这有待于设计师和心理学家的共同努力。

三、设计心理学的研究方法

设计心理学作为心理学的一个分支学科，其研究主要沿用了心理学的一般研究方法，但由于研究者、研究对象、研究目的等的差异性，因此具有一定的特殊性。设计心理学常用的研究方法有观察法、实验法、调查法、心理测验法、个案法、经验总结法等。

（一）观察法

观察法（自然观察法），就是在自然条件下，对被观察者（如消费者）的行为进行有目的、有计划的观察记录，以分析其心理活动和行为规律的一种方法。例如，观察消费者在购买过程中的表现，以了解其对设计产品的需求情况。

观察法通常是由于无法对被观察者进行控制，或者由于控制会影响其实际行为表现或有碍于伦理道德时采用的。

从观察者和被观察者之间的关系来看，观察有两种主要形式：参与观察和非参与观察。其中，参与观察包括完全参与观察和半参与观察。

完全参与观察是观察者成为被观察者活动中的一个正式成员，其双重身份一般不为其他参与者所知晓。在完全参与的观察中，观察者与被观察者有可能建立起密切的直接的初级社会群体关系，从而了解到被观察群体特殊的文化模式，了解到他们的隐私机密，所以，这是各种观察法中最深入、最全面的一种。但是，由于观察者参与程度越深，越容易带上个人的感情色彩，容易失去客观的立场，以致于在别人看来也许是很明显的现象，他却由于习惯而觉察不出来。并且由于和被观察者接触过于密切，他不知不觉中会形成倾向于被观察者的观点和情感，这样就容易使观察结果掺进主观成分。

在半参与观察中，观察者也参加被观察群体的活动，他们的真实身份并不隐瞒，通过与被观察者的密切接触，使得被观察者把他们当作一个可以信任的“外人”，从而能够接纳研究者。但是，终因研究者有着自己特殊的身份，不是群体中的一员，所以了解问题的深度不如完全参与，比较隐秘的、与私人有关的事实很难了解到。这种方法由于较少带有个人色彩，所以能保持观察者的客观立场。由于观察者的特殊身份，被观察者可能会故意地迎合观察者，故意表现和夸大某种现象而隐瞒对自己不利的方面，或者由于观察者深入生活不够，对一些现象做出错误的解释，这些都使资料有可能被歪曲而造成误判。

非参与观察是观察者不参加被观察者的活动，不以被观察者团体中的一个成员而出现。由于一般不需要被观察者的配合，非参与观察可使观察者能够做到客观冷静。但是，这种方法也往往会对观察环境和被观察者造成较大的干扰，从而导致观察结果的失真。为了克服这方面的缺陷，观察者必须采取最不引人注意的姿态出现：要做到不露声色，不对观察对象表露出过分的兴趣；多听、多看、不提问、不加评论；如果条件允许的话，可以与被观察者保持较大的距离，或者与被观察者隔离开，进行暗中观察。

关于参与观察和非参与观察，无论采用哪种形式，原则上都应在被观察者不知晓的情况下对其进行观察为宜，这样，被观察者的行为表现才自然真实。

根据观察要求不同，观察法又可以分为长期观察和定期观察。长期观察是指在相当长的时期内进行系统性观察，有计划地积累资料。定期观察是指在某一特定的时间里进行观察记录，例如，在每周中几个特定时间里观察消费者的行为表现，待资料积累到一定的时候，进行分析整理得出结论。

为了避免观察的主观性和片面性，使观察时能够获得正确的资料，在使用观察法时应遵循以下几项原则：

——要有明确的观察目的、计划、要求，所观察的行为须要事先明确规定，写好观察的提纲；

——每次观察不宜太广泛，最好只观察少数或一种行为；

——观察时应随时记录，或利用录音、录像帮助；

——每次宜用较短的时间，对同一类行为，可做多次重复观察；

——善于分析记录材料，做出符合实际的结论；

——在不同条件下全面观察；

——要分析行为的动机。

观察法的优点是可以实地观察现象或行为的发生。观察者置身于观察对象之间，与观察对象融为一体，搜集到的资料既原始又真实，有时还具有相当的隐秘性，可得到观察对象不能直接报道或不便报道的资料。观察法简便易行，可随时随地进行，灵活性较大，观察人员可多可少、观察时间可长可短，资料也比较可靠。

观察法的缺点也是很明显的。观察者所要观察的事件有时是可遇而不可求的，观察者只能消极地、被动地等待所要研究的现象发生；并非全部社会现象都能被观察，人类社会中有许多现象是不适宜或不可能直接观察的；虽然观察者本意不想干涉被观察者的活动，但在通常情况下，观察者的参与在某种程度上往往会影响被观察者的正常活动；个人进行的观察，有时难免带有主观性和片面性，缺乏系统性。

观察法是收集资料的初步方法，是心理学研究的最基本、最普遍的方法。它使用方便，研究者如善于运用，是可以收集到所需资料的。随着现代科技水平的提高，观察法能借用先进的观察设备，如录音录像设备、闭路电视等进行观察，这使观察效果更加准确及时，并可减少观察人员的数量。但观察法所积累的资料只能说明“是什么”，应用观察法只能了解被试心理活动的某些自然的外部表现，而不能解释“为什么”，不能对其心理活动的进行施加影响，从而更深入地了解它的过程。因此，由观察所发现的问题尚需用其他研究方法作进一步的研究。

（二）实验法

实验法就是在控制的情境下系统地操纵某种变量的变化，来研究此种变量的变化对其他变量所产生的影响的方法。由实验者操纵变化的变量称为自变量，由实验变量而引起的某种特定反应称为因变量。实验需在控制的情境下进行，其目的在于排除实验变量以外一切可能影响实验结果的因素，即无关变量。在实验中实验者系统地控制和变更自变量、客观地观测因变量，然后考察因变量受自变量影响的情况。因此，实验法不但能揭示问题“是什么”，而且能进一步探求问题的根源“为什么”。

用实验法研究心理学问题必须设立实验组和对照组，并使这两个组在机体变量方面大致相同，控制实验条件大致相同，然后对实验组施加实验变量的影响，对照组则不施加影响，考察并比较这两组的反应是否不同，以确定实验变量的效应。实验法可分为自然实验和实验室实验。

1.自然实验

自然实验是在实际生活情境中对实验条件作适当控制所进行的实验。自然实验的优点是把心理学研究与平时的业务工作结合起来，研究的问题来自实际，具有直接的实践意义。其缺点是容易受无关因素的影响，不容易严密控制实验条件。

2.实验室实验

实验室实验是在严密控制实验条件下借助一定的仪器所进行的实验。实验室实验的最大优点是对无关变量进行了严格控制，对自变量和因变量作了精确测定，精确度高。其主要缺点是研究情境的人为性。

实验法作为最高级、最复杂的社会研究方法，在实施过程中，有一些不同于其他研究方法而需要特别注意的问题，如实验者、实验对象和实验环境的选择，实验的过程控制，实验的信度和效度等。其中实验的过程控制非常重要，它主要包括两个方面：一是对实验因素的控制，二是对非实验因素的控制。

（三）调查法

调查法是以搜集被试者各种材料来间接了解其心理活动的一种方法。调查的途径与方法很多，包括谈话法、问卷法、访问法等。

1.谈话法

谈话法是研究者通过与被试者交谈的方式以了解其心理特点的方法，如通过谈话要求消费者本人作口头回答。

谈话法既有优点，也有缺点。首先，谈话法是了解情况、收集正反两方面心理与行为资料的一种最亲切、最直接、最深入的方法；其次，谈话法除了直接聆听被访对象的言语外，还可察观颜色，随机应变，获得或者发现一些重要的信息；第三，谈话法可以使交谈按照要了解的问题进行随时发问，并可根据与所提问题有关的大量线索刨根问底。但谈话法的最大局限性在于，被访者可能存有的“警戒心理”或不苟言语的个性特点，使得谈话法未必能收到应有的效果。另外，谈话法所费的时间与精力也较多，对谈话人的素质与技巧也有较高的要求。

采用这种方法要注意以下几点：研究者要事先拟好提纲，交谈时要注意把握内容与方向；谈话应在轻松的情况下进行；对被试者的回答（包括反应的快慢、伴随的表情与动作、具体的内容等）要详细记录。谈话法简便易行，但得出的结论有时带有主观片面的成分。

2.问卷法

问卷法主要是指采用问卷形式进行设计心理学研究的方法。问卷是研究者将其所要研究的事项制成问卷，请被调查者填答的一种方式。问卷是研究者用来收集资料的一种技术，重在对个人意见、态度和兴趣的调查。问卷的目的，主要是在经由填答者填写问卷后，从而得知他们对某项问题的态度、意见，然后比较、分析大多数人对该项问题的看法，供研究者参考。在设计心理学方法方面，很多问题无法直接测量，只能通过问卷的方法进行间接测量。

问卷法可以分为结构型问卷与无结构型问卷。无结构型问卷，结构较松懈或较少，并非真的完全没有结构。这种形式的问卷多半用在探索性研究中，一般被访问的人数较少，不用将资料量化，必须向有关人士问差不多相同的问题。对于被访问的人来说，可以与其他被访问的人回答相同，也可以完全不相同，回答格式自由。这种问卷回答属于开放式，没有固定的回答格式与要求。这种类型的问卷，多用在研究者对某些问题尚不清楚的探索性研究中。结构型问卷又称封闭式问卷，是对所有被测者应用一致的题目、对回答有一定结构限制的问卷类型。问卷还可根据是否使用文字，划分为图画式与文字式。图画式比较适合文字能力较差的儿童与文盲，在跨文化研究中应用较方便，可少受文化影响。

问卷法的优点主要有以下几个方面。

一是问卷内容客观统一，处理、分析方便。问卷法一般都是通过以相同的问题和标准化的回答方式让被试者填写，这样就能在一定程度上避免实施过程中的一些误差因素，得到较为客观的数据资料。同时，问卷法特别适用于计算机进行处理和定量分析，特别是目前社会科学统计软件包（SPSS）的开发和运用，使问卷法的方便、高效的优点更加突出。二是匿名，保证回答真实。问卷法在实施过程中被试者可以不署名，而且被试者也不与研究者接触，因而能够真实地反映自己的观点和态度，所以问卷法也特别适合研究那些涉及人们内心深处的情感、动机等问题。同时，除访问问卷外，问卷法大都是间接进行，因而避免了主试者与被试者之间的相互作用，减少了各种心理干扰，这有助于提高问卷研究的客观性。三是节省人力、时间和经费。问卷法可以在较短的时间内收集大量的资料，特别是邮寄问卷费用和人力更加节省，它不必去专门训练研究人员，也不必派人分发和回收问卷，因此很适合进行大规模的调查研究。另外，问卷法是一种纸笔型的研究，只要一份问卷就可以完成研究的内容，比起实验法需要仪器设备、观察法需要摄录设备等，更为简便易行。

但是，问卷法也有一些不足。一是灵活性差、适应性不强。问卷法往往问题和回答方式固定，因而不灵活，这就使其难以适应每个受测者的实际情况。由于问卷法是一种纸笔测验，更受文化水平的限制，那些文化程度比较低的人，常会因不能理解指导语或未弄懂问题，而影响其完成问卷或问卷完成的效果。同时，对回答问卷的认真程度各不相同，遇有不负责任的受测者，随意填写问卷，也会影响对结果的分析。二是指导性较低。由于问卷研究一般主试者不在场，因此不能有效地指导被试者填写问卷，难以全面了解被试者填写时的真实情况，被试者在填写过程中不清楚、不理解也无法询问，这些都会影响到回答的真实性和准确性。三是较为复杂的问卷编制起来也相当困难。

3.访问法

访问法就是通过训练有素的调查人员按照事先设计的题目、词句、内容，有程序地同受访者（如消费者）进行交谈，利用面对面的交互刺激的作用，以期了解对象的行为、特性、动机以及有关事实真相的一种方法。访问还通常是以个人的叙述为基础的，这种方法所获得的信息，对于分析各种社会情况具有重大的意义。

访问可以分为问卷访问和非问卷访问两种基本类型。

问卷访问实质上是一种结构型访问，也叫标准化访问或导向性访问、控制式访问。这种访问方法就是由访问员根据事先设计好的调查表（调查大纲）或问卷进行访问。这种方法的特点是把问题标准化，由受访人回答或选择回答，因而资料比较整齐划一，易于整理和进行定量分析，适用于规模较大的社会调查研究。问卷访问主要通过以下三种方法来进行。第一，邮寄法。就是把问卷寄给受访者，由对方填写完毕寄回。这种方法成本较低，适用于有地址和有文化水平的受访者，但资料的回卷率往往较低。第二，电话访问法。就是访问员利用电话同受访者谈话。这种访问时间较快，拒绝访问的较少，但访问的时间不能太长，内容不能太多，如用长途电话，费用也较大。第三，人员访问法。由访问员与受访者直接对话，也可以在访问员的监督和指导下，由一群人填写问卷。这种方法费用较大，但收集资料较多，资料的可靠性程度也高，且适合于调查任何对象。

非问卷访问也叫无结构型访问。这种访问事先不预定表格、问卷或定向的标准程序，只拟定粗略的调查提纲，由访问员和受访人就某些问题自由交谈。这种访问比较适用于收集人们的情感、态度、价值观、信念等方面的资料，能使受访者充分表达自己的意见。非问卷访问主要通过以下四种方法来进行。第一，重点集中法。把受访人安排到一种特殊情境中，如看一场电影、听一段广播，然后受访人自由表达这段电影或广播对他产生的意义或反应，让他对情境做出解释。研究者从这些反应中就可以得到情报，再加以解释。有时，研究者也提出一些事先准备好的问题，让受访者回答，但这些问题通常结构不严谨或完全无结构，受访人可以答复。第二，客观陈述法。让被访人对自己或周围环境先作一番观察，再客观地说出来，也就是让受访人站在第三者的立场上来评价自己或有关事物。这种方法的好处是可使受访人有机会陈述他的想法和做法，不但可获得资料，还可获得对资料的某些解释。其缺点在于，容易流入主观，以偏概全。所以使用这种方法，必须对受访人及其背景、价值、态度等有较为深刻的了解，否则，对资料的真伪程度便难以下断言。第三，深度访问法。希望通过访谈发现一些重要的因素，这些因素不是表面和普通的访问可以获得的，因而在深度访问前，往往对一系列问题要提出讨论。每个问题几乎都要进一步探索它深层的含义，以便获得更多的资料与理解。第四，团体访问法。就是把许多受访人集中在一起，同时访问。由于团体访问是许多人坐在一起，面对面讨论自己的问题，在访问过程中，很容易引起争论，甚至冲突，这种争论或冲突，正表现了不同个人对事件的不同看法。总之，非问卷访问法，需要有较高的访问技巧，一般是研究者本人亲自访问。这种访问法所收集到的资料不易比较，不能作定量分析，因此在大规模的调查研究中较少采用。

访问的目的是为了获得确实的材料，强调访问方法及技术，就是为了有效地达到这个目标。从某种意义上说，访问技术是访问能否取得成功的关键，否则会功亏一篑。从访问技术来说，它主要包括访问前准备、如何进行访问和处理特殊情况的应变能力这三个方面。第一，访问前的准备工作。准备工作包括两个方面的内容。首先是情况方面的准备。访问员要了解受访者的一些基本情况，如生活环境、工作性质及由此形成的行为准则、价值系统，包括了解当地的一些风俗习惯、社会规范。在访问中，访问员要采取适合受访者特点的问话方式，使问话的语气、用词、方式适合受访者的身份和知识水平，同时要接纳和尊重当地人的风俗习惯，赢得受访人的信任与合作，把每个受访人都当作自己的朋友。其次要做好工具方面的准备，最常用的如照相机、录像机、录音机、纸张文具以及测量用的表格问卷等。照相和录音要视情形而定，使用前要征得同意，否则会引起误会。第二，如何进行访问。访问员和受访者接近以后，首先要创造一个融洽的谈论气氛，消除受访者的戒备心理。第一步首先要说明自己的身份，把自己介绍给受访者。第二步要详细说明这次访问的目的，说明主题的范围以及子题目。当双方可以建立起一种互相信任的关系后，访问员便可以提问了。第三步就是提问。在发问过程中，一般的程序是按问题的先后次序一一提问。但要避免“冷场”，并避免枯燥机械。当受访人说题外话时，你也要耐心地听，即使要把话题抓回来，也要选择有利的机会，使对方察觉不出来。有些问题需要进一步“追问”的，使用“立即追问”“插入追问”“侧面追问”等方法，以受访者不感到厌烦为限度。第三，处理特殊情况的应变能力。在进行访问时，各种问题都可能发生。对于拒访，除耐心说明研究目的意图外，要弄清拒访的原因，以便采取其他方法进行。而对于不按时赴约者，只能下次再去。对于一些较敏感的问题或者受访者认为涉及安全的问题，也许他们不肯提供情况，如每月收入等，这种情况下只能耐心地解释或通过其他途径了解。

在调查中，访问法是一种使用非常广泛的方法，也是一种十分有力的调查方法，这是和它的特点分不开的。与其他调查方法相比，访问法的最大特点在于，访问是一个面对面的社会交往过程，访问者与被访问者的相互作用、相互影响贯穿调查过程的始终，并对调查结果产生影响。访问的这种特征是其他调查方法所不具备的，这就使访问法不仅能收集到其他调查方法所能收集到的资料，而且还能获得其他调查方法所不能获得的资料。这后一种资料正是通过访问者与被访问者相互刺激与互动得到的。访问既然是一种面对面的社会交往，那么交往成功与否将决定调查质量的好坏。因此，访问法一方面能较其他调查方法获得更多、更有价值的社会情况，另一方面，它也是一种较其他社会调查方法更复杂、更难于掌握的社会调查方法。

（四）心理测验法

心理测验法是指通过运用标准化的心理量表对被试的某些心理品质进行测定来研究心理现象的一种方法。心理测验法经常被用来研究个体之间心理品质的差异以及个体行为各个方面的关系，如应用心理测验法可以研究设计师的智力与设计知识、能力的关系，根据测验结果还可以对有关的行为做出预测。

心理测验按其目的可分为智力测验、人格测验、成就测验、兴趣测验等，按材料性质可分为文字测验法和非文字测验法，按施测方式可分为个体测验和团体测验等。心理测验法的优点是可以在较短时间内对个体或团体的某一心理品质进行较为精确的测定。

为了保证测验结果的准确性，在心理测验施测时要严格注意测试过程中的每一个细节。

1.施测前主试者要做好充分的准备

例如，主试者要熟悉甚至要精确地记住大部分的指导语和进行的程序，以避免临时翻阅，或造成遗漏、增加或停顿的现象，或给被试者暗示，影响测验的结果。测验时使用的各种测验材料，要放在随手可取的地方，不可以过早地呈现在被试者面前，避免分心的现象，或失去新奇、兴趣而降低对测验的积极性。

2.测验时应有良好的环境

测验的场地应该通风良好，有充足的阳光，安静。被试者的座位要舒适。测验过程中应尽可能避免他人的干扰。

3.主试者和被试者保持和谐的关系

被试者对测验的兴趣、动机和主试者的关系对测验的结果有重要的影响。对不同年龄、性别、特征的被试者给予不同的测验，主试者应该用不同的方法、技巧使被试者始终保持积极配合的态度。如在人格测验中，要求被试者以其平时的行为对问题进行坦诚的回答。在能力测验时，特别是操作性的测验，应该尽可能地鼓励被试发挥自己潜在的能力。对于儿童，为了避免陌生、害羞、分心等因素影响测验的效果，主试者可以利用一些时间与其进行适当的谈话、玩耍，待其紧张情绪消除之后再进行施测。对于一些因测验而过分焦虑的被试者，主试者更应利用各种方法，消除紧张的气氛，向他们说明测验的意义、对测验结果保密的原则，以解除他们的顾虑，使之如实回答问题。总之，方法应该灵活多样，其目的是为了使被试者与主试者建立和谐的人际关系，使测验达到比较好的效果。但是应该指出的是，灵活性应有一定的限制，主试者必须保持对每一个被试者的态度和指导语的一致性，否则不但测验的结果会有差异，而且还失去了可比性。

4.做好详细记录

详细记录测验过程中被试者的各种反应，以便在与常模进行比较时，因其测验的动机、情绪、反应不同，在解释测验的结果时加以分析和说明。

5.主试者与测验的关系

主试者的年龄、性别、种族、文化程度、职业、人格特征、角色地位、主持测验的经验等，均与测验结果有直接的关系。测验的主试者应该由受过专业训练、熟悉测验过程、具备一定的测验经验的人担任，以尽量避免无关因素的影响，提高测验的效率。

由于人的心理活动受到各种复杂因素的影响，心理测验工具的制定受到一定社会文化、历史、语言等因素的制约，其结果较易受到主试者与被试者主观动机、态度等因素的干扰，因此，心理测验的结果并非完全可靠，许多心理品质若单纯用这种方法去研究是远远不够的。

（五）个案法

个案法是以个人或个人组成的团体（如家庭或工厂）为研究对象，进行深入而详尽的观察与研究，以便发现影响某种行为和心理现象发生、发展原因的方法。它可以是对一个人的心理发展过程进行较系统、较全面的研究，也可以是对一个人的某一心理侧面进行研究。此方法是较古老的方法，由医疗实践中的问诊方法发展而来，但也是研究设计心理学常用的方法。

个案研究的目的有两个：一是对个案做一个广泛深入的考察；二是发展一般性理论，以概括说明社会结构或过程。个案研究属深度研究的一种。

个案研究有五种类型：对某个社会组织的研究、对个人生活史的研究、对社区发展的研究、对特殊事件的研究、对情景的个案研究（即对其一场面所有参加者面目表情进行研究）。

个案研究一般包括四个步骤：确定案例、实地调查、整理记录、撰写报告。

1.确定案例（即选择案例，并议定获得研究该个案权力的可能性）

大多数个案的确定都有一定的偶然性。它往往是研究人员对可进行研究的许多个案中的一个发生了兴趣的结果。然而，每一个个案研究都在扩大个案的集合体，因而对个案进行选择的理想方法是牢记被选个案与整个可收集到个案的集合体的关系。在多场所个案研究中，所收集的个案应包括与研究主题有关的所有重要变量。个案一旦选定，就要和有关方面协商以获得调查该案例的权力。

2.实地调查

实地调查是指在现场或现场附近寻找、收集和组织有关事件或现象的信息。这一定义所包含的不仅是现场所在的研究调查工作，而且包括现场研究的间隙——晚上及周末所做的工作。实地调查包括收集资料、观察、测量或收集统计数据。个案研究的资料主要来源于三方面。一是文献资料，即有关个案的文字记载，包括通信、传记、笔记、日记、讲稿、书籍、文章、家谱及档案等。二是口问、眼观、耳闻，即通过访问、观察、面谈、填表等方法获得的第一手材料。三是录音、录像、照片等。收集资料包括收集会议记录、信件、备忘录等对个案研究很有价值的记实资料，其他有价值的文件资料还包括日记、自传、回忆录以及视听材料如录音、录像等。这类纪实性资料是事件发展的有形线索，它能帮助研究人员重现事件发展中的一些情况。观察是指对外表、事件或行为（包括言语）的感知。面谈是由研究人员引出话题，并掌握面谈的进程。谈话一旦开始，研究者主要扮演聆听者的角色，对言语行为进行认真的观察。通常，进行参与性观察的研究人员要尽量使面谈表现得随便，并使面谈向观察靠拢。他们往往把面谈分散成众多简短的话题，并在很随和的场景中进行这些对话。测量或收集统计资料时，许多人把个案研究看作对事物的质的研究，从而把它列为和心理统计方法相对立的一种方法，但实际上这不是定量和定性研究之间的差异，而是样本和个案之间的一种差异。这样，统计在个案研究中的应用的重点应在于利用统计资料对个案进行更好的描述，或将该个案与其他个案进行比较，而不是根据样本对总体作统计推断。

3.整理记录

到这一阶段，研究者手中已有很多的文件、观察笔记、面谈记录和统计数据。在个案研究中产生的原始材料叫作“个案记录”。实践表明，个案研究到此时往往会停滞不前，许多社会科学家习惯于处理经量化技术缩减过的数据，而在一大堆材料面前常却步不前，有两种整理记录的策略：一种是逐步缩减记录，另一种是做索引。逐步缩减法是先从记录中选取一部分重要记录，然后再去粗取精。索引法无需去除材料，但它仍需要做笔记，并逐步作出一个解释。当然也可以用颜色笔在材料空白处作记号的办法组织材料。在实践中，研究人员常将记录分成一式二份，一份作为原始材料，另一份供缩减或做索引用。

4.撰写报告

在报告中通常运用叙述、描绘、简介和分析等方法。叙述性报告有两大优点：直接与微妙。直接是指读者对叙述这种方式的熟悉，微妙是指它能通过精选信息让读者对不同的解释作出思考这样一种方法来表达多种因果关系。描绘性报告试图在缺乏自然情节线索的描写性文章中保留叙述性报告中的某些特点，就像纪录片那样，人物、事件及其所处环境的描述合在一起构成了对个案整体的说明。和一幅精加工的画相比，简介性报告就像一幅速写。由于简介反映了个案的某一重要方面，因此对简介题目的选择本身就是一种解释行为。简介性报告通常是对某事件的叙述或对某地、某人的勾画，从而使某一个分析更具体形象。分析性报告对论点阐述明确，并在一切可能的地方引经据典。报告中的概念构架通常是作者自己确定的，这些构架常出自于社会科学。尽管分析性报告不及叙述性报告那样描述精细，但却更为清晰。报告的用词特点是，叙述性报告文学比较含蓄并用其派生意义，而分析性报告的用词则比较明确，并用定义的本义。分析性报告在术语和理论方面力求精确。

个案研究中的道德问题主要是指被研究的人或机构可能因研究者对个案的详细描述而被人认出。有些研究人员认为，对于个案的道德考虑不应成为寻求真理的障碍；而有些研究人员则认为，道德是在解释和了解个案的权利范围内应考虑的问题。调查表明，采取强硬路线的属少数。目前对于被调查人的材料处理问题也存在着分歧，如收集到的材料应看成是当事人所有，从而主要由他们控制呢，还应看成是研究者所有，因而材料只依据他的道德准则处理。有的研究人员认为调查材料原则上应属于调查对象，因而采取各种程序与他们协商并签订协议，使个案研究得以进行，并能自主处理这些材料。但是，即使如此，被试不总是十分清楚该协议的全部含义。因此，许多研究者认为，虽然签订协议是必要的，但签订协议后在研究中仍存在道德问题。有关个案研究中的道德问题尽管很复杂，但有一点很清楚，即每一个研究人员在用个案研究从事研究前，应该首先对道德问题有一个周密的考虑，并对有关文献进行研究。

要使个案研究顺利而有效地进行，研究者除了深入了解被试的各种情况以外，还应与被试者多接近，建立友谊，保持良好关系，能给被试者解决一些困难，使其充分信任研究者的帮助和关心，这样，个案研究就会取得良好的效果。当然，个案法与观察法、调查法等其他方法配合使用，才能更为有效地收集到所需的材料。

（六）经验总结法

经验总结法是指通过对实践活动中的具体情况进行归纳与分析，使之系统化、理论化，进而上升为经验的一种方法。总结推广先进经验是人类历史上长期运用的较为行之有效的研究方法之一。根据经验总结的具体实践过程，其一般的研究步骤如下：确定研究课题与对象—掌握有关参考资料—制定总结计划—搜集具体实事—进行分析与综合—组织论证—总结研究成果。

总结经验可以总结自己的经验，也可以总结别人的经验。经验是在实践活动中取得的知识或技能，由于这种知识或技能往往凭借个人或团体的特定条件与机遇而获得，带有偶然性和特殊性的一面，因此，经验并非一定是科学的，它需要理论研究者和实践者做一番总结、验证、提炼加工工作。总结经验一般是在实践中取得良好效果后进行。在总结经验时，一定要树立正确的指导思想，对典型要用马克思主义的立场和观点进行分析判断，分清正确与错误、现象与本质、必然与偶然。经验一定要观点鲜明、正确，既有先进性、科学性，又有代表性和普遍意义。实行经验总结时应注意：选择对象要有代表性，具有典型意义；要以客观事实为依据，定性与定量相结合，经验的介绍要尽量详细具体，不能笼统地说概念，要把如何做的过程写清楚，经验的效果要实事求是，最好有一些客观的数据指标；要全面观察，注意多方面的联系；要正确区分现象与本质，得出规律性的结论；要有创造革新精神。

可用于设计心理学研究的方法还有很多，如数理统计、因素分析、模糊数学、信号检测、计算机模拟等，上述几种只是基本的研究方法，它们之间不是互不关联和孤立的。设计心理学的研究方法也在不断地发展和完善之中，随着科学技术的进步、社会的发展，设计心理学在研究方法上已经出现了一些新趋势与特点，如研究方法的综合化、研究设计的生态化等。在一项具体研究中，可综合地使用其中两种或几种方法，最重要的是要根据不同的研究目的和不同的研究课题以及研究对象，选择适当的研究方法。

四、设计心理学的学科拓展

设计学科的边缘性特点，决定了设计心理学是一门与其他学科交叉的边缘子学科，完全隔断它们之间纵横交错的关系是不可能的。例如，心理学和生理学从来就是一对孪生姊妹，心理感受的内容大都通过对生理反应的测试得以验证。而设计心理学与生理学相结合，可以对设计成果的评估提供行之有效的方法。设计心理学的范围很难绝对界定，它随着相关学科的发展而发展，不可割裂设计心理学与其他学科的关系。

20 世纪 60 年代以后，与设计心理学相关的消费心理学、广告心理学、工业心理学和人机工程学研究都取得了重大发展，主要表现在以下几方面。第一，实证研究越来越多，并且与生产和消费实践的结合也日趋紧密。产品开发的市场调研、前期的用户研究、广告效果分析和测试、产品测试都已成为大型制造公司进行产品研发的必备环节。第二，研究领域越来越广，研究课题划分越来越细。信息技术的快速发展，使人与计算机（包括以计算机为核心的其他数码产品）对话成了最重要的人机系统研究命题，界面控制普遍应用于生产、办公、生活的各个方面，人机界面设计成为目前工业心理学、人机工程学最重要的研究领域。第三，研究方法、手段越来越丰富和先进，传统研究中的调查法、问卷法、实验法、访谈法仍是主要手段，但许多现代电子、数字技术设备被列入到研究方法中。例如，焦点小组开始使用双面镜、录音录像等设备，研究结果分析从传播学、语言学中借鉴的语义分析法等。此外，借助仪器进行研究成为一种潮流，包括眼动仪、心电图、脑电波分析仪、速示器、虚拟现实等。

建立于工业心理学、消费行为学和广告心理学等应用心理学分支基础上的设计应用心理学研究还衍生出若干崭新的交叉科学，主要包括感性工学和可用性工程。

20 世纪 80 年代，在日本出现了以长町三生的研究为代表的一门新型科学，成为感性工学，即一种将顾客的感受和意向转化为设计要素的翻译技术。感性工学结合了设计科学、心理学、认知科学、人机工程学、工程学、运动生理学等人文科学和自然科学的诸多领域知识，试图以定量分析的方式来理性地研究设计中的感性问题，借以发展新一代的设计技术和产品。目前感性工学的研究包括两个方面：一是通过收集用户对产品的感性评价，建立以计算机为基础的感性数据库和计算机推理系统，以辅助设计师设计和帮助顾客做出符合自己意愿的选择；二是与生物学结合的研究方式，以心脑科学的研究为主要趋向和基点，代表人物是筑波大学的原田昭教授。自 1977 年起，他致力于通过眼睛记录照相机、摄像机、计算机、机器人等装置的记录和实验，描述人在艺术欣赏过程中的行为特征，将感性的艺术品欣赏变成了可测量的、数字化的结果，使感性的东西转化为一种可测量的理性结果。

可用性工程这门学科将人机系统研究锁定在交互式的 IT 产品系统上，核心是以用户为中心的设计方法论，强调以用户为中心来进行开发，有效评估以提高产量和可用性质量，自 20 世纪 90 年代以来被美、日、印等国和欧洲诸国 IT 工业界普遍应用。

第二节　设计心理学的理论基础

一、认知心理学

（一）格式塔心理学

格式塔心理学也可以被称为“完形心理学”，诞生于 1912 年，代表人物是惠特海姆（Werthemer）、考夫卡（KurE Koffka）和科勒（Wolfgang kohler）。它起源于视知觉方面的研究，但应用范围超出了感知觉的限度，包括学习、回忆、情绪、思维等许多领域。它强调经验和行为的整体性，认为知觉到的东西要大于单纯的视觉、听觉等，个别的元素不决定整体，相反，局部却决定整体的内在特性。

设计心理学研究的许多理论依据都来自格式塔心理学，格式塔心理学是设计心理学最重要的理论来源之一。格式塔心理学揭示了人的感知，特别是占主要地位的视知觉，认为知觉本身就具有“思维”的能力，视知觉并不是对刺激物的被动重复，而是一种积极的理性活动，人的视知觉能直接对所看到的“形”进行选择、组织、加工。格式塔心理学在研究人知觉的过程中，发现了大量的知觉（主要是视觉）规律，它们常常被运用于设计中，具有重要的实际价值。主要的知觉规律包括整体性、选择性、理解性、恒常性、错觉等。格式塔心理美学认为，由于审美对象的形体结构与人的生理结构、心理结构之间存在着相似的力的结构形式，所以能唤起人的情感，即所谓的“异质同构”。

同时，格式塔心理学家也将其学说拓展于创造力、创造思维的研究中，认为艺术创作是一种过程，艺术家在一种追求良好结构的张力下试图达到某种理想的形象构图，随着其不断逼近，这个理想的形象不断清晰，张力得到缓解。格式塔心理学派运用格式塔心理学的原理和“力”与“场”的概念去解释审美过程中的知觉活动，代表人物是阿恩海姆，其论述主要体现在视觉艺术中的审美方面。

（二）拓扑心理学

拓扑心理学是在拓扑图形学的基础上发展起来的一种学说，代表人物是德国心理学家勒温（kurt Lewin）。拓扑心理学注重行为背后的意志、需要和人格的研究，试图用心理学的知识解决社会实际问题，是格式塔心理学的重要补充，为心理学的研究开辟了新的道路。

勒温晚年把注意力转向社会心理学领域，一项主要的研究成果涉及各种社会气氛与攻击性问题。1944年，在麻省理工学院创办群体动力研究中心后，勒温再将格式塔心理学原理扩大用于群体社会行为的研究。他指出，任何一个群体都会具有格式塔的特征：群体是一个整体，群体中每个成员之间，都会有彼此交互影响的作用，每一成员都具有交互依存的动力。正如个人在其生活空间里形成心理场一样，群体与其环境形成社会场。勒温否认行为主义那种简单的“刺激—反应”行为理论，而认为人的行为同时决定于个体自身特征以及心理环境。

这一理论提示我们，当研究设计中的主体心理时，要特别重视环境因素对于人的心理状况和行为的影响和制约，设计物不仅是作为相对主体的客体环境的组成部分对主体心理存在重要影响，并且其与人的交互活动本身也受到其他环境因素的影响和制约。

（三）信息加工心理学

信息加工心理学，又叫认知心理学，始于20世纪50年代中期，1967年美国心理学家奈瑟（Neisser）所著的《认知心理学》一书的出版，标志着信息加工心理学已成为一个独立的流派，其主要代表人物是跨越心理学与计算机科学领域的专家艾伦·纽厄尔（Newell）和赫伯特·H. 西蒙（Simon）。信息加工心理学是现代心理学研究中最为重要的研究取向，而并不仅仅是单纯的心理学分支，其核心理念在普通心理学、实验心理学等分支学科中迅速得到体现。随着计算机科学与信息技术的发展，它正逐渐成为占主导地位的心理学流派。信息加工心理学研究的主要内容包括感知过程、模式识别及其简单模型、注意、意识、记忆、知识表征、语言与语言理解、概念、推理与决策、问题求解等方面，这些内容被广泛运用于各种应用心理学和人工智能（计算机模拟）领域中。信息加工心理学通过对审美知觉的研究认为，知觉者欣赏艺术品时会唤起一种期望模式，当期望得到肯定时就会产生愉快和美感。设计过程以及产品使用中的许多心理现象都可以用信息加工心理学的观点和模型来分析和解释，例如，在人机界面设计中常常使用的人机系统模型、用户操纵的信息处理模型，在消费者行为分析中使用的消费行为模型、消费者动机模型以及在视觉传达设计中使用的信息传达模式等。信息加工心理学中的知觉理论、模式识别等内容可以被广泛地运用于设计心理学中。

二、人格心理学

（一）精神分析心理学

精神分析学派产生于19世纪末，其主要代表人物是弗洛伊德（Freud）和荣格（Jung）。最初，它主要是一种探讨精神病病理机制的理论和方法，由于它对人心理活动内在机制的关注，对人格和动机等方面的崭新观点，给心理学界带来了巨大的冲击和影响。到20世纪20年代，它已经渗透到社会科学的各个领域，并发展成“新精神分析学派”。精神分析学派的理论承认人的“无意识”的存在以及无意识对人行为的驱动作用，但其学者各自又从自己的理解出发，对无意识的形成和结构做出了不同的解释。弗洛伊德认为，人格可以分为“本我、自我、超我”。本我是原始的驱动力，是基本的生理欲望，遵循“快乐原则”；超我是行为的社会道德和伦理符号，它监控个体按照社会可接受的方式来满足需要，是限制和抑制本我的制动器，服从道德的原则；自我是本我与超我之间的相互平衡，它服从的是“现实”原则。荣格进一步发展了弗洛伊德的“无意识”理论，提出人类社会中艺术创作的推动力、艺术素材的源泉、艺术欣赏的本源都是与人类深层心理中的“集体无意识”及其“原型”密不可分的。集体无意识是由遗传保留下来的普遍性的精神机能，亦即由遗传的脑结构所产生的内容，它是人类所共有的、普遍一致的无意识；集体无意识的原型是先天的固有的知觉形式，也即知觉和领悟的原型，它们是一切心理过程的必不可少的先天要素。根据荣格的理论，艺术创造不像一般理解的那样，受艺术创造主体的个体意识的明显支配，而是受集体无意识的暗中推动，是人类原始意向（原型）的自发显现。他认为艺术作品所代表的东西是人们心灵深处不能清楚认识但根深蒂固的部分，它们散布在集体无意识中，而艺术家是播下这些种子的土壤，艺术作品依赖艺术家的个体产生，但它代表的是人类心底最深、最普遍的意识。

精神分析学派认为，审美经验的源泉存在于无意识之中。弗洛伊德用艺术和神话中的生动故事来说明他的心理学理论，如恋母情结，又用这种理论去解释文学艺术中的奥秘，如莎士比亚、达·芬奇的作品和创造心理。弗洛伊德和荣格关于文学艺术方面的论述是设计心理学中最深刻的部分。不过，与心理学崇尚实证的取向不同，弗洛伊德、荣格的理论对艺术和艺术创作的解释具有浓厚的思辨色彩。但是，它是唯一涉及人的无意识、行为之下的潜在动因的心理学流派，对我们理解设计的消费者（用户）的潜在需要和行为动机以及设计师的创意来源都具有重要意义。消费者的需要具有多层次性，其动机是非常复杂的，比较容易解释和理解的是他们的目的需要、对品质的信赖、所掌握的知识和过去的经验等理性动机。除此以外，他们还受到许多其他因素的驱使和影响，例如，消费者本人的个性特征（人格）、注意、态度、情绪、情感以及当时情境等多因素的影响。因此，有些研究者开始运用精神分析的理论和研究方法，来挖掘消费者潜在的动机和需要。例如，设计投射实验、进行深层访谈以及字词联想测试等，揭示消费者的需要和动机，这些方法其实就来源于精神分析心理学的临床实践。

三、行为主义心理学

行为主义心理学是20世纪初起源于美国的一个心理学流派，它的创建人为美国心理学家华生。华生行为主义心理学自1913年问世以来，即受到众多心理学家的欢迎和拥护。发展到20世纪20年代末期，它已成为美国最具影响力、势力强大的心理学流派。这一时期的行为主义心理学也称为早期行为主义心理学或古典行为主义心理学。其后，自20世纪30年代到60年代约30年的时间里，早期行为主义心理学经历了诸多内部变革，形成了各具特色的新体系。尽管这些新体系在基本观点、概念体系、术语名称等方面各不相同，但其行为主义心理学的基本立场却是一致的，因此它们被统称为新行为主义心理学。新行为主义心理学的出现是当时社会历史条件、思想背景及心理学自身发展的内部需要等共同作用的结果。

（一）经典条件反射

反射是有机体借助神经系统对内外刺激所作的规律性反应，如眨眼、膝跳、呕吐等都是反射。反射是人和动物适应环境的基本方式。保证反射顺利实现的神经结构叫作反射弧。反射弧由感受器、传入神经、神经中枢、传出神经和效应器组成，感受过程为：感受器→传入神经（感觉神经）→神经中枢→传出神经（运动神经）→效应器（图 1-2-1）。

其中感受器、传入神经和神经中枢是接受内外刺激进行分析综合的机构，叫分析器；传出神经和效应器，是执行机构，产生效应活动。反射弧的任何一个环节受到损伤，反射活动都不可能实现。研究表明，反射弧并不是单向的神经通路，其终末环节并不意味着终止。效应器的效应活动会作为新的刺激引起神经冲动，再传向神经中枢，中枢对效应活动的质量予以“评价”，这一返回传递过程叫反馈。正是反馈的作用，才使得人们对刺激的反应更完整、更精确。反馈活动得以顺利实现的生理机制叫作“反射环”。反射可以分为无条件反射、经典性条件反射、操作性（工具性）条件反射。

无条件反射是先天遗传的、不学而能的本能反射，包括食物反射、防御反射和性反射。无条件反射对人和动物具有适应外界环境、维持生命、延续种族的重要意义，对于低等动物的意义更大。但是，由于无条件反射的神经通路是固定的，因而凭借无条件反射，有机体仅能对固定的刺激产生固定的反射。这种刻板的、被动的反射难以保证有机体对复杂多变的环境加以适应，因而，在长期的适应过程中，有机体就形成了更高一级的反射，即条件反射。条件反射是人和动物在后天活动中，经过学习或训练而形成的获得性反射，如望梅止渴，谈虎

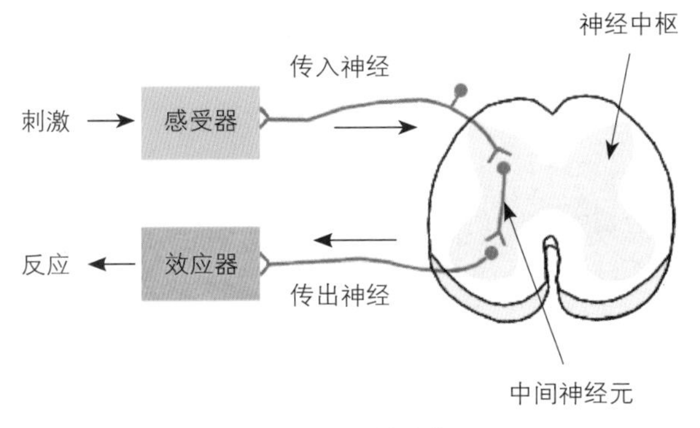

图 1-2-1　反射弧模式图

色变，经过几次打针的小孩再看见穿白色工作服的人员就躲避或哭闹等，都是条件反射的表现。有机体依靠条件反射，可以适应复杂的经常变化的环境，使自己的行为更具有灵活性、主动性和预见性。

经典性条件反射形成于俄国生理学家巴甫洛夫（1849—1936）所创立的条件反射学说。该学说是最早研究并提出的比较完善的条件反射学说，被称为经典性条件反射。巴甫洛夫通过用狗做被试者，把唾液分泌的数量作为研究的指标，探索出了条件反射形成的规律。他研究的一般程序是将做过唾液腺导管手术的狗放在实验台架上进行实验。我们知道：狗吃食物即分泌唾液，这是无条件反射；如果给狗以铃声，则不会引起唾液分泌。在实验过程中，巴甫洛夫在喂狗时使铃声和食物相继或同时出现，这样经过多次反复，达到一定程度，狗只要一听到铃声，即使没有食物刺激，也会分泌唾液。这就是说与唾液分泌没有直接联系的刺激——铃声，也能产生和食物刺激一样的效果，引起唾液分泌，这就意味着铃声与分泌唾液之间已经建立了一种条件反射。在巴甫洛夫的早期实验之后，很多人曾用原生动物、鱼类、爬虫、鸡、白鼠、绵羊、猿猴和人做过实验，都证实了这种条件反射的存在。

条件反射形成的神经机制，是外界刺激与有机体反应之间建立起来的暂时神经联系。在建立条件反射的过程中，铃声和食物两种刺激在大脑皮层相应区域均会产生两个兴奋中心，食物产生的兴奋中心较强，铃声产生的兴奋中心较弱。按照大脑皮层神经活动扩散与集中的规律，较弱的兴奋扩散开来后，会被较强的兴奋（同时也会发生扩散）所吸引，由于兴奋的集中，形成一定的定向联系。经过多次强化，两个兴奋点之间便会形成一条神经通路，建立暂时神经联系。暂时神经联系建立后，铃声的刺激引起的兴奋就会沿着这条通路引发与食物有关的中枢神经系统的兴奋而出现唾液的分泌，这样条件反射就形成了。

条件反射既是生理现象，又是心理现象。条件反射就其生理机制来说，是神经系统活动的过程，是生理现象；就其揭露条件刺激的信号意义来说，

是心理现象。在上例中，铃声是条件刺激，食物是无条件刺激。条件反射的形成意味着铃声已经成为食物的信号。动物有机体既已“认识”了铃声的信号意义，这就表明它已经有了心理活动。同时，条件反射的建立表明动物也具有一定的学习能力。条件反射学说是心理学理论中最基本的生物学基础理论，它说明生物能根据环境中对自身有利或不利的信号，决定其行动，或者也可以称为应激的行为，它在一定程度上为外在环境、人的心理活动以及行为之间的关系提供了解释，并成为行为主义的理论基石。行为主义代表人物华生采用巴甫洛夫的理论，认为心理、意识都是人对外部刺激的反应，他甚至不像巴甫洛夫那样，承认存在人的高级神经活动与动物高级神经活动的差距（如第二信号系统）以及意识，而极端地认为包括情绪、情感和思维都是简单的“刺激—反射系统”，只是区分为遗传的、习惯的（习得的）以及明显的和潜在的反应，否认意识和主观世界的存在。

（二）操作性条件反射

操作性条件反射又称为工具性条件反射。这是美国心理学家斯金纳（B.F.SKinner）通过精心设计的“斯金纳箱”，用白鼠进行实验而提出来的。斯金纳实验是将饥饿的白鼠或鸽子放进一个设有供食装置的箱（即斯金纳箱）中。箱内装有一操纵杆，操纵杆与另一提供食丸的装置连接，动物并不能直接看到食物。动物在箱中最初是一种无目的的自发活动，偶然碰到操纵杆，供食装置会自动落下一粒食丸作为报偿。动物经过几次尝试后，就会去不断按压操纵杆以获得食物，直到吃饱为止。这样就在按压操纵杆与取得食物之间建立起了条件反射。这种条件反射由于是由操作而实现的，因而被称为操作性条件反射。在这里，动物按压操纵杆的行为成为获得食物的手段或工具，所以，操作性条件的反射又称为工具性条件反射。

操作性条件反射与经典性条件反射既有联系又有区别。二者的基本原理是相同的，都是随着强化的次数增多而巩固，如果得不到强化就消退，也都有泛化和分化现象。二者的区别主要在于：第一，形成条件反射的条件与刺激物呈现的程序不同。在经典性条件反射中，刺激（铃声）在前，反应（狗分泌唾液）在后；强化物（食物）是同刺激物（铃声）结合出现的。在操作性条件反射中，动物的操作反应（碰压杠杆）发生在强化刺激物（食丸）之前，并且只有通过自己的活动或操作才能得到强化，强化物不是与刺激物相结合，而是与操作行为相结合。所以，在经典性条件反射中，机体是被动强化的；在操作性条件反射中，是机体主动操作并通过自身的操作行为而得到强化的。第二，条件反射建立的基础与所达到的程度也不同。经典性条件反射是在动物的先天反应（狗分泌唾液的反应）的基础上建立起来的，因而，有机体的反应是不随意的。而操作性条件反射则是在动物后天习惯的操作行为的基础上建立起来的，因而，其机体的反应是能控制的、随意的行为。总之，经典性条件反射和操作性条件反射既是相互联系的，又是有差别的，二者往往是一同出现，只是操作性条件反射更为多见。

（三）条件反射的抑制

动物和人不仅能形成各种复杂的条件反射，而且还可以形成各种条件反射的抑制。条件反射的抑制可分为无条件性抑制和有条件性抑制。

无条件性抑制是有机体生来就有的先天性抑制，包括外抑制和超限抑制两种。额外刺激物出现，对正在进行中的条件反射的抑制称为外抑制。如一个人正在认真读书，旁边有人突然大声喧哗，就容易使原有的兴奋停止。巴甫洛夫认为，外抑制是额外刺激的出现引起皮层相应部位的兴奋时，这个兴奋中心突然增强了它对周围皮层区域的抑制，使原来的条件反射被抑制。当刺激过强、过多或作用时间过长时，神经细胞不仅不能引起兴奋，反而使抑制发展，这叫超限抑制。这时大脑皮层神经细胞的兴奋性降低或进入抑制状态，借以保护脑细胞，使其免受损坏，因此超限抑制又叫保护性抑制。人过分疲劳时的睡眠，病人的沉睡，动物的“假死”，都是超限抑制的表现。

条件性抑制又称内抑制，它是有机体在一定条件下后天逐渐形成的，主要有消退抑制和分化抑制两种。条件反射由于没有受到强化而发生的抑制称为消退抑制。消退抑制是条件性抑制的最简单、最基本的形式。如灯光和食物结合建立起条件反射，可在灯光出现时引起唾液分泌，但如果不再用食物来强化灯光这个条件刺激，那么就会使灯光食物性条件反射逐渐消失，它是兴奋向抑制的转化。消退抑制与神经系统的类型有关。实验证明，神经系统容易兴奋、好动类型者消退较慢，而那些好静、孤独的神经系统类型者则容易消退。

另外，条件反射形成得愈巩固，愈不容易消退。形成条件反射时所用无条件刺激的强度愈大，消退愈不容易。只对条件刺激物加以强化，而对与其类似的刺激物不进行强化，使类似刺激物引起的反应受到抑制，这种抑制称为分化抑制。一般说来，在条件反射形成的初期，条件刺激物具有泛化性质，即与条件刺激相类似的刺激物也引起反应。如果只对特定条件刺激物进行强化，而对近似刺激物不予强化，经过一段时间训练，相似刺激物不再引起反应，只对条件刺激物进行精确回答，这也就是相似刺激在大脑皮层内引起的抑制过程，这种抑制过程是辨别活动内容的主要基础。

心理学对审美经验的研究集中在观赏者对艺术品及其要素的喜好的实验，主要是观赏者对艺术品刺激所作出的生理性反应。艺术品的典型特征是唤起欣赏者的兴奋并出现先强后弱的变化。这种兴奋的变化就是产生愉快、兴趣和审美经验的原因和机制。

四、人本主义心理学

人本主义心理学产生于20世纪50年代后期，代表人物是罗杰斯（Carl Rogers）和马斯洛（Abraham H.Maslow）。该学派肯定人的主观性、意识和自由意志，认为人是具有能动性的人。人本主义心理学对于设计心理学最重要的理论贡献是马斯洛的需要层次理论，这一理论帮助我们进一步理解消费者对于产品多层次的需要。

马斯洛在《动机与人格》一书中提出，个体成长发展的内在力量是动机，而动机是由多种不同性质的需要组成的，各种需要之间，有先后顺序与高低层次之分，每一层次的需要与满足，将决定个体人格发展的境界或程度。

自我实现是马斯洛人格理论的核心。他认为，人们具有自我实现的需要，那些具有突出创造力的天才是受到大多数人未能在自身内部觉察的内隐需要所激励，不懈地去追求自我实现和自我满足的人，并且他认为自我实现的需要普遍存在，每个人都有此需要将自己的潜能发挥到最大极限。马斯洛认为，个体之所以存在，之所以有生命意义，就是为了自我实现。当人们自我实现的需要得到满足时会获得极大的满足，即所谓高峰体验。高峰体验是自我实现的短暂时刻，只有在生活中经常产生高峰体验，才能顺利地达到自我实现。

马斯洛在阐述高峰体验时认为：这种体验是瞬间产生的压倒一切的敬畏情绪，也可能是转瞬即逝的极度强烈的幸福感，甚至是欣喜若狂、如痴如醉、欢乐至极的感觉；这些美好的瞬间来自爱情，和异性的结合，来自审美感觉，来自创造冲动和创造激情，来自意义重大的领悟和发现，来自女性的自然分娩和对孩子的慈爱，来自与大自然的交融；这种高峰体验可能发生于父母子女的天伦情感之中，也可能在事业获得成就或为正义而献身的时刻，也许在饱览自然、浪迹山水的那种天人合一的刹那。由此，我们发现设计师可以利用高峰体验所能带给人们的极大愉悦感来进行情感设计，使设计成为调动这种最高层需要的媒介。

五、审美心理学

审美心理学是研究和阐释人类在审美过程中心理活动规律的心理学分支，是一门研究和阐释人们美感的产生和体验中的知、情、意的活动过程以及个性倾向规律的学科。审美心理学是美学与心理学的交义学科。美学最早主要是关于美的本体的哲学思考。现代美学突破了这种思辨的传统，引进心理学的研究方法，重视审美体验的心理学分析，逐渐形成了独立发展的审美心理学。

审美经验是审美心理学的研究对象。李泽厚先生提出：广义美感即审美经验，包括了从审美知觉——感知、理解、想象、情感，到审美愉快这一过程；狭义的美感仅指审美经验中审美愉快（包括审美感受和审美判断）这一部分。美国学者托马斯·门罗认为，审美心理学感兴趣的是要弄清究竟是艺术家个性中的什么力量促使他们创造艺术作品，是要理解这些创造活动和欣赏活动与艺术以外的其他人类经验的关系以及它们与人类机体结构的关系。我们认为，审美心理学的研究包括设计师的创造心理、审美体验过程、审美体验的结构和审美主客体之间的相互关系以及审美经验的形态等方面。同时，由于各国、各民族社会历史的不同而形成的审美经验的认知差异，审美心理学还要研究审美心理的个性和共性以及社会文化对于审美心理的影响等诸方面。

六、其他应用心理学

（一）工程心理学

工程心理学是以人—机—环境系统为对象，研究系统中人的行为以及人与机器和环境相互作用的工业心理学分支。它的目的是使工程技术设计与人的身心特点相匹配，从而提高系统效率、保障人机安全，并使人在系统中能够有效而舒适地工作。

人—机—环境系统是多学科研究的问题，从事这方面工作的有心理学家、生理学家、人体测量学家、医生、工程师等。在不同的国家或来自不同学科的专家往往使用不同的名称。中国、美国和俄罗斯等的心理学界多称“工程心理学”，美国还使用“人类工程学”“人的因素工程学”等名称，西欧各国则普遍称“工效学”。

来自不同学科的专家在研究内容上也各有侧重：工程心理学强调研究系统中人的行为和身心功能特点，为系统设计提供有关人的数据；而工效学或人类工程学则侧重于研究把有关人的数据应用于系统设计。

工程心理学主要研究与技术设计有关的人体生理、心理特点，并为人—机—环境系统的设计提供有关人的数据。例如为了使工作空间、工作台、驾驶舱、控制器和其他各种个体用具的设计和安排适合使用者的体质特点，就必须测定人体静态结构、动态功能尺寸和人体生物力学参数；为了设计优质的人机信息交换装置，就必须研究人的传信特点和能力限度，研究人的信息加工模型；为了提高系统的可靠性，就要研究人在工作超负荷或低负荷时，特别在告警应急时的反应能力和行为特点。人的能力的个别差异和影响能力水平发挥的主客观条件等，也是工程心理学研究的重要课题。

人与机器在功能上各有长短，分析系统中各个环节的要求和作用，确定最适合于由人或由机器做的工作，是人机系统设计中的一项重要内容。一般来说，强度大、速度快、精度高、单调的、操作条件恶劣的工作应安排机器去做；拟订方案、编制程序、应付不测、故障维修等工作适合由人去做。随着计算机和自动控制技术的发展，人机功能分配也会有所变化。但是不管技术如何发展，系统不能没有人的参与。人将始终主宰技术的发展，技术的发展又将使人的功能得到更充分的发挥。

人机界面也叫人机接口，显示器和控制器是人机之间的两个界面。机器通过显示器将信息传送给人，人通过控制器将决策和指令信息输送给机器。人机信息交换的效率，很大程度上取决于显示器和控制器与人的感知器官、运动反应器官特性的匹配程度。为使两方面匹配得好，就要研究显示器和控制器的物理特性与人的感知、记忆、思维、运动反应等身心特点的关系，例如，研究视觉显示符号的形状、大小、颜色、亮度、空间密度、变化速度与人的视觉功能的关系，研究声音频率、响度、持续时间、变化速度与听觉功能的关系，研究控制器的编码、力矩、阻力、距离、运动方向等因素对人的操作绩效的影响等。在现代复杂的人机系统中，操作人员往往面对着几十甚至几百种不同功用的显示器和控制器，若设计或安排不当，就容易发生误读和误操作而导致重大事故。

工作空间设计也是工程心理学研究的基本内

容，它主要包括工作空间的大小、显示器和控制器的位置、工作台和座位的尺寸、工具和加工件的安排等。工作空间的设计要适应使用者的人体特征，以保证工作人员能够采取正确的作业姿势，达到减轻疲劳、提高工效的目的。

照明、噪音、温度、振动、湿度气压、加速度等物理环境因素都会对人的工作绩效和身心造成影响。处于高空、地下、水下等特殊环境中的人，有可能经受超重、失重、高温、低温、高压、低压、缺氧等异常因素的冲击，因此，研究特殊环境条件对人行为的影响，对设计空间舱和地下、水下工作的人机系统有重要意义。

（二）环境心理学

环境心理学是研究环境与人的心理和行为之间关系的一个应用心理学领域，又称人类生态学或生态心理学。环境心理学家所关注的问题有建筑设计、行为场所、认知地图、人卫环境与行为、拥挤、能源保存、环境中的应激源、热度与行为、人类生态学、乱丢废弃物行为、自然环境与行为、噪声与行为、个体空间、个性与环境、污染与行为、隐私、人际空间距离学、资源管理、领地行为、城市规划、故意破坏公物行为等。环境心理学研究主要包括下列内容：个体空间、领地行为、应激环境、建筑设计、环境保护以及许多相关问题。

噪音是许多学科研究的课题，也是环境心理学的主要课题，主要研究噪音与心理和行为的关系问题。从心理学观点看，噪音是使人感到不愉快的声音。对噪音的体验往往因人而异，有些声音被某些人体验为音乐，却被另外一些人体验为噪音。研究表明，与强噪音有关的生理唤起会干扰工作，但是人们也能很快适应不致引起身体损害的噪音，一旦适应了，噪音就不再干扰工作。

噪音是否可控，是噪音影响的一个因素。如果人们认为噪音是他们所能控制的，那么噪音对其工作的破坏性影响就较小，反之，就较大。人们习惯于噪音工作条件，并不意味着噪音对他们不起作用了。适应于噪音的儿童可能会丧失某些辨别声音的能力，从而导致阅读能力受损。适应于噪音环境也可能使人的注意力狭窄，对他人需要不敏感。噪音被消除后的较长时间内仍对认识功能发生不良影响，尤其是不可控制的噪音，对人影响更明显。

从心理学角度看，拥挤与密度既有联系，又有区别。拥挤是主观体验，密度则是指一定空间内的客观人数。密度大并非总是不愉快的，而拥挤却总是令人不快的。心理学家对拥挤提出各种解释。感觉超负荷理论认为，人们处于过多刺激下会体验到感觉超负荷，人的感觉负荷量有个别差异；密度—强化理论认为，高密度可强化社会行为，不管行为是积极的还是消极的，如观众观看幽默电影，在高密度下比在低密度下鼓掌的人数多；失控理论认为，高密度使人感到对其行为失去控制，从而引起拥挤感，而处于同样密度条件下的人，如果使他感到他能对环境加以控制，则他的拥挤感会下降。一般说来，拥挤不一定造成消极结果，这与一系列其他条件有关。心理学家还研究诸如城市人口密度以及家庭、学校、监狱等种种拥挤带来的影响和社会问题。

建筑结构和布局不仅影响生活和工作在其中的人，也影响外来访问的人。不同的住房设计引起不同的交往和友谊模式。高层公寓式建筑和四合院布局产生了不同的人际关系，这已引起人们的注意。国外关于居住距离对于友谊模式的影响已有过不少的研究。通常居住近的人交往频率高，容易建立友谊。房间内部的安排和布置也影响人们的知觉和行为。颜色可使人产生冷暖的感觉，家具安排可使人产生开阔或挤压的感觉。家具的安排也影响人际交往。心理学家把家具安排区分为两类：一类称为亲社会空间，一类称为远社会空间。在前者的情况下，家具成行排列，如车站，因为在那里人们不希望进行亲密交往；在后者的情况下，家具成组安排，如家庭，因为在那里人们都希望进行亲密交往。

环境心理学研究中有一个重要发现，即人的多数行为在一定程度上都受着特定环境的控制。例如，购物中心和百货商场大都设计得像是迷宫，顾客们要在里面绕来绕去，这样就能让人们在商品前多徘徊或逗留一会儿。再如，大学教室的设计也清楚地表明了师生关系，学生座位固定在地板上，老师面对学生而立，这样可以限制学生们在课堂上交头接耳；公共浴室中的座位不多，人们只能洗完就走，而不可能舒舒服服地坐在里面开会。

心理学家们还发现，环境因素的变化影响着公共场所中故意破坏公物行为发生的数量。在心理学研究结果的基础上，很多公共场所现在都选用了新型建筑材料，不可能在上面乱涂乱画，使此类破坏行为不再发生。没有门的厕所隔间和瓷砖墙面也是防范措施之一。还有一些措施是为了使人们降低乱涂乱画的欲望，比如，在一块广告牌周围种上一些花，人们不愿意践踏花草，因而也就不会走过去乱画了。可见，通过设计可以改变和影响人的行为，从而创造和保持一个有益健康的环境。

（三）消费心理学

消费心理学是一门应用心理学，也是营销科学的分支，虽然其研究目的主要是针对消费者的心理现象，但研究对象却是消费者的外显行为，因此它也被称为“消费者行为学”。它源于20世纪50年代后期发展起来的消费者导向的营销策略。当时，由于科学技术和生产力水平迅速提高，营销商们意识到，与其去劝说消费者购买公司已经生产出来的产品，不如去生产那些经过调查研究或确定消费者需要的产品。因此，市场营销观念逐渐从以产品为导向转向以消费者需求为导向，其中最重要的前提是公司必须生产出针对特定目标市场需求，并提供比其竞争对手更有竞争力的产品或服务。基于这个前提，消费行为学强调研究高度复杂的消费者（个体消费者和组织消费者）如何决定将其有限的可用资源——时间、金钱和努力花费到消费项目中去，以及如何来影响消费者的认知、情感、态度和决策行为。

从理论基础上来看，消费心理学本身也是一门新兴的交互学科，吸收和发展了许多其他学科中的理论，其中最直接相关的有心理学、社会学、人类学、经济学、营销学等。

第三节　设计心理的生理基础

人的心理是怎样产生的？它是身体的哪一部分产生的？古代朴素唯物主义者虽然认为心理现象是身体的一种机能，但是由于科学水平的限制，人们并不清楚心理活动的器官之所在。历史上，相当长一个时期，人们曾经认为心脏是产生心理活动的器官，心理是心脏的机能。近年来，随着科学技术的发展，包括采用微电极直接刺激脑的神经组织的技术，已经获得了许多有关心理的脑机制的科学资料，进一步证实了心理是脑的机能的科学论断。

一、神经元与神经系统

心理现象是神经系统特别是脑的机能。人的内分泌系统对人的心理和行为也有一定的调节作用，它们共同构成了人的心理活动的基础。脑是心理的器官，但脑并不能独立地产生心理活动。人的心理活动有赖于整个神经系统的作用，人脑只是其中的主要组成部分。

（一）神经元

神经元即神经细胞，是神经系统最基本的结构和机能单位，它的主要作用是接受和传送信息。人脑由120亿个以上的神经元构成。

神经元与人体其他组织或器官的细胞不同，它具有特殊的构造，而且具有极度的敏感性。神经元的大小、形状和类型是复杂多样的，但每个神经元的结构都是相同的，即由胞体和突起两部分构成。

由胞体发出的突起有树突和轴突两种。（图 1-3-1）

树突一般较短，分枝较多，能接受刺激，并把冲动传向胞体。每个神经元只有一个轴突，而且较长，其外围包有一层髓鞘，以保护轴突并防止冲动的扩散。其末端的分枝叫神经末梢。轴突就是神经纤维，许多神经纤维聚集成束，构成分布于全身的神经，能将冲动从胞体传出。每个神经元在结构上是独立的。一个神经元的末梢与另一个神经元的胞体或树突相接触，接触的部位叫突触。在神经元之间，神经冲动的传导是通过突触而实现的。

（二）神经系统的基本结构和机能

神经系统是指由神经元构成的一个非常复杂的机能系统。由于结构和机能的不同，可将神经系统分为周围神经系统和中枢神经系统两个部分。

1.周围神经系统

周围神经系统是指与脑和脊髓相连的 12 对脑神经和 31 对脊神经，是中枢神经系统联系感受器和效应器的纽带，它使脑和脊髓与全身其他器官联系在一起，起着传入和传出神经冲动的作用。

周围神经系统通常由三部分组成：脑神经、脊神经和植物性神经。脊神经发自脊髓，穿椎间孔外出，共 31 对，分布于躯体和四肢，与躯体和四肢的感觉运动有关。脑神经由脑部发出，共 12 对，主要分布于头、面部，与头、面部的感觉和运动有关。植物性神经又叫自主性神经，分为交感神经和副交感神经，分布于内脏、心血管和腺体等部位，调控着内脏、心血管和腺体的活动。植物性神经一般不受人的意识控制。

2.中枢神经系统

中枢神经系统是机体活动的最高调节者或“司令部”，由低级中枢和高级中枢组成。

（1）低级中枢。低级中枢主要包括脊髓、脑干、间脑和小脑四部分。

脊髓是中枢神经系统的低级部位，位于脊椎管内。脊髓的基本机能有两个：一是传导机能，如通过脊髓把躯体和内脏器官的活动状况向脑传导；二是反射机能，脊髓可调节某些简单的本能反射活动（如排泄、膝跳反射），是躯体和内脏反射的中枢。脊髓是中枢神经系统联系感受器和效应器的纽带，它使脑与全身其他器官联系在一起。

（2）高级中枢。中枢神经的最高级部位是大脑，其最高级的调节者是大脑皮层。

二、大脑功能分区及意义

人的心理活动依赖于脑的参与，人脑包括大脑（包括端脑和间脑）、小脑、脑干（包括中脑、脑桥和延脑）等部分（图 1-3-2）。

（一）间脑

间脑位于脑干上方和大脑两半球之下，包括

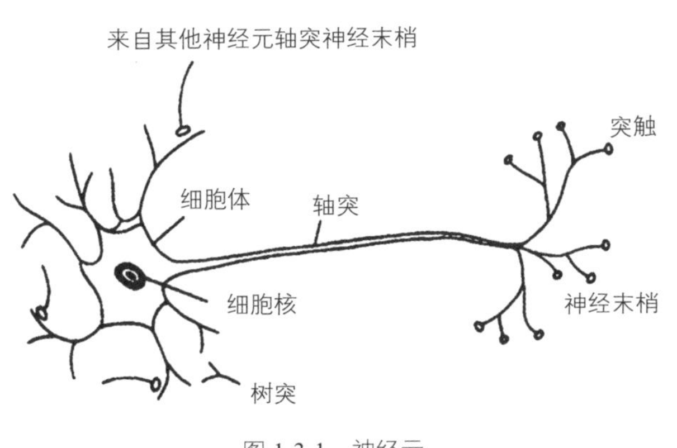

图 1-3-1　神经元

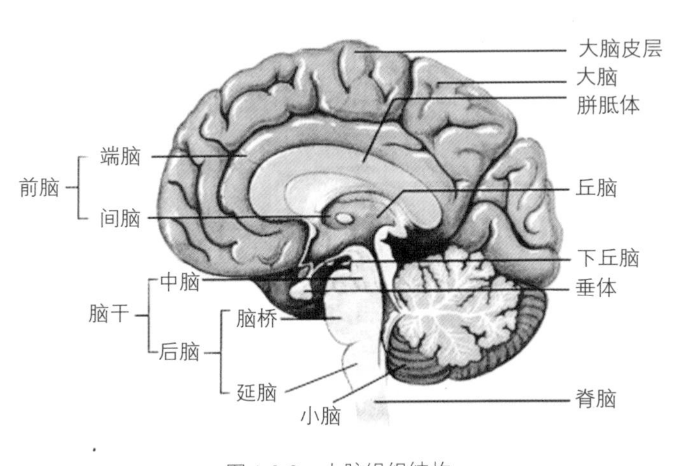

图 1-3-2　人脑组织结构

丘脑和下丘脑两部分。丘脑是大脑皮层下的感觉中枢，它是传入神经的转换站。除嗅觉神经外，其余传入神经都要在这里转换神经元。下丘脑是植物性神经的最高部位，调节内脏活动和内分泌活动，同时，它也是情绪反应的高级协调单位。

（二）小脑

小脑位于大脑的后下方，脑干的背侧面，由两半球组成。其主要功能是协同脑和大脑皮质运动区共同控制肌肉的运动，协调随意动作，调节肌肉活动，调节姿势，保持躯体平衡。

（三）脑干

脑干由延脑、脑桥和中脑组成。它既是大脑、小脑联系脊髓的通道，又是许多内脏器官活动和视、听定向活动的中枢部位。脑干的主功能主要是维持个体生命，呼吸、心跳、吞咽、呕吐、喷嚏以及视听觉探究反射都受脑干的调控，如果这一部位受到损伤，生命活动将受到威胁，因此，脑干有“生命中枢”之称。

（四）网状结构

在脑干中央和丘脑底部有一神经纤维纵横交织的广大区域，并有许多神经细胞散在其中，称作网状结构。它的功能十分特殊，既可以下行调节躯体感觉和运动以及内脏活动，又可以上行激活皮层神经元，以使大脑皮层处于觉醒状态，并使之保持警戒水平。如果这一区域受到了损害，人或动物就会陷入昏睡状态。

（五）大脑皮层

大脑位于颅腔内，分左右两半球，覆盖在间脑和小脑的上方，状如合拳，左右半球由胼胝体连结，其深部为大量的神经纤维和脑浆。成人脑重平均约为 1400 克，占整个神经系统重量的 98%，约为身体重量的 1/50。

覆盖于整个大脑表面的一层叫大脑皮层，是人类心理活动最直接、最高级的物质基础。大脑皮层是神经元细胞体最集中的地方，约有 140 亿个神经元分六层规律地排列着。皮层的表面积约为 2200 平方厘米，厚度平均为 2.5 毫米。大脑皮层的表面有许多皱褶，凸起的部分叫回，约占 1/3，凹陷的部分叫沟或裂，约占 2/3。比较重要的沟裂有中央沟、外侧裂和顶枕裂，它们把大脑皮层分为额叶、顶叶、枕叶和颞叶四个机能各不相同的区域。

大脑皮层各叶分别聚集着某一类型或功能的神经细胞，具有特定的机能。额叶是在进化过程中形成最晚的部分，然而却是最发达的部分，约占皮层表面积的 29%。

额叶的中央沟前回是躯体运动区，如果这部分受到损伤，会使机体活动局部或全部瘫痪。顶叶的中央沟后回是躯体感觉区。枕叶与视觉有关，如果枕叶部位受损伤，就会失去视觉能力，看不到任何物体；颞叶与听觉有关，如果颞叶部分受到损伤，就会失去听觉能力，听不到声音。以上各部分大脑高级中枢是人和动物所共有的，而人除以上高级中枢外，还有特殊的言语中枢，包括书写中枢、言语运动中枢、言语听觉中枢和言语视觉中枢。（图 1-3-3）

以上大脑各部位的神经中枢专司一定的生理和心理活动机能的现象，叫作大脑皮层的机能定位。但是，大脑皮层的机能定位只是相对而言的，各机能区只是实现某种功能的核心部分，其他区域在实现某种功能时也起一定作用。

大脑皮层的各个机能区并不彼此孤立，它们之间互有一定的代偿作用，同时，某一区域的功能受到损伤时，也会影响到其他区域的功能。这就在大脑皮层上形成了没有明显机能定位的三个机能联合区：脑干、间脑的网状结构、边缘系统为第一机能联合区，是维持大脑的清醒状态的联合区；枕叶、颞叶和顶叶的视觉、听觉和一般感觉区为第二机能联合区，与人的各种感觉有关，是接受、加工和保存外来信息的联合区；额叶的运动区、运动前区及前联合区为第三机能联合区，是规划、调节和监督

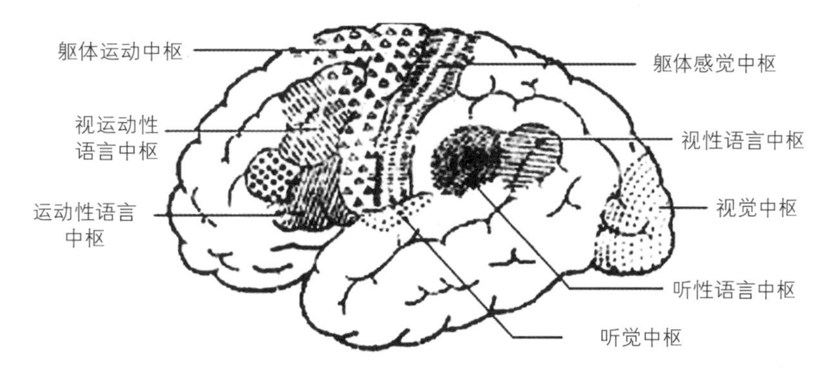

图 1-3-3　大脑皮层神经中枢

等复杂意向活动的联合区。人的心理活动，尤其是较复杂的心理活动，都是中枢神经系统多区域、多水平之间协同活动的结果。

在正常情况下，大脑两半球是协同活动的，进入大脑任何一侧的信息会迅速地经过胼胝体传达到另一侧，做出统一的反应。尽管整个大脑皮层对心理活动具有整体整合的功能，但左右两个半球在功能上有着比较明显的分工。近些年来，脑科学的研究为此提供了重要的依据。美国加利福尼亚理工学院的罗杰·斯佩里经过实验研究发现，左半球支配着理解力，说、写、计算等都由左半球调节，右半球支配着想象力，音乐、绘画、空间知觉、情绪情感等都由右半球分管。

（六）内分泌系统

人的神经系统（尤其是人脑）是人心理活动的最重要的生理基础。除此之外，人的内分泌系统也起着辅助的作用。人体有许多内分泌腺，内分泌腺分泌激素，激素渗透到血液或淋巴去，进而传遍整个机体。

激素具有调节有机体的功能并进而影响有机体活动的作用，这种调节作用虽然不像神经系统的调节那样迅速而且直接，但却比较稳定和持久。如果某种内分泌腺的活动失调，其功能亢进或不足，有机体的生理和心理活动就会出现障碍。

人体的内分泌腺主要包括脑垂体（分为前叶和后叶）、甲状腺、肾上腺（分皮质与髓质）和性腺等。有机体的内分泌腺的活动要受中枢神经系统调节。中枢神经系统作用于内分泌腺，内分泌腺分泌激素影响各种器官的活动，这种调节也叫作神经—体液调节。于是，中枢神经系统一方面直接调节各种器官的活动，另一方面它又作用于内分泌腺，通过激素影响它们的活动。

中枢神经系统调节内分泌腺活动的方式也有两种：一是通过内分泌腺中的植物性神经直接调节，如肾上腺髓质就是由交感神经系统支配的；二是通过先影响脑垂体的活动，再由脑垂体分泌激素去调节其他内分泌腺的活动，例如，中枢对性腺的调节就是经由脑垂体分泌的性腺刺激激素进行的。另一方面，内分泌腺也影响中枢神经系统的功能，例如，甲状腺如果分泌过多，会使中枢神经系统的兴奋性增高，病人常有烦躁不安、易于激动的表现。

三、视觉与其他感受器

（一）感受器

1.什么是感受器

感受器是指动物体表、体腔或组织内能接受内外环境刺激，并将之转换成神经过程的结构。按感受器在身体上分布的部位并结合一般功能特点可区分为内感受器和外感受器两大类。外感受器包括光感受器、听感受器、味感受器、嗅感觉器和分布在体表、皮肤及黏膜的其他各类感受器。内感受器包括心血管壁的机械和化学感受器，胃肠道、输尿管、膀胱、体腔壁内的和肠系膜根部的各类感受器，还有位于关节囊、肌腱、肌梭以及内耳前庭器官中的感受器（通称本体感受器）。

2.感受器的特点

机体的各类感受器在机能上都具有以下共同特点。

（1）各类感受器都具有各自的适宜刺激。所谓适宜刺激是指只需要极小强度的某种刺激即能引起感受器发生兴奋，这种刺激形式称为该感受器的适宜刺激。引起感受器发生兴奋的最小适宜刺激强度称之为该感受器的感觉阈限。

（2）各类感受器都具有换能作用，即能把作用于它们的各种形式的刺激能量转变为相应传入神经纤维上的动作电位，传入中枢神经系统相应部位。中枢神经系统通过众多传入神经纤维获得来自各感受器的传入信号。

（3）感受器把外界刺激转换成神经动作电位，不仅仅是发生能量形式的转换，更重要的是把刺激所包含的环境变化的信息也转移到新的电信号系统中，这就是所谓编码作用。不同感觉的引发，不仅取决于刺激的性质和被刺激的感受器，也取决于传入冲动达到大脑皮层的终点部位。例如用电流刺激病人的视神经，冲动传至枕叶皮层即产生光亮的感觉。又如临床上遇有肿瘤等病变压迫听神经时，会产生耳鸣的症状，这是由于病变刺激引起听神经冲动传到皮层听觉中枢所致。由此可见，感觉的性质取决于传入冲动达到高级中枢的部位。至于在同一感觉类型的范围内，对刺激强度（或量）如何编码问题，目前认为感受器可通过改变相应传入神经纤维上的动作电位频率来反应刺激的强度。刺激加强时，还可使一个以上的感受器和传入神经向中枢发送冲动。

（4）各类感受器都具有适应现象。所谓适应现象即指在刺激感受器的刺激仍存在时，而感觉逐渐消失。实验证明，当刺激仍继续作用于感受器时，而传入神经纤维上的动作电位频率有所下降，这些都证明感受器具有适应现象。

（二）视觉

光作用于视觉器官，使其感受细胞兴奋，其信息经视觉神经系统加工后便产生视觉（vision）。通过视觉，人和动物感知外界物体的大小、明暗、颜色、动静，获得对机体生存具有重要意义的各种信息。至少有80%以上的外界信息经视觉获得，视觉是人和动物最重要的感觉。

视觉形成过程：光线→角膜→瞳孔→晶状体（折射光线）→玻璃体（固定眼球）→视网膜（形成物像）→视神经（传导视觉信息）→大脑视觉中枢（形成视觉）。

人的眼睛近似球形。眼球包括眼球壁、内容物、神经、血管等组织。眼球壁主要分为外、中、内三层。外层由角膜、巩膜组成。前1/6为透明的角膜，其余5/6为白色的巩膜，俗称“眼白”。眼球外层起维持眼球形状和保护眼内组织的作用。角膜是眼球前部的透明部分，光线经此射入眼球。巩膜不透明，呈乳白色，质地坚韧。中层具有丰富的色素和血管，包括虹膜、睫状体和脉络膜三部分。虹膜呈环圆形，位于晶状体前。不同种族人的虹膜颜色不同。中央有一2.5—4毫米的圆孔，称瞳孔。睫状体前接虹膜根部，后接脉络膜，外侧为巩膜，内侧则通过悬韧带与晶状体相连。脉络膜位于巩膜和视网膜之间。脉络膜的血循环营养视网膜外层，其含有的丰富色素起遮光暗房作用。内层为视网膜，是一层透明的膜，也是视觉形成的神经信息传递的最敏锐的区域。视网膜所得到的视觉信息，经视神经传送到大脑。眼内容物包括房水、晶状体和玻璃体。房水由睫状突产生，有营养角膜、晶体及玻璃体，起维持眼压的作用。晶状体为富有弹性的透明体，形如双凸透镜，位于虹膜、瞳孔之后，玻璃体之前。（图1-3-4）

（1）视网膜。视网膜是一层包含上亿个神经细胞的神经组织，按这些细胞的形态、位置的特征可分成六类，即光感受器、水平细胞、双极细胞、无长突细胞、神经节细胞以及网间细胞。其中只有光感受器对光敏感，光所触发的初始生物物理化学过程即发生在光感受器中。脊椎动物视网膜由于胚胎发育上的原因是倒转的，即光进入眼球后，先通过神经细胞的网络，最后再到达光感受器。但因神经细胞透明度很高，并不影响成像的质量。

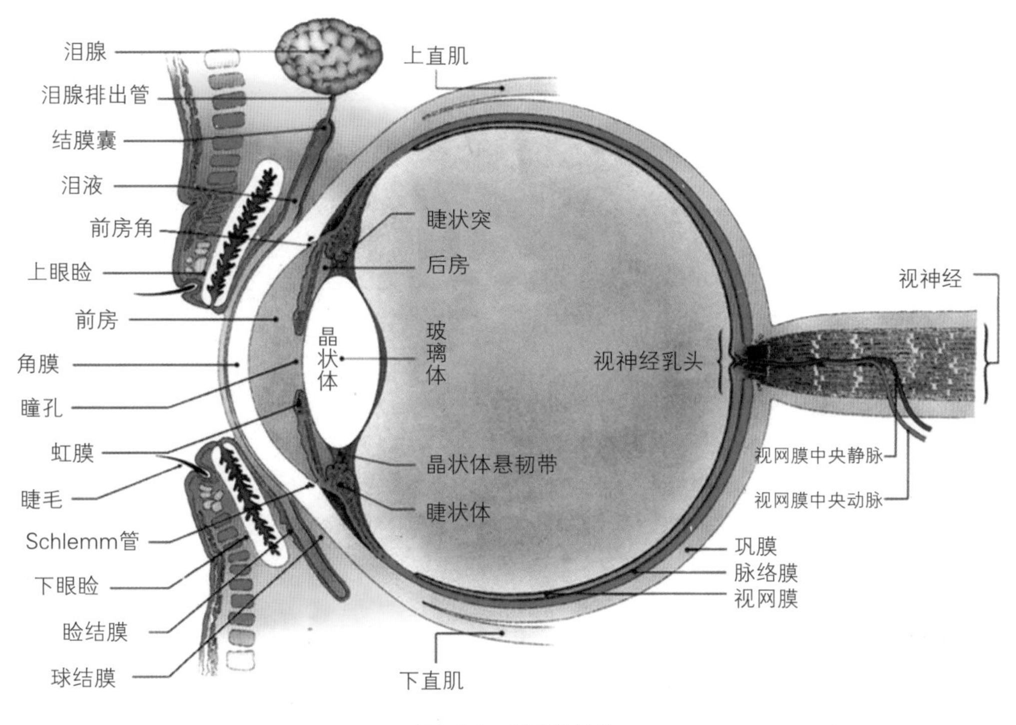

图 1-3-4　眼球的结构

光感受器按其形状可分为两大类，即视杆细胞和视锥细胞。夜间活动的动物（如鼠）视网膜的光感受器以视杆细胞为主，而昼间活动的动物（如鸡、松鼠等）则以视锥细胞为主。但大多数脊椎动物（包括人）则两者兼而有之。视杆细胞在光线较暗时活动，有较高的光敏度，但不能作精细的空间分辨，且不参与色觉。在较明亮的环境中以视锥细胞为主，它能提供色觉以及精细视觉。这是视觉二元理论的核心。

在人的视网膜中，视锥细胞约有 600 万至 800 万个，视杆细胞总数达 1 亿以上。它们以镶嵌的形式分布在视网膜中，但分布是不均匀的，在视网膜黄斑部位的中央凹区，几乎只有视锥细胞。这一区域有很高的空间分辨能力（视敏度，也叫视力）。它还有良好的色觉，这对于视觉最为重要。中央凹以外区域，两种细胞兼有。离中央凹越远视杆细胞越多，视锥细胞则越少。在视神经离开视网膜的部位（乳头），由于没有任何光感受器，便形成盲点。

（2）眼动。人主要靠眼动来保证注视对象在视网膜黄斑部的中央凹上结像。眼动是指人在观看对象时眼肌会带动眼球向上下左右运动，以确保物体成像在视网膜上。于国丰认为，眼动类型有平稳跟踪运动（smooth pursuit movement）、扫视眼动（saccadic movement）、固视微动（small involuntary movement）、辐辏运动、前庭性眼震（vestibular nystagmus）、视动性眼震等。这些不同的运动受不同的机制所控制，完成着不同的任务。正常人的眼动受视觉任务的影响，能很好地加以调整以完成获取信息的任务。而且眼动是一种受中枢神经系统控制的有规律的运动。韩玉昌研究发现：人眼在观察不同形状和颜色时，眼动具有时间序列和空间序列的特性；形状和颜色一样具有诱目性序列特征；眼动凝视点受到刺激所处空间位置的明显影响，反映了刺激物与眼动之间的关系。这些结果为应用领域视觉效应的设计提供了理论依据。

（3）瞳孔变化与心理活动。在眼的调节过程中，除晶状体发生变化外，还可出现瞳孔的变化反应。视近物时，瞳孔缩小，这种反应可减少进入眼内的光线和折光系统的球面像差，使成像清晰。这种变化也是调节晶状体反射活动所引起的。冲动经动眼神经的副交感神经纤维传至睫状肌外，尚可沿另外一些副交感神经纤维传至缩瞳肌，引起兴奋而使瞳孔缩小。瞳孔的大小还可随光线的强弱而改变。瞳孔在光亮处缩小，在光暗处散大，这种瞳孔大小随视网膜光照度而变化，称之为瞳孔对光反射。其反射过程是：强光作用于视网膜，引起的神经冲动沿部分视神经纤维传至中脑的顶盖前区交换神经元，然后达到同侧和对侧动眼神经核，再经动眼神经中的副交感神经传至瞳孔括约肌，引起瞳孔括约肌收缩，而使瞳孔缩小。对光反射的消失，常常是中脑或其他中枢部位有病变的征象。对光反射还可用于推测全身麻醉药的作用深度，如对光反射消失，则说明中脑已麻痹，则应停止给药以免引起延髓麻痹而死亡。研究发现，眼睛是大脑在眼眶里的延伸，眼球底部有三级神经元，就像大脑皮质细胞一样，具有分析综合能力，而瞳孔的变化、眼球的活动等，又直接受脑神经的支配，所以人的感情自然就能从眼睛中反映出来。瞳孔的变化是人不能自主控制的，瞳孔的放大和收缩，真实地反映着复杂多变的心理活动。若一个人感到愉悦、喜爱、兴奋时，他的瞳孔就会扩大，比平常大四倍；相反，遇到生气、讨厌、消极的事情时，他的瞳孔会收缩得很小；瞳孔不起变化，表示他对所看到的物体漠不关心或者感到无聊。

（4）视敏度。视敏度又称“视力”，是眼睛对物体细节辨别的能力。一般而言，正常人的视力为 1.0 以上。不过，视力在 1.5—2.0 的也大有人在，他们在晴朗天气条件下，能看到 1.6 千米外的房屋和树木。视敏度分为静态视敏度和动态视敏度。视力还受到环境条件的影响，影响视力的主要因素包括照明因素和主体因素两类。其中照明因素包括目标亮度、目标四周亮度、目标与背景的亮度对比等。视敏度还受到多方面的主体因素的影响。例如，视网膜上不同部位的视敏度不同，中央凹周围的视敏度最高；瞳孔直径小于 1 毫米时，直径越大视敏度越高（与进光量有关）等。并且，当眼睛的晶状体的调节能力下降、瞳孔缩小、眼球内透明度下降以及视网膜与相应的神经通道、中枢功能下降退化时，视敏度也随之下降，这就是老年人视力下降的主要原因。一般而言，人在 14—20 岁时视力最佳，40 岁之后开始下降。

因此，在设计中应该重视这一问题，如果设计的目标群体被设定为中老年，或者长期用眼密集、视觉疲劳度较高的人（如排版工人、打字员），那么就应注意使文字设计稍大、笔画稍粗、行距稍大，图像和文字对比更鲜明，如果是数字模式，还应尽可能减少变化、降低运动和闪烁的频率。许多设计师为了追求装饰效果，而将广告、书籍的文字，手机、电话等设备上的按键说明设计得比较小巧，这种设计对于年龄较大、视力差的用户则不太适宜。

（三）其他感受器

人的感受器分为视、听、触、味、嗅等，每种感受器只对一种性质的刺激产生兴奋，并且感受器所能感觉的刺激也具有一定的范围（表 1-1）。前面我们已经介绍了视觉的感受器，下面，我们再简单介绍其他几种感受器。

1.听觉

耳是人的听觉感受器，耳所能感受的刺激是声波。当声波传入内耳，振动鼓膜，通过听小骨的作用使耳蜗内的淋巴液受到振动，耳蜗内基底膜上的

表1-1　感觉的种类及成因

感觉的种类	感觉收到的外界刺激	感觉的接受器官
视觉	光	眼睛视网膜的视细胞
听觉	声音	耳道中鼓膜及听细胞
嗅觉	气味	鼻黏膜的嗅细胞
味觉	味道	舌部位的味细胞
肤觉	冷热、压力、伤害	皮肤的冷点、湿点、压点、痛点
机体感觉	对体内器官的刺激	体内器官的神经末梢
平衡感觉	身体运动及位置变化	前庭平衡器官细胞
运动感觉	机体动态变化	股体神经

毛细胞是感受声波的细胞，它接受声波后产生兴奋性冲动，传至大脑的听觉中枢，产生听觉。人所能感觉的声波具有一定阈限，一般是20—20000赫兹。听觉除了要限定在一定频率范围内，对于同一频率的声音，还具有振幅的感受范围。例如，对于1000赫兹的纯音，人能感受的振幅是0—120分贝。

2.触觉

人对触觉的感觉发生在大脑皮层。皮肤是触觉的感受器，皮肤浅层上有一些长圆柱状的小体，它是触觉的感觉细胞，人们能对于一定压力产生触觉。人体不同部位的皮肤具有不同的敏感度，其中手指尖的感觉最为灵敏，因此俗语说“十指连心”，就是说手指对于压力感觉特别灵敏。

3.嗅觉

鼻是嗅觉的感受器，鼻腔内有一层嗅黏膜，上面布有嗅细胞，能对气味分子产生神经冲动。人对于不同气味的嗅觉灵敏度不同，因此有些气味在空气中只要存在少量就会特别明显，而有些气味则需要一定浓度才能为人所察觉。当人们浏览网站食品、香水时，人们可以获得图像、音频的感官刺激，但一般没有嗅觉的感应，从而影响人们的感官刺激。

4.味觉

舌是味觉的感受器，舌头的表面密布乳头，它使舌头的表面凹凸不平，乳头中所含的味蕾，即味觉感受细胞，这些感受细胞分别对于四种味觉——甜、酸、苦、辣中的一种反应强烈。味觉和嗅觉总是联系在一起，即所谓的“味道”，有时我们感觉食物鲜美并非依赖味觉而是嗅觉，因此当人们感冒的时候，虽然味觉并没有受到影响，但是却感觉食之无味，其实是因为嗅觉通道阻塞造成的。

专题研究：设计心理学实验——图形认知的眼动研究

图形是指物体的形状、图画、图表和符号等。这里的图形认知的眼动研究主要指图画观看和模式识别中的眼动特征研究。关于这方面的研究已经积累了一些基本的数据：图画观看和模式识别中的平均注视时间为300—350毫秒，比阅读的注视时间长；观看简笔画时，注视持续时间的范围是125—1000毫秒，注视时间的分布为偏态分布，大多数注视时间少于333毫秒；观看图画时的眼跳距离为3.50（大约15—16个字符之间），比阅读时的眼跳距离长（大约20）；在图画观看和模式识别中，有85%的时间被用于注视。人在观看一幅图画时，眼睛先看什么地方、后看什么地方、眼动轨迹怎样、图画内容与眼动有何关系等，一直是图画观看研究的重要课题。

一、眼动与图画观看的信息量

巴思维尔（Buswell）认为，人在观看图画时，大部分注视点都集中在感兴趣的区域上。他在实验中要求被试观者看一幅教堂的图画，并记录其眼动，结果表明，他们的眼动轨迹与教堂的圆柱和拱形结构基本吻合。

马克沃茨（Mackworth）和莫然迪（Morandi）在一项研究中，第一步先把一幅图画分割成大小相等的若干小块，然后一一呈现给被试者，让他们评定每块图画所含信息量的大小，然后让被试者看这幅完整的图画，同时记录其眼动。结果显示，眼睛注视的位置大都集中在被评为信息量大的区域。马克沃茨的研究还证明，被试者对信息量大的区域注视时间早，注视次数多，注视持续时间长。

亚巴斯（Yarbus，1967）在一项实验中，记录被试者观看表现人物群像的图画时的眼动轨迹，结果表明：人脸是被注视最多的地方。在观看人脸时，注视点相对集中在眼睛和嘴上。令人惊奇的是，当观看一幅雄狮头部图片时，被试的注视也集中在狮子的眼睛和嘴上。亚巴斯认为，人的眼睛和嘴是脸部最富于表情功能的部位，信息量大，所以被注视的次数较多。

二、图画观看与扫描轨迹

诺顿（Noton）和思塔克（Stark）提出了一个视觉模式知觉理论，认为模式特征的加工是一个系列过程，具有固定的顺序性。第一次注视这个刺激与再认这个刺激的顺序相同。他们的实验显示，当被试者观看图画时，眼睛常按一个固定的路线间歇地、重复地去扫描，从而形成一个系列扫描路线。不同被试者对同一幅图画的扫描路线不同，同一被试者观看不同图画时的扫描路线也不同。诺顿和思塔克认为，当被试者第一次看一个物体用眼扫描它时，会形成一个固定的扫描路线，即建立了一个特征环的记忆。当他随后再见到同一物体时，就会利用记忆中对该物体的内部表征去与它匹配，从而达到再认。他们用实验验证了这个观点，结果表明：在学习阶段被试者看图画时，明显地表现出固定的扫描路线；在再认阶段，被试者看图画时的眼动轨迹与学习阶段的大致相同。他们认为被试者在学习阶段形成了扫描轨迹的特征环，在再认阶段，又将特征环和这张图画相匹配，于是发现学习和再认阶段表现出大致相同的扫描轨迹。

三、眼动与图画记忆

罗弗图斯（Loftus）在一项考察眼动与图画再认关系的实验中，先给被试者呈现单独的图片，呈现时间为300—500毫秒。在被试者识记图片时，记录其眼动，随后进行图片再认测验，其结果如下：在呈现时间一定的条件下，再认成绩同被试者对图片的注视次数有紧密的函数关系，即在图片呈现时间相同的条件下，注视次数越多，再认成绩越好；在注视次数相同的条件下，再认成绩与图片的呈现时间没有关系。实验结果显示，当注视点离关键细节的距离越远时，再认成绩越差；当这个距离大于20视角时，则再认成绩不高于概率水平。

四、图画观看的眼动顺序性

顺序性是指视觉信息加工过程中的时间和空间序列特性。我国研究者在一项研究中，用眼动实验方法考察了被试者在观察不同形状和不同颜色几何图形时眼动的顺序。总结两部分实验结果，结论如下：人在观察不同形状和颜色时，视觉上的选择表现出顺序性的规律，即对视觉信息的认知具有系列加工的特点，在时间上有先后之别，在空间上有上下左右之别。在观看几何图形时，对三角形的注视点和首次注视点多；在观看颜色时，对黄色的首次注视点多。这说明三角形和黄色更具有诱目性，对一个目标的注视点的分布、观察者的注意从一个注视点移动到另一个注视点的顺序、观察者的认知模式等均与目标的特性有关。对形状和颜色的注视点和首次注视点在第二象限都是最多的，其次是在第一象限，在第三、第四象限则是最少的。这说明，视觉刺激的位置，即空间序列在视觉的顺序性中具有强烈的效应。从实验结果来看，首次注视点这一变量，比注视点次数和注视停留时间更为灵敏。

通过对图画观看的眼动研究，将图画与文字材料相比较，发现一个突出的特点是图画的整体性，这种整体性暗示着理解意义的直接性。

小　结

本章主要介绍了设计心理学的研究对象和范畴、设计心理学的发展现状、设计心理学的研究方法、设计心理学的学科拓展以及设计心理学的理论基础和生理基础。其中，设计心理学的研究对象和设计心理学的理论基础是本章的重点。

思考题

1. 什么是设计心理学？设计心理学的研究对象包含哪些内容？

2. 设计心理学主要有哪些研究方法？在设计心理学的研究过程中如何使用观察法？

3. 心理学的主要流派对设计心理学的发展有何影响？

4. 如何理解设计心理的生理基础？

第二章　设计的心理过程

第二章　设计的心理过程

本章概述

本章主要介绍设计的心理过程，包括设计与认知心理和设计过程中的情感与意志。在第一节中，我们将介绍认知心理学在设计中的应用，包括感知、记忆、思维和语言等方面。在第二节中，我们将探讨设计师在设计过程中所面临的情感和意志问题，如情感调控、情绪管理、意志力控制等，以及如何通过自我引导和认知重构等方式加以应对。

学习目标

1. 了解认知心理学在设计领域的应用。
2. 掌握设计过程中的情感调控和意志力控制方法。
3. 学会运用自我引导和认知重构等方式来提高设计师的心理素质。
4. 培养良好的情感管理和意志控制能力，提升设计创造力和执行力。

第一节　设计与认知心理

一、感知觉与刺激

（一）感知觉

感觉是一种最简单的心理现象，是人脑对直接作用于感觉器官的客观事物（刺激物）的个别属性（如颜色、形状、气味、软硬等）的反映。知觉是人脑对直接作用于感觉器官的客观事物的整体属性的反映。感觉是知觉形成的基础，知觉则是在此基础上的进一步深化。感觉和知觉在现实生活中密不可分。感知觉是一切比较高级、复杂的心理活动的基础，是人认识客观世界的开端，是一切知识的源泉，是人们进行正常心理活动的必要条件。

（二）引起感知觉的刺激

并非任何强度的刺激都能引起感觉，如落在我们皮肤上的灰尘就难以感觉。相反，如果刺激过强，我们也可能感觉不到，如频率高于 20000 赫兹的声音就听不到。这种感觉能力对刺激强度的依存性，心理学上用感觉阈限来度量。这种感觉器官对适宜刺激的感觉能力，即感觉的灵敏程度，我们称为感受性。感觉阈限是引起某种感觉并持续了一定时间的刺激量。感受性有绝对感受性与差别感受性之分，相应地就需要用绝对感觉阈限和差别感觉阈限来衡量。

1.绝对感受性与绝对感觉阈限

人刚刚能觉察出最小刺激量的感觉能力叫绝对

感受性。绝对感受性的强弱，是用绝对感觉阈限的值来衡量的。把一粒非常轻微的灰尘慢慢放在被试的手掌上，被试者不会有感觉，但是，如果一次次逐渐地增加重量，当它达到一定数量时，就会引起被试者的感觉。这个刚好能引起感觉的最小刺激量叫绝对感觉阈限。当引起感觉的刺激量继续增加，达到一定限度时，感觉受到破坏，会引起痛觉。

绝对感觉阈限与绝对感受性之间的关系成反比，即绝对感觉阈限的值越小，说明绝对感受性越高；反之，感受性越低。可用公式 E=1/R（E 代表绝对感受性，R 代表绝对感觉阈限）来表示。各种感觉的绝对阈限各不相同，同一感觉的绝对阈限也因人而异。

2.差别感受性与差别感觉阈限

差别感受性就是能觉察出同类刺激最小差别量的感觉能力。这是以能否觉察出刺激量的变化或差别来考察感觉能力的。能够引起感觉的刺激，如果在强度上发生了变化，我们的感觉也可能随之而变化，但并非刺激强度的任何变化都会引起感觉的变化，只有刺激量的变化（增加或减少）达到一定的程度才能觉察出来。例如，原刺激量是 100 克，加上 1 克，感觉不到 100 克与 101 克之间有什么差别，只有增加了 3 克即达到 103 克时，才会有二者之间的差别感觉。同样的道理，两根 10 米长的竹竿，如果相差半寸，我们很难发现它们的差别，但是，一双筷子，如果相差半寸，那它们的差别就非常明显了。这种刚刚能觉出两个同类刺激的最小差别（变化）量，叫差别感觉阈限，它是衡量差别感受性的指标。

差别感觉阈限与差别感受性之间也成反比例关系，即人的差别感觉阈限越大，差别感受性越低，反之，则差别感受性越高。

在中等刺激强度的范围内，差别感觉阈限（△ I）与原刺激强度即最初的标准刺激强度（I）的比值是一个常数（K），即△ I/I=K。如重量感觉的 K 值为 3/100，它表示，必须在原重量上增加 3/100，才能觉察出重量起了变化。K 值因刺激和感觉性质的不同而存在差异。这个关系最初是由德国物理学家、生物学家韦伯提出来的，故称韦伯定律。

二、视知觉与视觉元素

（一）视知觉

视知觉是指视觉感受器接收到视觉刺激后，将信息传导到大脑接收和辨识的过程。因此，视知觉包含了视觉接收和视觉认知两大部分。简单来说，看见了、察觉到了光和物体的存在，是与视觉的接收好不好有关，但看到的东西是什么、有没有意义、大脑怎么做解释，是属于较高层的视觉认知的部分。在心理学中，视知觉是一种将到达眼睛的可见光信息加以解释，并利用其来计划或行动的能力。视知觉主要由以下四个要素构成。

1.视觉注意力

视觉注意力包含了四个层面。

（1）视觉刺激物出现在眼前，能不能注意到。

（2）注意到了之后，能不能持续地注意。

（3）如果眼前不止一个刺激物，要选择注意哪一个事物。

（4）必须同时注意两件事物以上的时候，能否妥善分配及应用。

2.视觉记忆

视觉记忆是指人脑把现在看到的东西和以前的经验作比较，并加以分类、整合，再储存到大脑中的心理过程。它包括对来自视觉通道的信息进行输入、编码、存储和提取，即个体对视觉经验的识记、保持和再现。比如一个人几天前在操场上看见一条狗，过几天你拿出这条狗的图片，他会立刻认出这条狗是几天前他在操场上看见过的。这种能力称之为再认。视觉记忆对一个人的思维、理解都有极大的帮助。

3.图形区辨

能认出物品之间特征的异同点，并接着进行配对。例如，人们从经验中知道不只是狗有四只脚，猫、狮子、长颈鹿都有，会正确区分彼此的不同。另外，图形区辨还包括辨认事物的颜色、质地、大小、粗细，对于形状大小、位置、环境改变，也可以知觉。例如，一个杯子被东西挡住了一半，或是翻倒在桌上，虽然形状不完整，或放的位置不对，人们还是认得出那是一个杯子。

4.视觉想象

视觉想象是指不直接看到物品，人就能想象出物品具体的样子。能凭借视觉想象进行思考，是人脑的一个重要功能，也就是说，人在思考时能根据需要，在大脑中构造出某种图形或抽象概念、感性外观的视觉形象。人的大脑就像长了眼睛，这些视觉想象物能移动、旋转、变化并且被分析。一个人的视觉想象力越强，他大脑中的这双“眼睛”就越敏锐，视觉想象物及其运动在他的大脑中就越清晰。

（二）视觉元素

视觉设计中各种各样的形态，不管是自然形态还是几何形态，无论是抽象造型还是具象造型，都是由点、线、面等要素构成的。

1.点

点是相对较小的视觉元素，它与面的概念是相互比较而形成的。概念中的点在环境中并不存在，现实中的点都是具有一定的面积和形状的。作为造型的点，其表现形式无限多样，可能是圆的，可能是方的，可能是不规则的。同样是一个圆，如果布满整个空间，它就是面了，如果在一幅构成中多处出现，就可以理解为点。点是最基本和最重要的元素，一个较小的元素在一幅图中或者两个以上的非线元素同时出现在一个图中，我们都可以将其视为点。点可以有各种各样的形状，有不同的面积，但在平面设计理论中，它的位置关系重于面积关系，甚至很多时候，我们并不关心点的面积大小。

点最重要的功能就是表明位置和进行聚集。一个点在平面上，与其他元素相比，是最容易吸引人的视线的。在设计中，点常常是设计的关键所在，能起到画龙点睛的作用。两个以上的点，可以有不同的对应关系，如并列、上下重叠、大小不同对比等，各有各的感受。更多的线上的点可以形成点线。点线拥有线的优势，又有点的特征，是用得较多的设计方式。三个以上不在同一条线上的点可以形成面。在实践中，我们可以运用点面的这种特性来进行设计，点面具有面的优势，更多的是面的特征，但同时也有点的美感，因此，看起来有种特别的美。

2.线

线是具有位置、方向和长度的一种几何体，我们可以把它理解为点运动后形成的。平面的线包括了几何线和非几何线两类。其中，几何线包括直线、折线和曲线，曲线发展到极端就是圆，它是最圆满的线，非几何线包括各种随意的线，还有三维线。

与点强调位置与聚集不同，线没有粗细，更强调位置、方向与外形，但作为造型元素的线也同点一样，存在宽窄。直线反映了运动的最简洁状态，目的明确、理性，具有男性的特征——有力度，相对稳定。水平的直线容易使人联想到地平线，给人的感觉总是作为一种承载的底或压制的顶。

在平面设计作品中，直线的适当运用对于作品来说有标准、现代、稳定的感觉。我们常常会运用直线来对不够标准化的设计进行纠正。适当的直线还可以分割平面。

垂直线与水平线是完全对立的线，垂直线挺拔、高扬，给人以生长、生命力的情感体验，还给人以威严和肃穆感。对角线是表示无限运动的最简形态。两条直线交叉形成了折线，折线由于所含角度的区别带有冷暖的感觉。形成直角的折线最令人感到寒冷、稳定，表现出自制和理性；形成锐角的折线最令人紧张，表现出积极和主动；超过直角以后，它向前推进的紧张程度逐渐缓和，并趋向平稳、踌躇。

曲线是动点运动方向连续变化的轨迹，是直线由于不断承受一定比率的来自侧面的力，偏离了直线的轨迹而形成的。一般而言，压力越大，偏离的幅度越大。曲线都有不同程度的封闭自身、形成圆的倾向。其中，圆的曲率达到最大，其含蓄的感觉最强。所以，有人认为，曲线具有女性化的特点，具有柔软、优雅和病态的感觉。曲线的整齐排列会使人感觉流畅，让人想到头发、羽絮、流水等，有强烈的心理暗示作用，而曲线的不整齐排列会使人感觉混乱、无序以及自由。线可以构成面（只要线出现了封闭，就是一个面了）。线可以突出形，勾线具有美化作用。

3.面和体

与点相比，面是一个平面中相对较大的元素，点强调位置关系，面强调形状和面积。这里的面积是指画面不同色彩间的比例关系。点和面之间没有绝对的区分，在需要位置关系更多的时候，我们把它称为点，在需要强调形状面积的时候，我们把它看成面。群化的面能够产生层次感。造型中的基本面分为自由曲面（有机曲面）和几何面。几何面分为二维的面和空间的面，其中二维的面即平面，三维的面主要包括柱面和双曲面（球面）。面可以进一步成为体，即体化的面。体是由面围合而成，相应也可分为几何体和非几何体。几何体的基本形式包括了长方体（包括正方体）、圆柱体和球体，其他的几何体基本上都是在这几种几何体的基础上通过组合、切割、变形而形成的。

平面主要包括矩形和圆形两类。矩形是由两组垂直线和两组平行线组成的。矩形的两组边存在相互节制的属性，水平一边获得优势则感觉寒冷、节制，反之则显得温暖、紧张，动感十足。如果我们将组成矩形的四条线区分，那么两组水平线可以称为“上”与“下”，两组垂直线称为“左”和“右”。上的作用强于下（例如更粗、更重、更长等），那么图形给人的感觉比较轻松、稀薄，失去了承受重力的能力；反之，如果下的力量超出上的力量，那么会产生“稠密感、重量感和束缚感”。

向上发散的设计往往带给人一种蓬勃的生命力，例如绽放的花朵、茂盛的树林；而向下发散的设计却让人感觉稠密、稳定，富有重量感，如同植物的根系。左右力量的不均衡可能产生强烈的运动感，或者向左，或者向右。正方形则是轮廓的两组线具有相同的力的均衡形式，因此，其寒冷感与温暖感保持着相对的均衡。三角形可视为一条直线折叠或将矩形切割形成，它是最具有方向性以及定义平面最简单的、最稳定的几何图形，因此，古代中国象征政权稳定的器具“鼎”大多采用了这样的结构。正立的三角形可以视为“上强于下”的矩形的一种极端的表现，其稳定性达到了最大。一旦将三角形倒置，就是上强于下的极端，会令人产生稀薄和不稳定感。如果三角形倾斜起来，一方面会受到重力的作用而倾向形成“下强于上”的稳定形式，另一方面非正对称的两边会分别对定点产生拉力，使它显出左右移动的动势。

在平面中，内部最静止的是圆，因为它是弧线最终闭合的终点，也是多角形的钝角不断增加直至消失而形成的。柱面是圆在垂直方向生长得来的面，因此截面上具有圆的完整、缓慢的感觉，而在垂直方面则有着生长、支撑的方向属性，因而从不同方位观看柱面，会得到不同的体验：一面是圆满的、静态的，而另一面则类似矩形的体验，因长宽比的不同而不同。圆很单纯，也很复杂，它象征团圆、圆满。所谓“外圆内方”就是最典型的中国式人格的体现，代表一种成熟的为人处事态度。球面则将这种体验发挥到了极限，无论从任何角度看，它都是圆满的，因而以球面为基础的各种双曲面虽然生产制造不容易，但却总是设计师们的最爱。毕达哥拉斯学派曾指出，平面图形中最美的是圆形，立体图形中最美的是球体，因为它们完整无缺，是最整体的形式。

自由曲面是无显著规律可循、难以简单描述的面，它往往令人联想到生物体，带给人生命力、自由的感觉。自由曲面由于过于复杂，不易描述和复制，在工业造型中使用较少。格式塔心理学家和认知心理学家认为，人们趋向将感觉对象组合为“良好”的完整图形以及按照一定预期的感知对象，从这个角度看，有机曲面是非简洁、非规律性的形式。自由曲面的变化只要没有强烈到突破人对整体形式的知觉和体验时，便能带给人们愉悦。但是，那些暗示生物形态特征的自由曲面，例如苏州园林的假山、科拉尼的仿生设计等生机勃勃的形态也同样能使人振奋并产生激情。

与几何体相对应的是非几何体。非几何体包含具象的体和抽象的自由形体。具象的体常来自对自然的模仿和变形，它们带给人们的情感体验与所模仿的对象带给人们的情感体验密切相关。在整个设计史上，自然模仿的例子数不胜数，不论是陶器、瓷器还是装饰纹样，基本最初都来自对自然直接或间接的模仿。现代设计将对自然物的模仿发展成为仿生学，这种模仿的内容不仅包含具象形式的模仿，还包含对结构、内在生命机制的模仿，而对于形式的模仿仍是设计中仿生学较为主要运用的方面。

点、线、面相结合，就可以得到美丽的平面构成图形了。

三、平面知觉与空间知觉

（一）平面知觉

1.在垂直方向上

由于地心引力即重力的关系，人们习惯了从上向下观看。在水平面上，人们习惯从左向右观看，这与文字从左向右的常见排列方式是一致的。这样一来，人们就形成了在有限的平面里，视线落点呈先左后右、先上后下的规律。相应地，这个平面的不同部位就成了吸引观看者的不同视域。据其吸引力的大小，依次为左上部、右上部、左下部、右下部。所以，平面左上部和上中部可以称为“最佳视域”。不过，这种划分受文化的制约，比如阿拉伯文书写从右向左横行，中国古汉字从右向左排列。在这种情况下，人们的阅读习惯会有所改变，最佳视域就会成为右上部了。在版面设计、广告设计、招贴设计、包装设计等实践活动中，“最佳视域”非常有价值。

2.运动视觉

运动视觉就是人脑对客体不断变化的知觉。我们对客观事物不断变化和变化速度的知觉，是通过多种感官的协同活动来实现的。物体通过我们的视野，在视网膜上留下一连串的映像，运动视觉就是由连续刺激视锥细胞和视杆细胞而产生的。如果盯住一个运动物体移动头和眼，那么一个反馈系统就把眼和头的运动信息传递给大脑，我们仍知觉到物体在运动。通常，我们是依据一个背景来感知物体运动的，这个背景就是运动视觉的参考系。知觉对象和背景的相互关系为我们提供了物体运动变化的许多信息。

（1）出现位移时，往往倾向于把知觉对象看作运动的，而背景则被当作固定的。

（2）一个小物体在大背景中运动，比起大物体在小背景中运动看起来要慢得多。

（3）一个物体通过一个平滑不变的背景时看起来显得慢，而通过一个多样化的背景时由于提供了较多的参考点看起来就显得快。

（4）靠在一起的两个物体同时发生位移，较小的物体易被看作是运动的。

（5）明暗各处不尽相同，发生位移时，较暗的物体易被看作在运动。

（6）选择的参考系不同，运动视觉也不同。被注视的物体倾向于运动的，不被注视的、模糊不清的部分被当作固定的背景。

（二）空间知觉

空间知觉是人脑对事物的空间特性的知觉，包括形状知觉、大小知觉、方位知觉和深度知觉。形状知觉是靠视觉、触摸觉和动觉来实现的。大小知觉也是靠视觉、触觉和动觉协同来实现的。方位知觉是对物体在空间所处位置和方向的知觉，它是靠视觉、触摸觉和动觉、平衡觉及听觉协同获得的。深度知觉也就是距离知觉和立体知觉。人的空间知觉来自后天的学习。通过实践锻炼，人的空间知觉得到了发展。

四、有意味的视觉现象

（一）彩色视觉

彩色视觉是由光线的波长决定的。人眼大约能分辨150多种光波，因而产生多种多样的彩色视觉。其中主要有红（640—760纳米）、橙、黄（580—640纳米）、绿（490—580纳米）、蓝、靛（440—495纳米）、紫（395—440纳米）七种彩色视觉。不同波长的光波的混合称为色光混合。红、绿、蓝三种基本的颜色按不同比例混合，可以得出眼睛能看得见的一切颜色。颜色混合的规律有：互补律，两种颜色混合产生白色或灰色，这两种颜色称为互补色；间色律，两种非补色混合，能产生一种新的、介乎它们之间的中间色，如红 + 绿 = 黄，红 + 黄 = 橙，蓝 + 绿 = 青；代替律，不同颜色混合后产生的相同的颜色可以替代相混合的两种颜色，如黄与蓝混合产生灰色，由其他色混合而成的黄色再跟蓝相混合也产生灰色。

（二）视觉后像

当光刺激停止作用后，人脑中暂时保留的感觉印象叫视觉后像。光刺激停止以后，人的感觉并不立即消失，在头脑中还要保留一个短暂的时间。例如，电扇转动，几个叶片看上去像一个圆盘，这是由于前一个叶片的印象还没有消失，后一个叶片又继续作用于人的视觉器官的结果。视觉后像有两种：一种是正后像，它保持刺激所具有的同一品质，如注视电灯几秒钟，闭上眼就会感到眼前有一个与电灯相仿的光亮形象出现在黑暗的背景上，这种现象叫正后像；另一种叫负后像，即随着正后像的出现，再将视线转向白色的背景，就会在白色背景上出现黑色的形象，与正后像相反，因而叫负后像。

视觉后像暂留的时间约 0.1 秒，但延续时间的长短与光波刺激的强度和作用的时间有关。刺激强度大，作用时间长，则后像的延续时间也长。

（三）视错觉

错觉是指在特定条件下对事物产生不正确的知觉。错觉现象很普遍，几乎能在各种知觉中发生，其中，以视觉方面的错觉最为明显。

1.视错觉种类

（1）方向错觉。一条直线的中部被遮盖住，看起来直线两端向外移动部分不再是直线了（图 2-1-1）；由于背后倾斜线的影响，看起来棒似乎向相反方向转动了（图 2-1-2）；画的是同心圆看起来却像螺旋形了（图 2-1-3）。

（2）线条弯曲错觉。因背景中斜线的影响，线条发生了变形的赫林（Hering）错觉，两条平行线看起来中间部分凸了起来，而冯特（Wundt）错觉中的两条平行线看起来中间部分凹了下去。（图 2-1-4）

（3）图形错觉。垂直线与水平线错觉：垂直线与水平线长度相等，但垂直线看起来好像长一些。缪勒 - 莱尔（Müller-Lyer）错觉：两条直线是

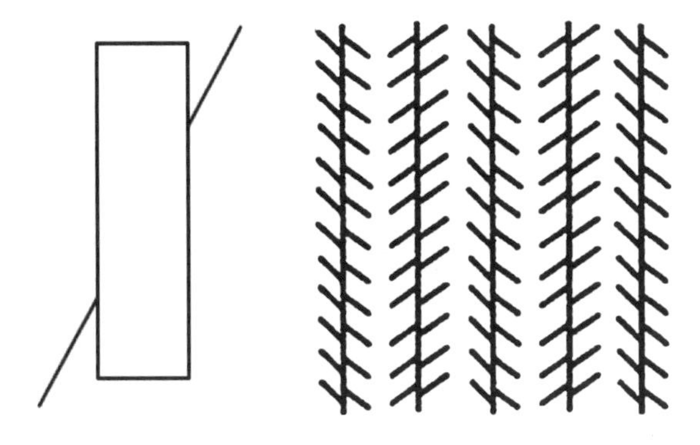

图 2-1-1　方向错觉(一)　　图 2-1-2　方向错觉（二）

图 2-1-3　方向错觉（三）

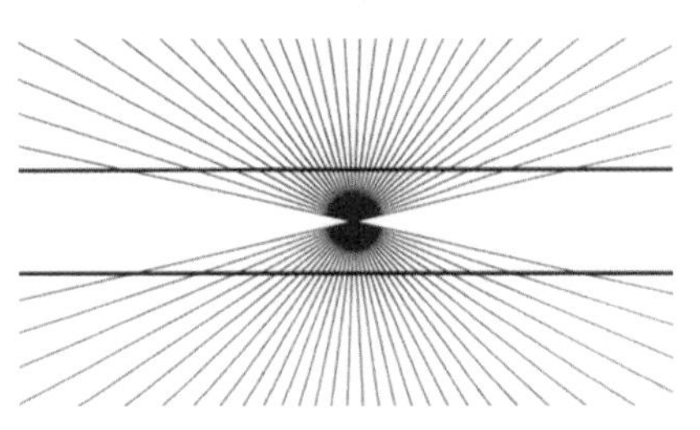

赫林（Hering）错觉

冯特（Wundt）错觉

图 2-1-4　线条弯曲错觉

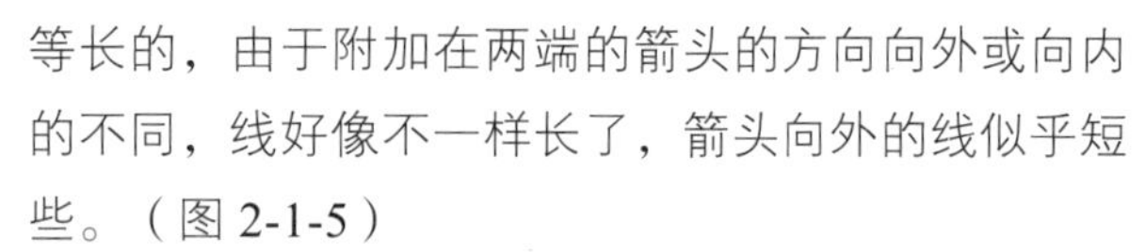

等长的，由于附加在两端的箭头的方向向外或向内的不同，线好像不一样长了，箭头向外的线似乎短些。（图 2-1-5）

（4）形重错觉。这是由不同感官之间的相互作用而产生的错觉。如“一斤铁比一斤棉花重”的错觉，这是以视觉之“形”影响到肌肉感之“重”的缘故，因为对于体积不同而重量相等的物体，人们总认为体积大者为轻，体积小者为重。

（5）大小错觉。现实的物体能在一定条件下产生大小错觉。例如，初升或降落的太阳，看起来好像总比它们在我们头顶上时要大些，这种错觉主要是由于太阳同周围环境的对比不同而产生的。初升或降落的太阳同房屋、树林相比就显得大些，而同辽阔的天空相比，就显得小些。同样，在码头上看远洋货轮，同码头上的物体相比较，就觉得它很大，如果与辽阔的海洋相比，它就显得很小了。中间的两个圆面积相等，但看起来右边中间的圆大于左边中间的圆（图 2-1-6），中间的两个三角形面积相等，但看起来左边中间的三角形比右边中间的三角形大（图 2-1-7）。

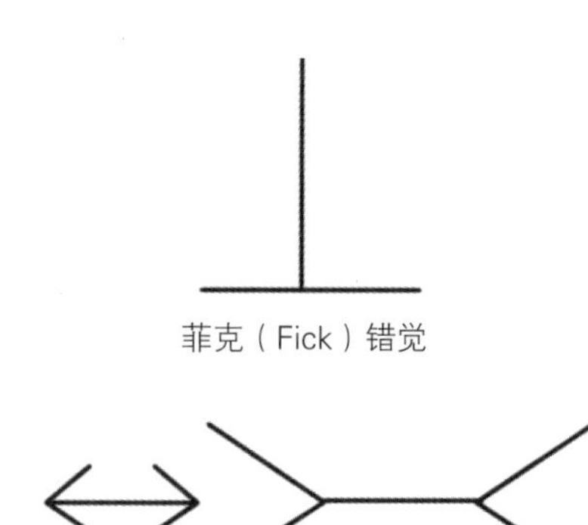

菲克（Fick）错觉

缪勒–莱尔（Müller–Lyer）错觉

图 2-1-5　图形错觉

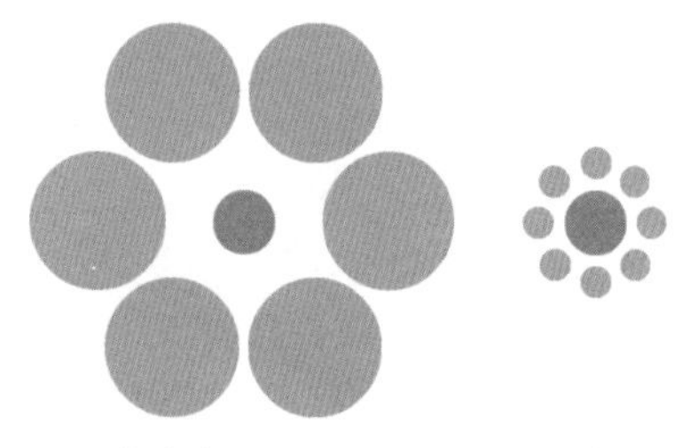

艾宾豪斯（Ebbingshaus）错觉

图 2-1-6　大小错觉（一）

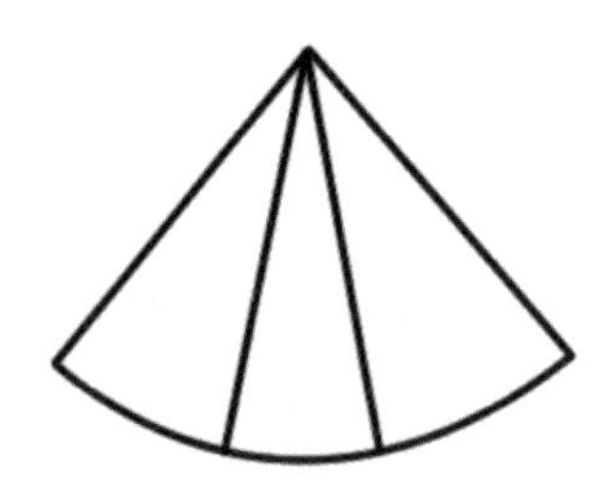

艾宾豪斯（Ebbingshaus）错觉

图 2-1-7　大小错觉（二）

（6）方位错觉。例如，在海上飞行时，海天一色，找不到地标，海上飞行经验不够丰富的飞行员因分不清上下方位，往往会产生“倒飞错觉”，而造成飞入海中的事故。

（7）运动错觉。例如，我们在桥上俯视桥下的流水，久而久之，就好像身体和桥在恍惚摇动。运动错觉通常分为真动知觉和似动知觉。似动知觉是指在一定的条件下人们把客观上静止的物体看成是运动的，或把客观上不连续的位移看成是连续运动等心理现象。在似动知觉中，出现了一些奇特的现象及规律。

第一，似动现象（PHI 现象）。在看单页动画书或一个一个的电影、电视画面时，我们知觉到的物体运动并不真实存在，而是连续呈现的很相似而又一个接一个的画面而已。在实验中，在不同的位置上的 a、b 两条直线，如果以适当的时间间隔（0.06 秒）依次先后呈现，便会看到 a 向 b 移动。当时间间隔过短（低于 0.03 秒），看到的是 a、b 两线同时出现；当时间间隔过长（长于 1 秒），看到的是 a、b 两线先后出现。实际上没有动的刺激物，在适当条件下却感知到它在运动，这种知觉现象称为似动现象（PHI 现象）。这是由于视觉后象的作用使我们把断续的刺激知觉为一个整体刺激。（图 2-1-8）

第二，自主运动。所谓的自主运动是指本身没动的物体，在仔细凝视下仿佛也运动起来了的现象。在一间黑屋子里，你站在屋子的一头，在另一头安排一个亮点（如烟灰缸里一支点燃的香烟，或一只不透光的盒子里放一只电灯，再罩上一个盒子，在盒子壁上戳一个小孔），注视这个光点几分钟，这时会感觉到光点游动起来。在没有月光的夜晚，仰视天空的某一亮点几分钟，这些亮点好像便会游动起来。造成自主运动的原因至今尚不清楚。一种观点认为，自主运动是由于人总认为观察客体时眼睛是固定不动的，但实际上眼睛却是不经意地运动着的，即使在注视时仍有微弱的颤动，因此眼动信息的输入使人觉得亮点在运动。眼动引起的运动知觉可从图 2-1-9 中看出，注视这张图你会看到它在运动。另一种观点认为自主运动是视野中缺乏参照物之故，因为一旦视野里有某个参照物，自主运动即随之消失。看来，这两方面的原因都可能起作用。

第三，诱导运动。所谓的诱导运动是指静止的物体由于周围物体的运动而看上去在运动的知觉现象。在没有更多的参考标志的条件下，两个物体中的一个在运动，人可能把它们中的任何一个看成是运动的。我们可以把月亮看成在云彩后面移动，也可以把云彩看成在月亮前面移动。不过，我们习惯于把月亮看成在云彩后面移动，因为一般说来，细小的对象相对于大的背景更易被看成是运动的。其实，相对于人来说月亮并没有移动，只是运动着的云彩“诱导”出静物（月亮）好像在运动，这种现象叫作诱导运动。（图 2-1-10）

第四，瀑布效应。所谓的瀑布效应是指图案转动时，看起来像是朝外膨胀，停下来又好像朝里收缩。一些放射线或一条半径也能产生这一效应。用眼睛盯住唱片中心看，然后突然将转盘停住，几秒钟后，你会看到唱片仿佛向相反方向旋转。在看流水时也会产生同样的效应，凝视河水流动，然后再看一个固定处，例如看河岸，仿佛它们朝相反的方向流动。这种现象早在亚里士多德时代就有了文字记录，被称为“瀑布效应”。（图 2-1-11）

人们既要观看定点相对静止的审视对象，还要多视角、多方位地感知事物。在展示设计中，观众在展示空间当中的行走轨迹被称为“动线”。动线不仅是空间位置的变化，也是时间顺序的体现。这种动线不仅在展示设计中，而且在室内设计、园林设计、建筑设计中都是一个不可忽略的因素。设计师在安排观众动线时，即要依据设计主题、内容、主次、节奏，通过空间分割、景点分配、标志导语

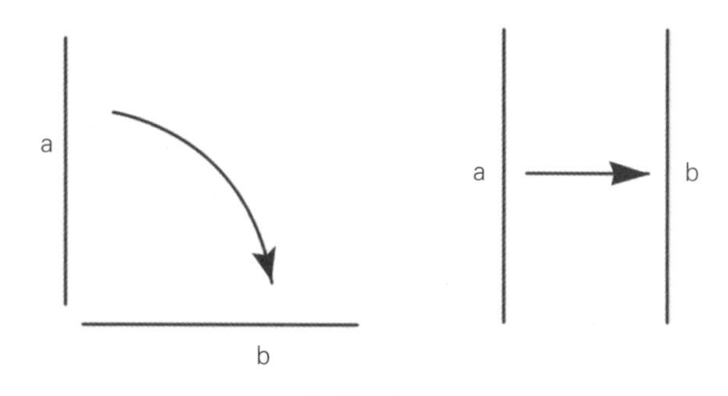

图 2-1-8　似动现象（PHI 现象）

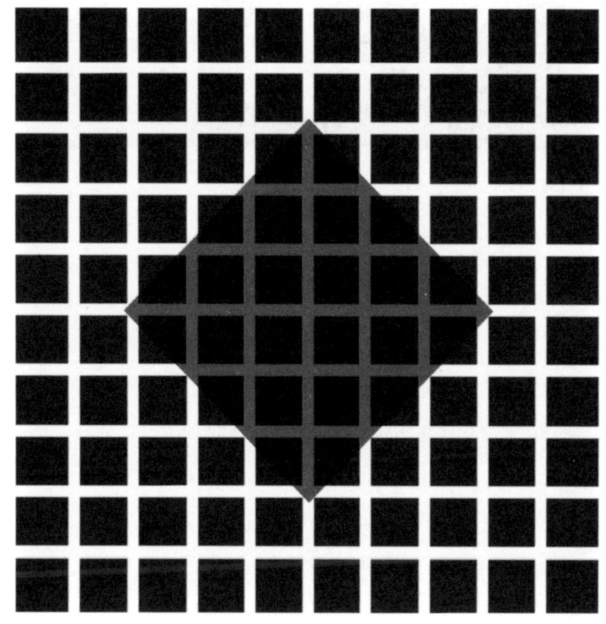

图 2-1-9　运动知觉

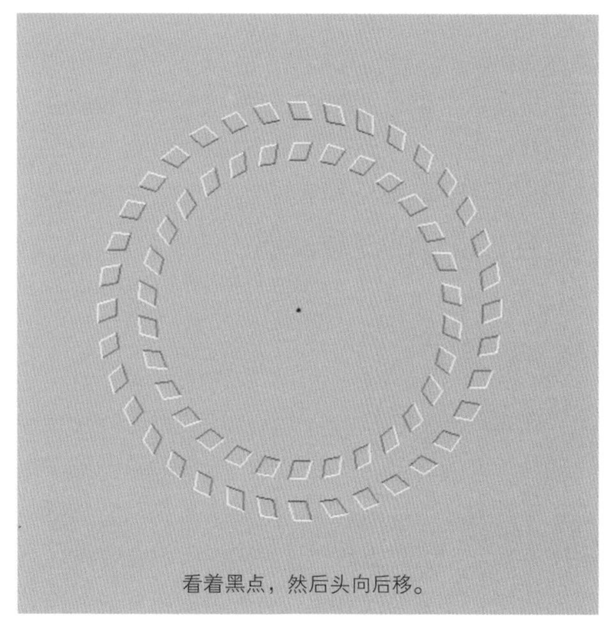

图 2-1-10　诱导运动

图 2-1-11　瀑布效应

等，考虑到观众的视错觉心理。

2.产生错觉的原因

（1）客观原因。错觉常常是在知觉的客观环境有了某种变化的情况下发生的，如许多图形错觉，有的是对象的结构发生了某种变化，有的是对象的背景发生了变化。

（2）主观原因。错觉的产生可能与过去的经验、情境相关，如时间错觉中的"光阴似箭""度日如年"。

（3）错觉也可能是各种感觉相互作用的结果。如形重错觉，很可能是大脑接受视觉信息多于动觉信息而引起的。在实践活动中，我们可以采取适当的措施来识别和利用错觉。识别错觉最有效的办法是实践检验。

五、设计的注意品质

（一）注意的含义

注意不是一种独立的心理过程，而是心理过程中的一种共同特性，或者说是心理活动对一定对象的指向和集中。当人们专注于某个事物时，总是同时在感知、记忆、想象、思考着或者说体验着一定情感情绪。注意与知觉选择有着直接密切联系，正因为这点，有些心理学家将注意视作知觉的一种表现。在现代设计心理活动中，视知觉注意因素有着首屈一指的重要作用。

（二）注意的品质

注意的品质又叫注意的特征，是一个人注意能力的标志。注意品质优良表明一个人注意力强；反之，注意力则弱。

1.注意的范围

注意的范围也叫注意的广度，是指同一时间内能清楚地把握对象的数量。

心理学家很早就开始研究注意广度的问题。1830 年，心理学家汉密尔顿最先做了示范实验，他在地上撒了一把石子，发现人们很难在一瞬间同时看到六颗以上的石子。如果把石子两个、三个或五个组成一堆，人们能同时看到的堆数和单个的数目一样多，因为人们把一堆看成一个单位。后来，心理学家用速示器进行的研究表明，成人在 1/10 秒内一般能注意到 3—9 个黑色的圆点或 4—6 个没有联系的外文字母。

影响注意范围的因素。

（1）注意对象的特点。注意的范围因注意对象的特点不同而有很大的变化。一般说来，注意对象越集中，排列越有规律，相互之间能成为有机联系的整体，注意的范围就越大；反之，注意的范围就小（图 2-1-12）。规则排列的对象要比无序排列的对象更容易清晰地把握。

（2）活动的性质和任务。活动的任务不同，注意的范围也不同。例如，教师出示一些大写字母，其中有些存在书写错误，要求一组学生在短时间内判断哪些字母书写有误，并报告字母的数量，要求另一组学生只报告所有字母的数量，结果，前者知觉到的字母数量要比后者少得多。可见，活动任务越复杂，越需要关注细节的过程，注意的范围越小。

（3）个体的知识经验。注意对象越具有内在联系，越为个人经验所熟悉，注意范围就越大。一般来说，知识经验越丰富的人，整体知觉能力越强。例如，儿童初入学，由于识字不多，往往是一

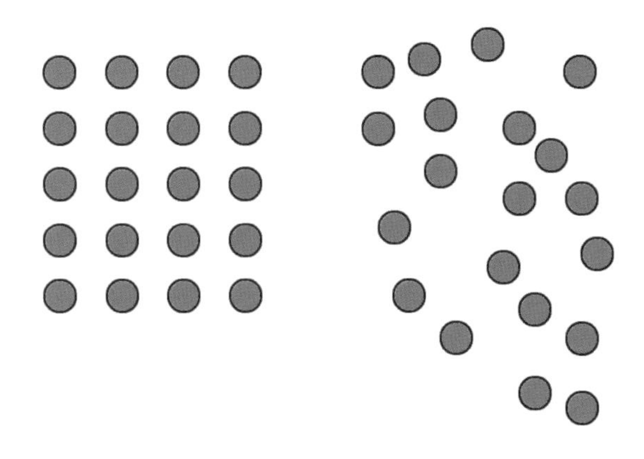

图 2-1-12　注意对象特点影响注意的范围

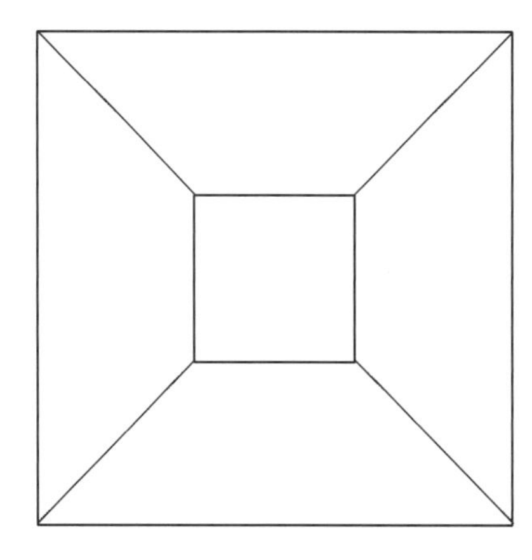

图 2-1-13　双关图

字一字地阅读，注意范围小；而对高年级学生来说，则是一个词组、一个句子地去感知，注意范围大。在实际生活中，有的人看书可以做到“一目十行”，有的人阅读速度很慢，就是这个道理。在产品设计中，要考虑到消费者的已有经验，熟悉的事物可以更好地吸引消费者的注意。

扩大注意范围，可在同样多的时间内输入更多信息，有助于消费者了解更多产品资讯。

2.注意的稳定性

注意的稳定性也叫注意的持久性，是指人的注意持久地保持在一定事物或活动上的特性。它反映的是注意品质的时间特征。其实，人在注意同一事物时，很难长时间地对注意对象保持固定不变。如把一只怀表放在离被试一定的距离，使被试刚刚能听到表的滴答声，结果被试时而听到表的滴答声，时而又听不到。注意这种周期性变化的现象，叫作注意的起伏。在注视双关图时，可以明显体验到注意的起伏。（图 2-1-13）

注意的稳定性并不意味着心理活动总是指向和集中于某一事物或活动，而是指虽然行动所接触的对象和活动本身有所变化，但注意的总方向和总任务却没有改变。例如，学生听课时，既要看教科书、看实验演示、板书，又要听教师讲述，还要记笔记等，这些活动都服从于听课这一项总任务，这时的注意是稳定的。

与注意的稳定性相反的特征是注意的分散。注意的分散，又称分心，是指在注意过程中，由于无关刺激的干扰或者单调刺激的持续作用引起的偏离注意对象的状态。引起注意分散的原因是无关刺激的干扰或者单调刺激的持续作用引起主体的疲劳和精神松懈，同时也与人的主体状态有关。在设计中，主要以样式吸引消费者的企业要考虑经常变化产品的风格和样式，以吸引消费者的注意。

影响注意稳定性的因素主要有以下方面。

（1）注意对象的特点。一般来说，内容丰富的比单调、贫乏的对象容易引起持久的注意；活动变化的比静止不动的对象容易引起持久的注意。例如看地图，如果只看一个点就不易持久，如果沿河流或铁路线所经城市不断前进，就能较持久地稳定注意力。因此，设计的产品如果形象生动、色彩丰富、具有活动性，可使消费者较长时间保持注意的稳定。

（2）主体的状态。个体的主观状态也影响注意的稳定性。如果一个人有明确的目标、高度的责任感、坚强的意志、浓厚的兴趣以及健康的体魄，就会在学习和工作中全力投入，能和各种干扰因素抗争，保持稳定的注意。相反，如果一个人没有明确的目标、意志薄弱、缺乏兴趣或处于失眠、疲劳、疾病状态，或者情绪受挫的情况下，就难以保持稳定的注意，活动效率也会大大降低。

（3）注意的方法。注意的对象同外部行动结合起来，可以起到组织和控制注意的作用。因此，若能把注意与实际操作结合起来，就可以使注意较长时间地稳定在所注意的对象上。

3.注意的分配

注意的分配是指在同一时间内把注意指向两种或几种不同的对象和活动上。例如，教师上课时，一边要认真讲述，一边要注意学生的课堂反应；司机驾车时，一边要配合好手脚动作驾驶汽车，一边要观察路况等。

注意分配虽然困难，但在一定条件下是可能的。人们在生活中可以做到“一心二用”，甚至“一心多用”。如果同时进行两种或两种以上的活动，应具备以下两个条件。

（1）必须有一种活动达到了相对“自动化”的程度。当一种活动达到自动化的熟练程度，即不再需要更多的注意时，个体就可以集中大部分精力去关注比较生疏的活动，保证几种活动同时进行。

（2）同时进行的几种活动必须有内在联系。有联系的活动才便于注意分配，这是因为活动间的内在联系有利于形成固定的反应系统，经过训练就可以掌握这种反应模式，同时兼顾几种活动。

4.注意的转移

注意的转移是指根据活动任务的要求，主动把注意从一个对象转移到另一个对象上，是心理活动随意性、主动性、灵活性的表现。例如，学生根据教学需要，把注意主动及时地从一门课程转移到另一门课程。注意的转移不同于注意的分散：前者是根据任务需要，有目的地、主动地转换注意对象，为的是提高活动效率，保证活动的顺利完成；后者是由于外部刺激或主体内部因素的干扰作用引起的，由于偏离了正确的注意对象，往往导致活动效率降低。

影响注意转移的因素。

（1）先前注意对象的专注度。先前注意对象的专注度越高、兴趣越浓厚，注意的转移越困难，转移的速度越缓慢。

（2）新注意对象的特点。注意的新对象越符合人的需要和兴趣，注意的转移就越容易，反之，注意转移就比较困难。

（3）个体的神经类型和自控能力。神经过程灵活的人，注意转移就快，呆板的人注意转移就慢；自控能力强的人比自控能力弱的人更善于主动及时地进行注意力的转移。

（三）注意与设计

对设计来讲，牵住消费者的视线是个起码的要求，也是打动消费者的第一步，没有这一点，信息传播、消费者的购买欲望统统都谈不上。而要在短时间内引起人们的注意，并留下印象，就要求设计的作品能吸引人的注意。

1.设计的作品具有简洁性

在设计上，内容不可太复杂，最好只使用一个简单的内容，借简单形式，把内容传达给观众。趋于简洁或者说简洁化，是当代设计的一种趋势，它实质上符合视觉的秩序化规律。心理学的实验表明，通常人们的眼睛看东西，总是先把握几个大的构形特性，而不是去把握那些琐碎的细节部分。因此，只要抓住大的构形特性，人们也就可以基本把握住整个对象了。这种视知觉现象体现出了视觉提炼的功能，简洁的作品比较容易引起消费者的注意。

2.恰当处理“图—底”关系

消费者的注意表现为其心理活动的一种积极状态，其心理活动具有一定的方向性，指向某个事物或者事物的某一个部分，使之成为注意的中心，同时将中心周围事物或部分处于注意的边缘、离中心远的事物置于注意范围之外。这在图形的视知觉注意中就表现为所谓的“图—底”关系。其中，注意的中心成为“图”，居于前部的区域，而注意的边缘变成为“底”，用来衬托图的即背景。相对而言，图比底轮廓较为完整、封闭，形状较为规则，面积比较小，色彩比较浅。“图形”与“基底”的关系，就是指一个封闭的式样与另一个和它同质的非封闭的背景之间的关系。对图与底关系的处理是现代设计，特别是平面设计中应用视知觉注意的一个重要方面。由于图与底之间存在着相对关系，在设计中，如果需要区分图与底，那就要明确传递各自的信息和意义，如书籍中的文字和插图。有时，需要出现模糊、闪烁的效果，就不必区分图与底。

六、记忆表象及设计

（一）记忆表象

记忆表象（memory image）是指保存在人脑中的曾感知过的客观事物的形象。感知过的事物不在眼前而在头脑中重现出来的形象，称之为记忆表象。它是同形象记忆有关的回忆结果。记忆表象不同于感觉后像。后像是作用于感官的刺激停止后，头脑中仍然保持着的事物映像，它由刺激物直接影响后的效应引起，时间短暂，不受意识支配，在生活实践中不起重要作用。记忆表象是刺激不在时，通过间接的方式（如语言提示等）出现在头脑中的事物映像，可以随意控制，在头脑中保持的时间较长久，在认识活动中具有重要意义。

（二）记忆表象的特征

1.形象性

记忆表象产生于感知，是在过去感知的基础上形成的并保持在头脑中的事物映像，所以，它同知觉一样，也是以其形象为基本特征的。记忆表象属于客观事物的感性印象，是直观的、具体的，但是，由于记忆表象所反映的事物不在眼前，因而它与知觉表象相比又有些差异。记忆表象不如知觉表象那样鲜明、完整和稳定，它是较模糊、暗淡、片段、不稳定的。例如，有人给儿童看一张内容十分丰富的图画，半分钟以后把画拿开，然后要求儿童描述所看到的东西，结果大多数儿童或者说没有看到什么，或者描述得不清晰，但有些儿童描述得非常清晰，甚至可说出图画上的一些细节。

2.概括性

记忆表象来自对事物的知觉，它常常是综合多次知觉的结果，是同对象的多次印象的概括相联系的。在我们生活中，多次知觉的同一物体或同类物体，在表象中留下的只是这类事物的一般印象，而不是事物的个别特征。例如，我们头脑中的树木、房屋、山峰等已不再是具体的某一棵树、某一间房、某一座山，而是一般概括的树木、房屋、山峰。表象的概括只限于外部形象，其中混杂着事物的本质和非本质属性，还未达到思维的抽象概括水平，基本上处于感性认识阶段；思维的概括性则反映了事物的本质属性，属于理性认识阶段。然而，表象是对事物本质特征概括的基础，因此，可以认为表象是感知过程向抽象思维过程过渡的中间环节。

3.可操作性

记忆表象在头脑中不是凝固不动的，是可以被智力操作的。记忆表象在头脑中可以被分析、综合，可以放大、缩小，可以移植，也可以翻转。正因为人的记忆表象具有可操作性，形象思维、创造思维、想象才成为可能。

（三）设计

记忆表象是由感性认识向理性认识过渡的桥梁。由于记忆表象的存在，人的认识才有可能摆脱感知觉，通过抽象、概括，为思维提供基础，使感知过渡到思维，使感性认识上升到理性认识。表象性知识是学习的重要内容。知识可分为感性知识和理性知识。感性知识的主要内容是记忆表象，理性知识的主要内容是概念、原理。储存在大脑中的知识大多数是以记忆表象的形式出现的。据研究推测，人脑中形象信息与语言信息的比例约为 1000 ∶ 1。人的知识内容大多数是以表象的形式出现的，因此表象知识是学习的重要内容。记忆表象是想象的基础。想象是人脑对已有的表象进行加工改造而创造新形象的过程，没有表象就无法进行想象活动。在进行设计时，一定要考虑产品的外观形象，抓住消费者记忆表象的形象性、概括性、可操作性的特点，以促进消费者对产品的记忆、理解和思考。

七、联想推理与想象

（一）联想推理

思维是人脑对客观事物的本质属性及其内在规律性的概括和间接的反映。思维需要借助言语、表象和动作来实现，所揭示的是事物的本质特征和内部联系。作为一种高级的认识活动，思维是人类认识的高级阶段，它是在感知基础上实现的理性认识形式，并表现在人们解决问题的活动中。思维的主要形式包括概念、判断和联想推理。

联想推理是指从已知的判断推出新判断的思维形式。每一个推理都由前提和结论两部分组成。在推理时，所根据的已知判断叫前提，从前提中推出的新判断叫结论。推理可分为归纳推理、演绎推理和类比推理三部分。归纳推理是从特殊到一般的推理，是从特殊的事例中推出一般原理的过程。例如，从金、银、铜、铁等事物中看到它们能传热，于是推出“金属可以传热”的结论。演绎推理则是从一般到特殊的推理，是用一般原理说明特殊事例的过程。类比推理是根据两个事物的相似之处，经过比较而得出结论的特殊推理形式。

一般认为，思维主要具有概括性、间接性和对经验的改组等三个方面的特征。思维的概括性是指在大量感性材料的基础上，把一类事物的共同本质特征和规律抽取出来并加以概括。人类思维的概括性是借助语言实现的，正是由于语言丰富的内容，才使思维的概括活动成为可能。所以思维的概括水平，无论是从个体发展来讲，还是从种系发展来看，都是随着语言的发展、知识经验的积累由低级向高级发展的。概括在人们的思维活动中占有非常重要的地位和作用，它使人们的认识活动摆脱了具体事物的局限性和对事物的直接依赖关系，扩大了人们的认识范围，并加深了人们对事物的了解。所以，概括水平在一定程度上代表着思维发展的水平，它是思维活动的速度、灵活度、广度和深度及创造程度的基础。另外，概括也是人们形成和掌握概念的前提，是思维活动能迅速进行迁移的基础。思维的间接性是指人脑借助一定的媒介和一定的知识经验对客观事物进行间接的反映。正是由于思维的间接性，人们才可以超越感知觉提供的信息，认识那些没有直接作用于感官的事物和属性，从而揭示事物的本质和规律，预见事物发展变化的进程。从这个意义上讲，思维认识的领域要比感知觉认识的领域更广阔、更深刻。一般来讲，思维是和探索、发现新事物相联系的过程，它需要人们对头脑中已有的知识经验不断进行更新和改组。因此，当人们在探索世界的奥秘时，人们需要对已有的知识经验进行重组、改组和更新。同时，人们的思维活动常常是由一定的问题情境引起的，并试图解决这些问题。例如，人们在设计新的产品时，不是简单地把头脑中有关的原理和经验统统呈现出来，而是根据设计的要求、课题的性质、材料特点等重新组织已有的知识，提出可行的方案，然后进行检验，最终形成一种新的可行方案。因此，思维不是简单的再现经验，而是对已有的知识经验进行改组和重构的过程。

（二）想象

想象也是一种高级的复杂的认识活动，是人脑对已有表象进行加工改造而形成新形象的心理过程。这种新形象不是记忆表象的简单再现或组合，而是以已有记忆表象为基础材料，经过人脑的加工改造所形成的新形象，亦即想象表象。想象是在记忆表象的基础上进行的，它以直观形象形式呈现人们头脑中的形象性表征，而不是言语符号。在想象过程中，原有的记忆表象得到进一步的加工和组合，创造出新形象。想象不仅可以创造人们未曾觉知过的事物形象，也可以创造出世界上根本不存在或不可能有的新形象。

想象是以组织起来的形象系统对客观现实的超前反映。乍看起来，人们经由想象创造出的新形象似乎是“超现实”的，但任何想象表象都不是凭空产生的，其构成材料均可在现实生活中找到原型。可见，想象虽然是新形象的创造，但其内容同其他心理活动一样，都来自客观现实，也是人脑对客观现实的反映。

八、视觉元素的心理效应

（一）色彩的通感效应

任何一种设计都离不开色彩。色彩是人的视觉器官对可见光的感觉。人们能感知缤纷的世界关键是光，但是光能否形成色彩感觉，还要受眼睛生理条件的影响（眼睛是人对光的感觉器官，色彩是眼睛对可见光的感觉，而不是光本身）。健康的眼睛只能在波长400纳米作用下产生紫蓝等色彩感，波长短于400纳米的紫外光和长于700纳米的红外光都属于不能给眼睛色彩感的光。任何事物都是一个整体，组成该事物的各个部分是相互联系、互为依存的。人们对一个事物的各个特性的感知也是与对它其他特性的感知相联系的。因此，在一定条件下，人们可以通过视知觉把握到与该事物相应的其他感觉的特性。这里，一种已经产生的感觉引起另一种感觉的心理现象，叫通感或联觉，如“喧嚣的色彩”。通感并不引起感受性的变化。颜色视觉最容易引起通感。

1.色彩冷暖感

色彩冷暖，一方面来源于色光的物理特性，另一方面大量来源于人们对色光的心理联想。眼睛对色彩冷暖的判断，主要不依赖于眼睛对色光的触觉，而是依赖于人的联想。色彩冷暖感形式与人的生活经验和心理联想有很大联系。色彩冷暖给人的视觉感受是不同的，暖色调有迫近感或膨大感，让人看起来比实际面积大一些，冷色调有后退感或收缩感。

2.色彩轻重感

与冷暖相关的色彩轻重感的形成与色彩生理影响和人们的生活经验有关。一般来说，暖色给人感觉偏重，密度大，冷色给人感觉偏轻，密度小。色调的饱和度可以引起轻重的感觉，深色使人感觉重些，淡色使人感觉轻些。

3.色彩的明暗感

白、黄、橙等色彩给人以心理上的明亮感觉，而紫、青、黑等色给人以心理上的灰暗感觉。在生活中，人们容易产生联想，如看到白色、黄色、橙色想到白天，黄色灯、橙红色火等给人以心理上的明亮感觉，而看到青、紫、黑联想到黑夜、丧礼礼服，给人以暗的感觉。

4.色彩的宁静与兴奋感

有事实证明，在红色房间里，人的平均握力为40.1千克，而在蓝色房间里，握力为38.4千克。因此，可以认为红色有激起人们兴奋感的作用，蓝色则有让人平静的作用，即红色、橙红色、黄色、红紫色等易刺激人心理，使人产生兴奋感，而青绿、紫青、黑色则有平静心理的作用。

5.色彩的远近感

红、橙、黄等暖色调带有接近感，有向前方突出的感觉，称为近色。它们能使宽大的房间在感觉上变小。蓝、青、紫等冷色调带有深远感，有向后方退的感觉，称为退色，它们能使狭小的房间在感觉上变大。

总之，在设计产品时，应考虑色彩的通感效应，如学校的建筑物应考虑白色、蓝色或绿色，给人以平静、和缓的感觉。另外，研究还发现，淡蓝色有凉爽的感觉，紫色有镇静的作用，黄色或橙黄色可以改善人的胃口。

（二）色彩的感觉对比效应

不同的刺激作用于同一感受器而导致感受性发生变化的现象称为感觉对比（sensory contrast）。感觉对比分两类：同时对比和先后对比。

几个刺激物同时作用于同一感受器产生的对比现象称为同时对比（simultaneous contrast）。这在视觉中表现得很明显。视觉对比可分为无彩色对比和彩色对比，前者对比的结果是引起明度感觉的变化。例如，同样两个灰色小方块，一个放在白色背景上，一个放在黑色背景上，结果在白色背景上的小方块看起来比黑色背景上的小方块要暗得多，同时在相互连接的边界附近，对比特别明显。彩色对比的结果是引起颜色感觉的变化，而且是向着背景色的补色方向变化。例如，两个绿色正方形，一个放在蓝色背景上，一个放在黄色背景上，结果在黄色背景上的正方形看上去略带蓝色，在蓝色背景上的正方形看上去略带黄色，同时在两色的交界附近，对比也特别明显。

刺激物先后作用于同一感受器产生的对比现象称为先后对比（successive contrast）。例如，凝视红色物体之后再看白色的东西，会觉得后者有点儿青绿色。

视觉元素的心理效应适用于雕塑设计、建筑产品设计、室内装饰设计、陶瓷设计、工业产品设计等。在多数情况下，设计产品的受众触觉是通过通感调动起来的，再亲手触摸加以验证。所以，现代设计师，尤其是平面图像设计师，应当根据需要把调动受众的通感能力纳入思考范围，也就是说，在设计中要考虑到目标受众的相对共同生活经验。

专题研究：形式美感法则的心理分析

一、形式美感法则及意义

形式美感法则是人类在创造美的形式、美的过程中对美的形式规律的经验总结和抽象概括，主要包括和谐、对比与统一、对称、节奏韵律等。

探讨形式美感法则，是所有设计学科共同的课题，那么，它的意义何在呢？在日常生活中，美是每一个人追求的精神享受。当你接触任何一件有存在价值的事物时，它必定具备合乎逻辑的内容和形式。在现实生活中，由于人们所处经济地位、文化素质、思想习俗、生活理想、价值观念等不同而具有不同的审美观念，然而单从形式条件来评价某一事物或某一视觉形象时，对于美或丑的感觉在大多数人中间存在着一种基本相通的共识。

在西方，自古希腊时代就有一些学者与艺术家提出了美的形式法则理论。时至今日，形式美感法则已经成为现代设计的理论基础。在设计构图的实践上，它非常重要。

形式美感法则在美的创造中具有多方面的意义：研究、探索形式美感法则，能够培养人们对形式美感的敏感，指导人们更好地去创造美的事物；掌握形式美感法则，能够使我们更自觉地运用形式美感法则表现美的内容，达到美的形式与内容的高度统一。

二、几种主要的形式美感法则

点、线、面，肌理、构图等构成知识，提供了很多设计方法和手段，但是手法过多，也会令人不知所措，甚至过度表现，这时，需要一些总的思考和控制画面的方法。从心理学角度来看，形式美感法则主要有以下几条。

（一）和谐

宇宙万物，尽管形态千变万化，但它们都各自按照一定的规律而存在，大到日月运行、星球活动，小到原子结构的组成和运动，都有各自的规律。

爱因斯坦指出，宇宙本身是和谐的。广义的和谐是指判断两种以上的要素，或部分与部分的相互关系时，各部分所给人们的感受和意识是一种整体协调的关系。狭义的和谐是指统一与对比两者之间不是乏味单调或杂乱无章的，单独的一种颜色、单独的一根线条无所谓和谐，几种要素具有基本的共通性和融合性才称为和谐，比如一组协调的色块、一些排列有序的近似图形等。和谐的组合也保持部分的差异性，但当差异性表现为强烈和显著时，和谐的格局就向对比的格局转化。

（二）对比与统一

对比又称对照，把反差很大的两个视觉要素成功地配列在一起，虽然使人有鲜明强烈的感触而仍具有统一感，它能使主题更加鲜明，视觉效果更加活跃。对比关系主要通过视觉形象色调的明暗、冷暖，色彩的饱和与不饱和，色相的迥异，形状的大小、粗细、长短、曲直、高矮、凹凸、宽窄、厚薄，方向的垂直、水平、倾斜，数量的多少，排列的疏密，位置的上下、左右、高低、远近，形态的虚实、黑白、轻重、动静、隐显、软硬、干湿等多方面的对立因素来达到（图2-1-14）。它体现了哲学上矛盾统一的世界观。对比法则广泛应用在现代设计中，具有很强的实用效果。

（三）对称

自然界中到处可见对称的形式，如鸟类的羽翼、花木

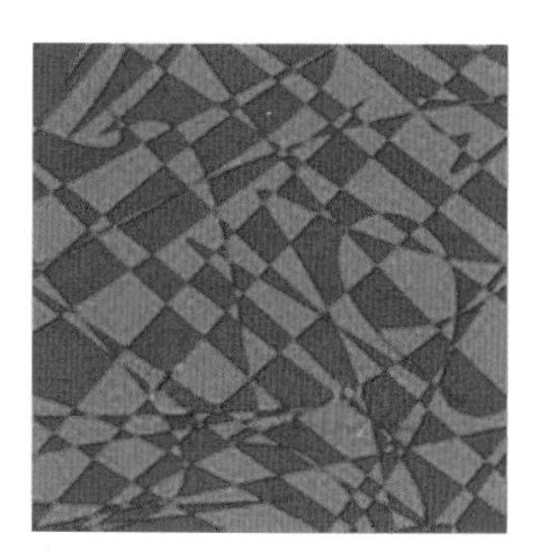

图 2-1-14　对比与统一

的叶子等，所以，对称的形态在视觉上有自然、安定、均匀、协调、整齐、典雅、庄重、完美的朴素美感，符合人们的视觉习惯。平面构图中的对称可分为点对称和轴对称。

假定在某一图形的中央设一条直线，将图形划分为相等的两部分，如果两部分的形状完全相等，这个图形就是轴对称的图形，这条直线称为对称轴。假定某一图形存在一个中心点，以此点为中心通过旋转得到相同的图形，即称为点对称。在平面构图中运用对称法则要避免由于过分的绝对对称而产生单调、呆板的感觉。有的时候，在整体对称的格局中加入一些不对称的因素，反而能增加构图版面的生动性和美感，避免单调和呆板。

（四）平衡

在衡器上两端承受的重量由一个支点支持，当双方获得力学上的平衡状态时，称为平衡。在平面构成设计上的平衡并非实际重量×力矩的均等关系，而是根据形象的大小、轻重、色彩及其他视觉要素的分布作用于视觉判断的平衡。

平面构图上通常以视觉中心（视觉冲击最强的地方的中点）为支点，各构成要素以此支点保持视觉意义上的力度平衡。（图2-1-15）

在实际生活中，平衡是动态的特征，如人体运动、鸟的飞翔、野兽的奔驰、风吹草动、流水激浪等都是平衡的形式，因而平衡的构成具有动态性。

（五）比例

比例是部分与部分或部分与整体之间的数量关系。它是精确的比率概念。人们在长期的生产实践和生活活动中一直运用比例关系，并以人体自身的尺度为中心，根据自身活动的方便总结出各种尺度标准，体现于衣食住行的器用和工具的制造中。比如早在古希腊时期就已被发现的，至今为止全世界公认的黄金分割比1：1.618正是人眼的高宽视域之比（图2-1-16）。恰当的比例有一种谐调的美感，成为形式美感法则的重要内容。美的比例是平面构图中一切视觉单位的大小以及各单位间编排组合的重要因素。

（六）重心

重心在物理学上是指物体内部各部分所受重力的合力的作用点。对一般物体求重心的常用方法是：用线悬挂物体，平衡时，重心一定在悬挂线或悬挂线的延长线上；然后握悬挂线的另一点，平衡后，重心也必定在新悬挂线或新悬挂线的延长线上，前后两线的交点即物体的重心位置。在平面构图中，任何形体的重心位置都和视觉的安定有紧密的关系。

图 2-15 平衡

图 2-1-16 黄金分割比例

人的视觉安定与造型的形式美感的关系比较复杂，人的视线接触画面，视线常常迅速由左上角到左下角，再通过中心部分至右上角经右下角，然后回到画面最吸引视线的中心视圈停留下来，这个中心点就是视觉的重心。但画面轮廓的变化、图形的聚散、色彩或明暗的分布等都可对视觉重心产生影响，因此，画面重心的处理是平面构图探讨的一个重要的方面。在平面广告设计中，一幅广告所要表达的主题或重要的内容信息往往不应偏离视觉重心太远。

（七）节奏与韵律

节奏本是指音乐中音响节拍轻重缓急的变化和重复。节奏这个具有时间感的用语在构成设计上是指以同一视觉要素连续重复时所产生的运动感。韵律原指音乐（诗歌）的声韵和节奏。诗歌中音的高低、轻重，长短的组合，匀称的间歇或停顿，一定位置上相同音色的反复及句末、行末利用同韵同调的音符加强诗歌的音乐性和节奏感，就是韵律的运用。平面构成中单纯的单元组合重复易于单调，由有规则变化的形象或色群间以数比、等比处理排列，使之产生音乐、诗歌的旋律感，称为韵律。

节奏和韵律对应视觉流程的动态过程，借用的是音乐的概念。音乐的节奏和韵律是由音符、旋律、强弱处理等体现的。生活中也有节奏，每天的活动、四季的变化、行进的脚步、人的一生也是节奏的呈现。对应于构成和平面设计，节奏是由点、线、面、空间及相互关系体现的。节奏有强弱、快慢，画面有疏密、大小、虚实之分。韵律指的是整体的气势和感觉，高山、流水各有其韵律，书法的行笔布局也讲究韵律。构成设计中，形态轮廓和空间组织总的看来有起伏变化、流畅但不平铺直叙就是韵律。

（八）联想与意境

平面构图的画面通过视觉传达而产生联想，达到某种意境。联想是思维的延伸，它由一种事物延伸到另外一种事物上。例如图形的色彩：红色使人感到温暖、热情、喜庆等；绿色则使人联想到大自然、生命、春天，从而使人产生平静感、生机感、春意等。各种视觉形象及其要素都会使人产生不同的联想与意境，由此而产生的图形的象征意义作为一种视觉语义的表达方法被广泛地运用在平面设计构图中。

三、运用形式美感法则应注意的问题

运用形式美感法则进行创造时，首先要透彻领会不同形式美感法则的特定表现功能和审美意义，明确欲求的形式效果，之后再根据需要正确选择适用的形式法则，从而构成适合需要的形式美感。

形式美感的法则不是凝固不变的，随着美的事物的发展，形式美感的法则也在不断发展，因此，在美的创造中，既要遵循形式美感的法则，又不能犯教条主义的错误，生搬硬套某一种形式美感法则，而要根据内容的不同，灵活运用形式美感法则，在形式美感中体现创造性特点。

第二节　设计过程中的情感与意志

一、感受与体验

常言道：人非草木，孰能无情。因此，人们在日常生活中，在认识的基础上，常常会表现出对事物的各种各样的感受与体验。如当我们看一场感人的电影时，会激动得落泪；回想趣事的时候，会哑然失笑；遇到违背社会公德的事，会义愤填膺；经过艰苦的努力获得成功，会笑逐颜开……这些伴随着认识活动产生的喜、怒、哀、乐等心理现象都属于人的感受与体验（又叫情绪和情感）。

在这里，情绪体验是人对反映内容的一种特殊的态度，它具有独特的主观体验、外部表现，并且总是伴有植物性神经系统的生理反应。体验不是自发的，它是由各种刺激引起的。引起体验的刺激，有时是内在的，有时是外在的，有时是具体可见的，有时又是隐而不显的，有时影响相当持久，有时又来得快、去得快。所以，生活中的任何人、事、物的变化，都会影响人的情绪。

感受或情感是指与人的社会需要相联系的主观体验。情感经常用来描述具有稳定而深刻社会含义的高级感情，诸如对祖国的忠诚、对事业的热爱、对美的欣赏等。情感是同人的社会性需要相联系的态度体验，人的社会性情感主要有道德感、理智感和美感。道德感是用一定的道德标准去评价自己或他人的思想和言行时产生的情感体验。不同的时代有不同的道德标准。理智感也是人所特有的情感体验，它是在智力活动中，认识和评价事物时所产生的情感体验。美感是用一定的审美标准来评价事物时所产生的情感体验。在客观世界中，凡是符合我们审美标准的事物都能引起美的体验。

二、态度与美感倾向

（一）态度

1.态度的含义

态度作为一种心理现象，既是指人们的内在体验，又包括人们的行为倾向。一般而言，态度是潜在的，主要是通过人们的言论、表情和行为来反映的。态度通常是指个人对某一客体所持的评价与心理倾向。换句话说，就是个人对环境中的某一对象的看法，是喜欢还是厌恶，是接近还是疏远，以及由此所激发的一种特殊的反应倾向。态度的心理结构主要包括三个因素，即认知因素、情感因素和意向因素。

（1）认知因素。认知因素就是指个人对态度对象带有评价意义的叙述。叙述的内容包括个人对态度对象的认识、理解、相信、怀疑以及赞成或反对等。

（2）情感因素。情感因素就是指个人对态度对象的情感体验，如尊敬 / 蔑视，同情 / 冷漠，喜欢 / 厌恶等。

（3）意向因素。意向因素就是指个人对态度对象的反应倾向或行为的准备状态，也就是个体准备对态度对象做出何种反应。

态度既是一种内在的心理结构，又是一种行为倾向，对行为起准备作用，因此，根据一个人的态度可以推测他的行为。但是推测只是推测，态度与行为毕竟不是一对一的关系，二者也不是同一个概念。况且行为的发生并不单单由态度决定，除了态度以外，行为还决定于其他因素，如社会道德规范、传统的生活习惯、当时的情境以及对行为结果的预期等。

2.态度的特性

（1）态度的社会性。态度不同于本能，态度不是天生的，它是通过后天的学习获得的。不需学习，与生俱有的行为倾向不是态度。态度是个体在长期生活中，通过与他人的相互作用以及周围环境的不断影响而逐渐形成的。态度形成以后，反过来又会影响个体对周围事物和他人的反应。在这种相互作用过程中，一个人的态度经过不断地循环和修正，会逐步形成日益完善的态度体系。

（2）态度的针对性。态度必须具有特定的态度对象。态度对象可能是具体的，也可能是抽象的，即一种状态或观念。由于态度是主体对客体的一种关系的反映，所以态度总是离不开一定的客体，总是与态度对象相联系，因此，态度的存在不是孤立的、抽象的，它总是针对着某一事物的，如消费者对某一产品的态度等。

（3）态度的协调性。态度是由认知、情感和意向三种心理成分组成的。对一个正常人来说，这三种心理成分是相互协调一致的。

（4）态度的稳定性。态度是在需要的基础上，经过长期的感知和情感体验形成的，其中情感的成分占有重要位置，并起到强有力的作用，它使得一个人的态度往往带有强烈的情感色彩并具有稳定性和持久性。正是由于态度具有这种稳定性和持久性，才使个体能够更好地适应客观世界。所以，对消费者的引导，最好是在他们态度尚未稳定、尚未形成的时候，因为这时态度的组织结构尚未固定化，正引进新的思想和经验，容易促进态度的改变。然而，一旦态度形成，再进行引导就会十分困难。

（5）态度的潜在性。态度是一种内在结构，它虽然包含有行为的倾向，但并不等于行为，所以态度本身不能被直接观察到。又由于态度的稳定性和持久性，一个人的态度往往可以通过他的言论和行为来加以推测。所以，通过交谈、观察，可以了解到消费者的态度。

3.影响态度形成的主要因素

态度不是与生俱有的，而是在后天的生活环境中，通过自身、社会化的过程逐渐形成的。在这个过程中，影响态度形成的因素主要有以下几点。

（1）欲望。态度的形成往往与个人的欲望有着密切的关系。实验证明，凡是能够满足个人欲望，或能帮助个人达到目标的对象，都能使人产生满意的态度。相反，对于那些阻碍目标，或使欲望受到挫折的对象，都会使人产生厌恶的态度。这种过程实际上是一种交替学习的过程，它说明欲望的满足总是与良好的态度相联系。在设计中，设计师要注意抓住消费者的需求。

（2）知识。态度中的认知成分与一个人的知识密切相关。个体对某些对象态度的形成，受他对该对象所获得的知识的影响。但是，并不是说态度的形成，单纯受知识的影响。心理学家进行过有趣的调查，他们把调查对象分成两种态度组，即有严密组织的宗教态度者（特征是态度分明，无意成分少，情绪色彩低）与无严密组织的宗教态度者。结果发现前者能够认识并且接受自己的优点和缺点，而后者则只接受自己的优点，把自己的缺点掩盖起来。还有人在高中学生中调查了对犹太人的态度，发现反犹太人态度的人，对非犹太人也不友善，而没有反犹太人偏见的学生，对其他人也都友善。这说明种族偏见（态度）与个人的宽容性有密切关系。在设计中，设计师要考虑到消费者的原有认知水平。

（3）个体的经验。一个人的经验往往与其态度的形成有着密切的联系，生活实践证明，很多态度是由于经验的积累与分化而慢慢形成的。

（二）美感

美感是用一定的审美标准来评价事物时所产生的情感体验。在客观世界中，凡是符合我们的审美标准的事物都能引起美的体验。美感的产生，一方面可以由客观景物引起，即对自然美和社会美的欣赏和体验，另一方面，人的容貌举止和道德修养也常能引发美感，尤其是道德修养高的人所体现出来的人性之美。在生活中，由于人的价值追求和审美情趣的多样化，对美的见解也多有不同。美感受社会生活条件的限制，不同民族、不同阶层的人对美的评价标准不尽相同，对美的体验也自然不同。随着社会的进步和观念的开放，人们接触到越来越多的异域风俗和文化，各民族之间应该相互借鉴，彼此取长补短。

在设计的审美创造活动中，美感是设计活动的出发点。设计者要研究这种情感表达、传递的方法，拓宽情感交流的渠道，了解不同消费者的审美需求，设计出令不同消费者满意的产品。

三、需要层次与设计情感

（一）需要层次

1.需要的含义

需要是个体在生活中感到某种欠缺而力求获得满足的一种紧张状态，它是个性积极性的源泉。需要的表现受个体的具体生活条件所制约。当个体缺乏某种东西时，便伴有某种生理的或心理的紧张状态，从而产生一种愿望，即希望获得所缺乏的东西以消除这种紧张状态。可见，正是需要推动有机体以一定方式，向着一定的方向进行活动，以求得自身的满足，个体所体验的需要越强烈，由它所引起的活动越有效。

早在19世纪，马克思和恩格斯曾把人的需要分成生存、享受和发展三个层次。20世纪，美国心理学家马斯洛又推陈出新，提出了自己的需要层次论。他认为：人要生存，他的需要能够影响他的行为，只有未满足的需要能够影响行为；人的需要按重要性和层次性排成一定的次序，从基本的需要（如食物和住房）发展到复杂的需要（如自我实现）；当人的低一级的需要得到最低限度的满足后，才会开始追求高一级的需要，如此逐级上升，成为推动人们持续努力的内在动力。

2.马斯洛的需要层次理论

马斯洛提出人的需要有五个层次：一是生理需要，这是个人生存的基本需要，如吃、喝、住等；二是安全需要，包括心理上和物质上的安全保障，如不受盗窃和威胁、预防危险事故、职业有保障、有社会保障和退休金等；三是归属与爱的需要（社交的需要），因为人是社会的一员，需要友谊和群体的归属感，人际交往需要彼此同情、互助和赞许；四是尊重的需要，包括受到别人的尊重和具有内在的自尊心；五是自我实现的需要，通过自己的努力，实现自己对生活的期望，从而对生活和工作真正感到很有意义。1954年，马斯洛在《激励与个性》一书中探讨了另外两种需要：求知需要和审美需要。这两种需要未被列入到他的需求层次排列中，他认为这二者应居于尊重需要与自我实现需要之间，极大地丰富了他的需要五层次理论。需要层次按照其强弱和出现的次序分为生理需要、安全需要、归属与爱的需要、尊重的需要、认知与审美的需要和自我实现的需要。（图 2-2-1）

3.根据需要，合理设计

马斯洛的需要层次理论流传开来，成了心理学家试图揭示需要规律的主要理论。当设计开始为商业服务以后，马斯洛的需要层次理论又开始在商界流传，成为众多商家和设计者关注的理论之一。

现代设计是随着市场经济的兴起而兴起的，是为了适应市场经济的需要而产生的，是现代高科技与日常生活的桥梁，是商家与消费者联系的纽带。在市场经济日益激烈的竞争中，设计正在成为企业经营的重要资源。未来的发展趋势是设计人员将越来越成为构成利润链不可缺少的一部分，好的设计工作越来越被认为是市场产品优劣的区分者之一。

市场竞争中单单凭借质量取胜已经不够了，还要加上出色的设计。设计之所以能够成为企业重要的资源，促进社会经济的发展，主要表现在它满足了消费者不断增长的物质和精神等各方面的需求。运用马斯洛需要层次理论来分析设计对消费者的满足，具有很强的现实意义。

目前，国内市场已经培育出了一个界限明显的消费阶层，出现了不同的特点：一部分消费者仍坚守传统，以实用消费为主，讲究节约与理性，而另一部分消费者则追求时尚与新潮，讲究精致的生活享受与品位；消费品市场个性化与趋同化同存，既有在高档消费上追求有限名牌的一面，又有在日常易耗生活用品上追求大众化的一面。需要是消费者行为的最初原动力，多样性和差异性是消费者需要的最基本的特征，它既表现在不同消费者之间多种需求的差异上，也体现在同一消费者多元化的需要内容上。

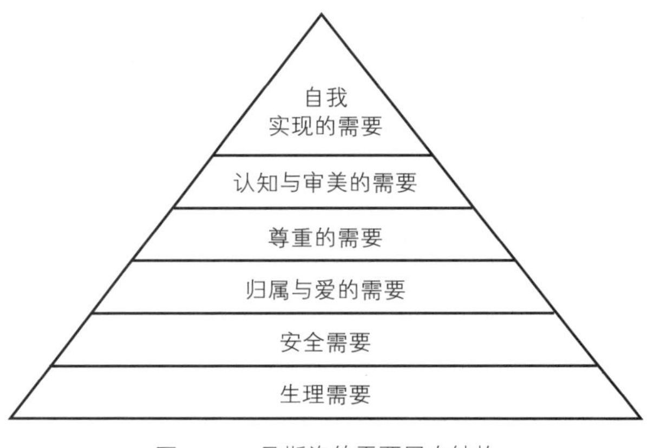

图 2-2-1　马斯洛的需要层次结构

消费者的需要产生于消费者主观状况和所处消费环境的客观状况两个方面。不同的消费者由于年龄、阅历、性别、民族、信仰、文化水平、家庭成长背景、特定历史的烙印、经济条件、血型、个性以及所处环境的人文特征等多重变量，导致了作为独立个体的消费者的需求差异很大。

充分了解消费者的需求，满足消费者的需求已成为众多商家的一个共识。在这个快速成长的市场中，能否准确地找出消费者的潜在需求成为在实际操作中商家与对手拉开距离的根本所在。所以，在产品设计上，必须认真关注消费者的需求、愿望和消费习惯，这样才能超越竞争对手，获得明显的优势。

产品的生命是有限的，不同时期、不同地区、不同消费群体，消费者的欲望又是不同的。今天的消费者同商家一样，一方面要受到经济全球化和新经济的影响，另一方面，也必然受到所处的社会文化环境、市场、科技等诸多方面因素的影响，并且其审美标准也随着诸多因素的变化而改变。同时，随着网络的发展以及教育的普及，越来越多的消费者开始面临着一个全新的消费环境以及全新的消费观念。他们有各种期望，他们需要在任何时间、任何地点以他们喜欢的方式和最低的价格得到任何产品，以期满足他们在生理、安全、归属与爱、尊重和自我实现等方面的需要。这就要求我们的艺术设计既要具有表现能力、感知能力、想象能力和科技含量，同时还要有对设计对象相关的背景文化、地理、历史、人文知识的理解。

一个好的产品设计要从解决产品造型美学入手，最后发展到解决企业产品与消费者的关系。在此期间，它一方面将科学技术转化为符合消费者需求的产品，将抽象的概念产品化，另一方面又将产品人性化，尊重理解消费者，并将其心中的愿望转化为现实，使消费者欲望得到最大限度的满足，既为企业产品扩大需求，也为企业增加效益。好的设计不仅仅从功能上使消费者满意，并且它所蕴含的设计意义使消费者的心灵也能得到享受。例如，室内设计必须要了解住户的需要，设计的目的首先是保护人、爱护人，进而实现人对美的需要的实现。再如，成功的包装设计主要取决于两方面：首先能否准确传达商品的信息，其次能否传播信息引起消费者在心理上的满足。在生活与设计相融与同构的时空里，一方面要保持设计的“艺术”特色，另一方面，必须认真研究马斯洛的需要层次理论，以满足消费者不同层次的需要。

（二）设计情感

随着市场经济的到来，技术的突飞猛进以及物质生活水平的提高，人们对产品功能的追求已经不仅仅停留在生理功能的满足上，还追求情感需求的满足。于是，情感因素日渐成了产品设计中不可缺少的部分，是消费者与产品之间心灵沟通的纽带。

1.什么是设计情感

设计是情感的语言。设计要表达的不是简单的色彩和形状，不是简单的形式和情调，更不是拼凑和整体的对比，而是设计者对美好事物的向往，对内心深处情感的表达。在设计过程中，始终离不开人的心灵和视觉感官的参与。情感是人的主观体验和内心感受，需要借助色彩、图形、结构、文字等外观形态传达给别人。设计师的情感表现尽管较为复杂，但不是空洞的，它时刻反映在设计师对信息的选择和加工上。设计就是借助于色彩构成的形象和有创意的形态来传达设计师的情感，并与消费者进行沟通和交流，同时获得消费者的认同，从而形成了设计师—产品—受众三位一体所构成的情感互动，这通常称为设计情感。

2.产品设计中的情感体现

情感是人对外界事物作用于自身时的一种反应，是由需要和期望决定的。当需要和期望得到满足时，人会产生愉快、喜爱的情感，而需要和期望得不到满足时，则会产生苦恼、厌恶的情感。产品给人的刺激会与人自身对产品的期望目标、审美标准、态度进行评估衡量，并且最终产生对该产品的情感反应。这种情感反应具有以下特点。

（1）产品引发的情感因人而异，不同的人对于相同产品的体验和感觉不同。由于人的文化背景、知识层次、审美标准、生活习惯的不同，对产品的期望目标、衡量标准、态度也不同，因此，对于同一个产品，不同的人会有完全不一样的情感。

（2）情感具有时效性。每个人随着年龄的增长，其周围的环境在不断变化，个人的期望目标、衡量标准、态度也随之变化。在不同的阶段，人们对同一产品也经常会有不同的反应。

（3）情感具有复合性。对于一个产品，我们可能会有几种不同的感觉。

3.在产品设计中把握情感因素

设计师在进行产品设计时，除了考虑产品的功能，也赋予了它一定的形态，而形态可以表现出一定的性格，就如同它从此有了生命力。人们在使用物的过程中，会得到种种信息，引起不同的情感。当设计使产品在外观、肌理、触觉等方面表现恰当时，使用者会有好的情绪体验。现代产品一般给人传递两种信息：一种是理性的信息，如常提到的产品功能、材料、工艺等；另一种是感性信息，如产品的造型、色彩、使用方式等。前者是产品存在的基础，后者则更多地与产品形态相关。

（1）以用户为中心的设计思想作为主导。为了让用户成功地使用产品，产品必须具有和用户同样的思维模式，也就是说设计师的思维模型需要和用户的思维模型一致，这样，设计师才能通过产品与用户交谈，用户才能真正体会到设计师想要通过产品向其传达的情感寓意。因此，设计师在开始进行创意设计前应该充分了解用户，包括用户的年龄层次、文化背景、审美情趣、时代观念、心理需求等，并且应充分了解用户的使用环境，以便设计出的产品能够真正融入用户的生活和使用环境中。在设计过程中，也应该让使用者参与进来，在不同的设计阶段对产品设计进行评估，这样可以使得设计的中心一直围绕目标用户，设计出来的产品也能更加贴近用户的需求。

（2）思考产品构成要素对目标用户的心理影响。平时要善于总结和归纳设计元素对用户心理影响的基本规律，设计时就可以做到得心应手。以下是部分综合产品造型、色彩、材质等要素对用户产生情感的大致表现。

① 精致、高档的感觉：自然的零件之间的过渡、精细的表面处理和肌理、和谐的色彩搭配。

② 安全的感觉：浑然饱满的造型、精细的工艺、沉稳的色泽及合理的尺寸。

③ 女性的感觉：柔和的曲线造型、细腻的表面处理、艳丽柔和的色彩。

④ 男性的感觉：直线感造型、简洁的表面处理、冷色系色彩。

⑤ 可爱柔和的感觉：柔和的曲线造型、晶莹或毛茸茸的质感、跳跃丰富的色彩。

⑥ 轻盈的感觉：简洁的造型、细腻或光滑的质感、柔和的色彩。

⑦ 厚重、坚实的感觉：直线造型、较粗糙质地、冷色系色彩。

⑧ 素朴的感觉：形体不作过多的变化、冷色系色彩。

⑨ 华丽的感觉：丰富的形体变化、高级的材质、以较高纯度暖色系为主调、强烈的明度对比。

这里只是指出了形态、色彩、肌理等要素与产品情感的大致关系，设计师通过产品的造型、色彩、肌理等构成要素的合理组合，传达和激发使用者与自身以往的生活经验或行为，使产品与人的生理、心理等方面的因素相适应，以求得人—环境—产品的协调和匹配，使生活的内在感情提升，获得亲切、舒适、轻松、愉悦、尊严、平静、安全、自由、有活力等有意味的心理活动。

四、设计过程中的审美意志

设计心理过程经历了认知过程和情感过程后，进入意志过程。在设计活动中，人的认知与情感活动，需要有一种内在的力量来控制、调节，这种力量便是审美意志。设计心理的审美意志过程包括审美的意识、理想、经验、价值与意志等。

（一）审美意识

审美意识是指客观存在的审美对象在人的头脑中的反映，引起感知、理解、想象等综合因素，支配人的审美、创造美的活动的思想、情感、意志等心理现象。

审美意识成为人的自觉意识后，又转化为人的内在力量，反作用于客观世界的美，打上人的精神印记，推动人按美的规律去改造世界，创造美和发展美。

审美意识包括显意识和潜意识两种形式。审美的显意识是审美主体在长期的审美、创造美的实践中，其自觉意识、意志活动反复作用于客观事物，反复作用于自己的审美感知、审美情感和创造活动，天长日久便以相对固定的系统方式沉淀固着于大脑，构成系统、稳定的神经联系和反应机制，亦融化于各种心理中，形成一种思维定式和习惯心理，这种自觉、自控与自动化的审美思维方式，便是审美的显意识表现。审美的潜意识是审美主体尚未自觉意识到的、潜藏的意识活动，是支配主体在不知不觉中完成心理活动和自动执行行为的隐藏的心理状态。比如，艺术家在艺术创造中，有时并没有怀着明确的目的、动机去有意识地表现某些思想、情感、意象等细节，却不知不觉地将它们展现在作品里，这就是审美的潜意识功能。

无论设计还是创作，都存在创作成果是否被更多的人接受与欣赏的问题，所以，设计与创作、设计成果与使用欣赏之间存在着审美意识的沟通与和谐。

第一，设计者或艺术家在自己与对象、与他人的比较中，探索自己与对象、与他人审美意识的区别或相似之处，从而正确认识自身的审美意识心理。

第二，通过了解他人对自己审美观念、审美态度、审美评价来认识自己，审视自身的审美意识。

第三，通过反思自身的实践和审美心理活动来认识自己的审美心理状态和行为。

在审美实践中，设计者应将这三种方式结合起来，改造自身，完善审美的心理结构。

（二）审美理想

审美理想是人们期待、憧憬和追求的最高最美的境界，是人的社会理想与人生理想的组合。每一个人的理想都属于审美理想，因为都期待着未来是美好的，尽善尽美的。人类的劳动和创造，都是为了生存的环境越来越好，而且为了这个目标，都想依照美的规律去改造世界，使审美理想成为人的一种心理动力，促成人的意志行为。

设计者在设计活动中，通过设计成果来寄托与展示他们的审美理想。艺术家在创作活动中，是以艺术形象抒发与张扬他们的审美理想，追求理想成为审美创造活动的永恒。审美理想是人类创造的驱动力，是追求美好境地的召唤，所以，设计者才会孜孜不倦地追求更新设计，不断提高产品的档次，推陈出新，求得艺术创作的完美。

（三）审美经验

审美经验是指审美主体在感受、体验、创造美的过程中积累的经验。

人的审美经验有两种：一种是感官直接接触审美对象，获得的未经理智加工的经验，是感性的审美经验；另一种是在实践中积累的，经验性概括或习惯性的审美经验。审美经验可以加深审美的感受、体验、想象、理解等心理活动的敏锐程度和深广程度，直接影响着审美创造。设计与创作的审美创造活动需要审美经验，只有依靠自己积累的审美经验，并学习借鉴前人的审美经验，才能创造出新颖独特、鲜明生动的设计成果及艺术形象。

积累设计的审美经验，要以日常经验和生活经验为基础，同时，不满足于仅有种种生活经验的感受，而是将一般经验纳入审美心理结构中，形成设计的审美经验。比如，以逻辑思维为主的工程设计，要补充感性经验，增强形象思维的训练，以提升设计成果的艺术性。以形象思维为主的艺术创作活动，则应补充理性经验。这也是现在提倡的科学与艺术的结合，实际就是主张审美创造活动中的审美经验更系统和全面。

（四）审美价值

审美价值是指审美对象对人所具有的审美意义和心理效能。审美价值主要取决于人对美的需求，满足人的精神需求的程度。审美价值的观念因时代、民族、阶级不同而不同。审美价值受到审美态度和审美创造的制约，而且与人的审美修养、观念、趣味、价值取向等都有直接关系。不同的审美需求决定了同一对象的审美价值的不同。

设计的审美价值是指以设计成果为审美对象，对人具有审美意义和心理效能。研究设计的审美价值，目的是面对现代社会中人的审美价值多元化的取向与发展，满足人对美的需求，满足人对精神的需求。

（五）审美意志

审美意志是人在审美中自觉控制、调节自己的心理、行为去克服主观障碍以实现预定目的的心理活动过程。

人在审美中开展认识活动和情感活动时，需要有一种内在的力量来控制、调节这种活动，而当人积累了丰富的审美意象后，又产生了将自己的审美感受、体验和创造的审美意象表现出来的欲望，这种控制、调节的力量和表现的目的、欲望即为审美意志的行为表现。审美意志包括审美活动中的意志和美的创造中的意志，如目的、动机、志向、计划、克服客观与心理障碍的毅力等。

审美意志的产生是由于人的社会实践、审美实践的需要。人的精神需要，属于审美心理、审美意识中的理性部分。审美意志行动一般要经历两个阶段：一是审美意志的心理形成阶段，分析审美创造对象，明确目的、动机、构想行动的计划、方法；

二是行动的操作阶段，开始审美创造的实际行动，以决心和毅力克服困难和障碍。

人的审美意识、审美情感等心理特征对审美意志的坚定性与行动性都有直接的影响，审美认识的程度越深广、审美情感越强烈，审美行动就越果断、越坚定。可以说，世界上所有美的事物都是在人的审美意志的策动下被发现、被挖掘的，而美的创造物更是审美意志作用的结果。在现代社会中，人的审美价值取向呈多元化、自由化的特征，因而决定了人们的审美意志的行为特征的不同，审美意志行为有不同的内容、性质与表现，甚至同一个人在不同情况下，审美意志也有不同的表现方式。人有审美的意志自由，对同一审美对象或设计创造成果，有的人喜欢，有的人不喜欢，说明审美意志不同于一般意志，而有更大的自由度。每个人都有各自的审美目的、需要、动机、理想，自由地选择审美对象，自由地联想、想象与评价。

设计的审美意志是以人们的意志自由为基础，根据人们的审美目的、需要和审美的理想，遵循人类社会发展及人的心理运动规律，来思考和确定审美创造的意志行为。设计的审美意志最大的自由是广泛容纳人们的审美意志的多元化趋向，将设计与审美的意志辩证地统一起来，在主客观条件下坚定设计的审美意志。设计离不开审美意志，意志来源于设计的实践和认识，来源于情感的凝聚与升华。设计的审美意志，在于设计者与艺术家的躬身实践，在于知识与经验的积累，在于投身激越的情感活动中，铸造符合客观规律的坚强意志。

专题研究：情感与意志的设计心理学操作
——“中国结”MP3播放器的设计与表达

在设计创意的过程中，设计师并不是一帆风顺的，也就是说，并不是有了好的创意，设计就能够成功，设计创意需要进行反复的推敲。设计的表达同样需要认真对待，这样，才能将设计的意图表达得简明完整、恰到好处。设计展示图的目的是将设计的功能、形态、色彩、文化内涵等简洁明了地传达给观众，是用来评价设计的重要媒介。那么，到底什么样的设计才会吸引观看者的注意，什么样的设计才会引起大家的共鸣呢？成功地把握观者的审美情感和审美意志，是作品获得肯定的主要途径。因此，美学和心理学的完美结合，才会事半功倍，才会获得设计的完美成功。

人们的观看是有选择的，眼睛对对象做出什么反应取决于许多生理和心理因素。色彩、结构和形式上的对照，甚至运动状态都可以加强观者注意的物体或事件的存在感。在注视的过程中有一个神秘的心理焦点，观赏者能看见什么、能理解到什么，取决于他如何分配注意力，也就是说，取决于他的期待心理。设计的定位，就是要激起观者内心的期待，引起其情感的共鸣。展示图作为一种平面设计作品，需要遵循平面作品的审美规律，对比与均衡、节奏与韵律等美的构成规律都能使人们在心理上产生审美快感。而对于一件优秀的设计作品来说，应该是美学和心理学的完美结合。

“中国结”MP3播放器的设计与表达过程就是一个极好的例子。中国结，它身上所显示的情致与智慧正是中华古老文明中的一个侧面，是由旧石器时代的缝衣打结，发展至汉朝的仪礼记事，再演变成今日的装饰手艺。周朝人随身的佩戴玉常以中国结为装饰，而战国时代铜器上也有中国结的图案，延续至清朝，中国结真正成为流传于民间的艺术，当代多用来作为室内装饰、亲友间的馈赠及个人的随身饰物。因为其外观对称精致，可以代表中华民族悠久的历史，符合中国传统装饰的习俗和审美观念，故命名为中国结。中国结不仅具有造型、色彩之美，而且皆因其形意而得名，如盘长结、藻井结、双钱结等，体现了我国古代的文化信仰及浓郁的宗教色彩，体现着人们追求真、善、美的良好愿望。在新婚的帖钩上，装饰一个“盘长结”，寓意一对相爱的人永远相随相依，永不分离；在佩玉上装饰一个“如意结”，引申为称心如意，万事如意；在烟袋上装饰一个“蝴蝶结”，“蝴”与“福”谐音，寓

图 2-2-2　中国结

意福在眼前，福运迭至。（图2-2-2）

以中国的吉祥饰品中国结为创作源泉，渗透着浓郁的民族文化气息，赋予MP3以多变的造型。中国结是创意设计的出发点，这个概念强调了中国文化的内涵，从心理学上讲，这就是设计给予观者的一种预期。在设计上，将MP3播放器的边框设计成鲜艳的红色，将按键部分设计成黑色，符号用白色，使其造成的视觉对比非常强烈，黑红色的搭配更典型地体现了民族文化的特点。MP3显示屏上显示的是中国传统京剧中的旦角女性形象，体现了主题，集中了观者的注意，加深了中华民族文化内涵的传达效果。经过中国文化符号红、黑、京剧的搭配处理，受众更快捷地感受到了设计的目的，引起情感上的共鸣。MP3播放器的设计和展示表达非常集中典型地体现了中国的传统文化。（图2-2-3）

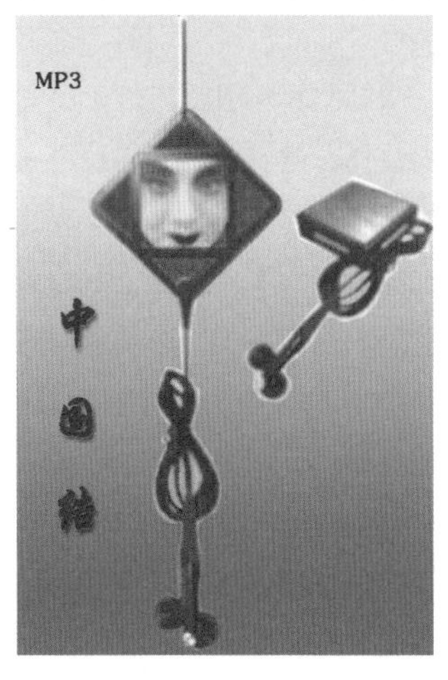

图 2-2-3　MP3

关于文字的说明。设计的说明本来可以写得较详细，但MP3是一个展示图，以传达视觉形象和概念为主，一般来讲，能够快速明了表达的决不使用多余的图形和文字，有的设计将一些能够表达的东西没有在图上表达出来，而以文字进行冗长的描述，这是一种错误的做法，一般受众是没有耐心去慢慢品读这些说明的，因此，说明文字应该尽量精简或者不用。

小　结

本章主要介绍了感知觉与刺激的关系、视知觉与视觉元素、平面知觉与空间知觉等设计与认知心理，介绍了感受与体验、态度与美感倾向、需要层次与设计情感、审美意志等设计过程中的情感与意志。其中，设计中的认知、情感、意志是相互联系、相互制约的。

思考题

1. 如何根据人的注意品质进行有效的设计？

2. 怎样理解视觉元素的心理效应？

3. 马斯洛的需要层次理论对产品设计有何启发？

4. 什么是审美意志？

第三章　设计师心理

第三章　设计师心理

本章概述

本章主要介绍设计师的心理素质及其对设计工作的影响。在第一节中，我们将探讨设计师的人格特征和创造力的关系。在第二节中，我们将介绍设计师应具备的素质，如批判性思维、沟通能力、团队合作精神等。在第三节中，我们将分析设计师的心理特征，如自我效能感、情绪稳定性、认知风格等，以及这些特征对设计工作的影响。在第四节中，我们将讨论设计师面临的职业压力和应对策略，如何平衡工作与生活、保持工作热情等。

学习目标

1. 了解设计师的人格特征和创造力的关系。
2. 掌握设计师应具备的素质和技能。
3. 了解设计师的心理特征及其对设计工作的影响。
4. 学会应对职业压力的策略，增强工作生活平衡的能力。

第一节　设计师人格与创造力

个体心理特征又叫主体心理特征，即创造的个体属性。创造、创造力及创造性均以个人为主体。创造力的发挥离不开个体心理特征的影响，目前，人们越来越重视影响个体创造力的自身人格因素。

一、个体的创造力

（一）定义

创造力是指设计师根据一定目的和任务，运用一切已知信息，开展能动思维活动，产生出某种新颖、独特、有社会或个人价值的产品的智力品质。这里的产品不等同于工业设计中的产品，它包含有更加广阔的含义，它是“以某种形式存在的思维成果，它可以是一个新概念、新思想、新理论，也可以是一项新技术、新工艺、新产品”。创造力具有如下一些基本特征。

1.首创特征。

“无”是创造产生的前提，创造产物应该是前所未有的。

2.个体特征。

其指创造的个体属性。

3.功利特征。

创造产物应该实现其创造的价值。

（二）创造力的结构

对创造力的研究主要包括两个方面：静态结构和动态结构。

1.静态结构

静态结构主要研究创造力的组成成分。创造力的静态结构理论最具代表性的是美国心理学家吉尔福德（J.P.Guilford）的理论，他认为创造才能与高智商是不同的两个概念。他通过因素分析法总结出了创造力的六个要素。

（1）敏感性（Sensitivity）：对问题的感受力，发现新问题、接受新事物的能力。

（2）流畅性（Fluency）：思维敏捷程度。

（3）灵活性（Flexibility）：较强的应变能力和适应性。

（4）独创性（Originality）：产生新思想的能力。

（5）重组能力，或者称之为再定义性（redefinition）：善于发现问题后的多种解决方法。

（6）洞察性（penetration）：即透过现象看本质的能力。

设计活动中，流畅性、灵活性与独创性是最重要的特性。

2.动态结构

动态结构主要研究创造性思维的过程，包括以下几种能力。

（1）发现问题的能力：指从外界众多的信息源中，发现自己所需要的、有价值的问题的能力。

（2）明确问题的能力：明确问题就是将获取的新问题纳入主体已有的知识经验中存贮起来。所有的相关信息能有效地被提取并应用，使得问题信息始终处于活跃状态，以诱发创造者产生灵感。

（3）阐述问题的能力：指用已掌握的知识理解和说明未知问题的能力。

（4）组织问题的能力：指对问题的心理加工和实际操作加工的能力。

（5）输出问题的能力：指将解决问题的方案，用文字或非文字的形式呈现出来的能力。

二、设计师人格与创造力

（一）创造力的影响因素

每个从事艺术设计职业的人都梦想成为设计大师，即最富有创造力的设计师，可是除了通过多年的专业训练和技能培养之外，究竟是什么造就了设计大师？通过心理学研究，总结出以下几点。

1.年龄

科学家莱曼通过对244名化学家的993件重要贡献做出时的年龄的统计，发现科学家创造力最鼎盛的年龄是30—40岁之间，之后他又依次研究了物理学家、数学家、天文学家、发明家、诗人和作家，发现虽然不同学科的最佳创造年龄稍有差异，但总体在35±4岁。在与设计密切相关的两个方面——艺术和技术发明，莱曼统计知名油画家产生最优秀作品的年龄在32—36岁之间，罗斯曼统计711名发明家中，76.6%在35岁前获得第一个专利，最活跃的年龄是25—29岁，而获得一生中最重要发明的年龄平均是38.9岁。

2.动机

动机是驱使人们进行创造性活动的动力，它影响了人们从事创作的积极性和执行力。

3.人格

人格也可以称为个性，即比较稳定的对个体特征性行为模式有影响的心理品质。近年来心理学家的研究越来越重视个体创造力水平的自身人格因素，认为它是创造力最重要的组成部分。

4.兴趣

兴趣是一种认识趋向，可以激发人们进行创造的内在动机，增强其克服困难的信心和决心。

5.意志

意志是人自觉确定目标，并为了实现目标而支配自身行为、克服困难的心理过程。意志包括自制力、自觉性、果断性、坚持性等品质。

6.情绪

不同情绪对于创造力发挥的作用不同，激情能激发创造热情，提高创作效率，平静而放松的情绪有助于灵感的产生。并且，心理学家们的调查发

现，多数天才型人物都具有忧郁气质，忧郁情绪的发泄是艺术创作的一大动力。

（二）设计师人格特征

心理学中对于人格比较学术的定义是：一系列复杂的具有跨时间、跨情境特点的，对个性、特征性行为模式（内隐的和外显的）有影响的独特的心理品质。这个定义比较复杂。另外，较为易于理解的定义，是人格心理学创始人奥尔波特认为的，“人格是个体内在心理物理系统中的动力组织，它决定人对环境适应的独特性”。“人格是个体在遗传素质的基础上，通过与后天环境的相互作用而形成的相对稳定的和独特的心理行为模式。”个性的定义多样，但是有三个方面是一致的：首先，它反映了个体的差异性，这一点导致不同个体即便面临完全一致的情境也不一定会做出完全一致的行为；其次，对于同一个体而言，人格具有相对的一致性和持久性，即个性一旦形成，就会在各种情境下呈现类似的行为模式，例如一个人的个性急躁，那么他在处理各种事情时都会表现比较急躁；第三，个性虽然比较稳定，但是也不是一成不变的，它同时受到先天遗传和后天环境的共同作用，在某些特殊情况下，人格特征也可能发生重大转变，例如遭受巨大打击或者生活情境发生重大变化等。许多心理学家分别从不同领域展开创造力人格的研究，研究表明，非凡的创造者通常都具有独特的人格特征，但是不同类型、不同领域的创造者的人格特征也具有其独特性，其中几种典型的人格特征研究如表3-1所示。

而美国学者罗（Roe）于1946年和1953年所作的关于几个领域的艺术家和科学家的研究，发现他们只有一个共同的特质，那就是努力以及长期工作的意愿。同样，罗斯曼（Rossman）对发明家人格的研究也发现他们具有“毅力”这一个性特征。其中，特别值得一提的，还有心理学家唐纳德·麦金隆（Donald Mackinnon）在1965年对建筑师人

表3-1 不同领域具有创造力的人的典型人格特征

职业类别	研究	人格特征概括
发明家	罗斯曼（Rossman）对710位拥有多项专利品的发明者进行调查。	具有创新性、能自由接受新经验、有实践革新的态度、具有独创性、善于分析。发明家对于自己成功的因素，多归因于毅力，其后依次为想象力、知识与记忆、经营能力与创新力。
建筑家	唐纳德·麦金隆（Mackinnon）对于40位富有创意的建筑家所作的研究。	有发明才能、具有独创性、高智力、开放的经验、有责任感、敏感、具洞察力、流畅力、独立思考、碰到困难的建筑问题时能以创造性的方法来解决问题。
艺术家	巴赫托勒（Bachtold）和维尔纳（Werner）、阿莫斯等人所作的研究。 弗兰克·贝伦(Frank Barron)对艺术学院学生的研究。	内向、精力旺盛、不屈不挠的精神、焦虑、易有罪恶感、情绪不定、多愁善感、内心紧张。 灵活、富有创造力、自发性、对个人风格的敏锐观察力、热情、富有开拓精神、易怒。
科学家	卡特尔（Gattel）对物理学家、生物学家和心理学家的研究。 高夫（Gough）对45位科学研究者的研究。	更加内向、聪明、刚强、自律、勇于创新、情绪稳定。 较为聪慧、成熟、有冒险性、敏感、自我、奔放、自负。
作家	卡特尔（Gattel）以卡氏十六种人格因素测验对作家进行研究。 弗洛伊德（Freud）以精神分析法对有创造力的作家进行研究。	发现创造力与白日梦之间很有关联。

表3-2 三组建筑师的人格特征比较

	大师组	合作组	随机组
谦卑	低	中	高
人际关系	低	中	高
顺从	低	中	高
进取心	高	中	低
独立自主	高	中	低
	更加灵活，具有女性气质，更加敏锐，更富直觉，对复杂事物评价更高。	注重效率和有成效地工作。	强调职业规范和标准。

格特征进行研究。他认为建筑师具有艺术家和工程师的双重特征，同时还具有一点企业家的特征，最适合研究创造力。因此，他选择了三组被试，每组40人，其中第一组是极富创造力的建筑师，第二组是与上述40名建筑大师有两年以上联系或合作经验的建筑师，第三组是随机抽取的普通建筑设计师。通过专业评估，第二组设计师的作品具有一定的创造性，而第三组的创造性比较低。研究发现，三组的人格特征如表3-2所示。

建筑师作为艺术设计师中的典型，反映了设计师创造性人格的基本特性。从其研究看来，当设计师从更高层次来要求自己的创作，那么，他们的人格特征往往更接近艺术家，表现出艺术家的典型创造性人格，我们可以将其称为“艺术的设计师”。在他们看来，艺术设计是一门艺术，与其他纯艺术的创造没有根本的差别，因此他们受到某种内在的艺术标准的驱使，设计作品较为个性化，显得卓尔不凡，但有时并不一定能为大众所接受或者更加经济实用。另一个极端则是那些将艺术设计视为一门职业的设计师，他们比较注重实际条件和工作效率，但并不期望个性的表达或者做出经典之作，设计对他们而言更多是一种技能，这类设计师明显创造力不足，可以称为“工匠的设计师”。中间则是那些具有一定创造能力的设计师，他们的个性特征介于两者之间。此外，设计师还需要具有一定的发明家的创作性人格特征，例如沟通和交流能力、经营能力等，这些虽然对于艺术设计创意能力并没有直接影响，但是却能帮助设计师弄清目标人群的需求、甲方意志、市场需要等，间接帮助艺术设计师做出既具有艺术作品的优美品质，又能满足消费者、大众多层次需要的设计。

三、设计师“天赋论”

创造力是设计师能力的核心，设计所具有的类似艺术创作的属性要求设计师具有较高艺术感受力，使得许多人认为设计能力主要是一种天赋，只有某些人才可能具备，即“设计师天赋论”。这种设计能力“天赋”的观念非常普遍，但究竟有没有科学根据呢？

从理论上而言，天赋是个体与生俱来的解剖生理特点，尤其是神经系统的特点。这些特点来自先天遗传，也可以是从胚胎期就开始的早期发展条件所产生的结果。19世纪，英国心理学家高尔顿就通过族谱分析调查的方法，在《遗传的天才》一书中提出天赋在人的创造力发展中起着决定性的作用。可是天赋条件虽然重要，但不应过分夸大它的作用。美国学者推孟（Terman）等人在20世纪20年代起，通过长达半个世纪的追踪观察，发现有良好的天赋条件的人并不能确保成年后也能具有高度的创造力，他们认为最终表现出较高能力的人往往是那些有毅力、恒心的人。美国社会心理学家艾曼贝尔（T.Amabile）提出了创造力的三个成分：有关创造领域的技能、有关创造性的技能及工作动机。

有关创造领域的技能，包括知识、经验、技能以及该领域中的特殊天赋，它依赖于先天的认知能力、先天的思维能力、运动技能以及教育，这个部分是在特定领域中展开行动的基础，决定了一个人在解决特定问题、从事特定任务时的认知途径。

有关创造性的技能是个体运用创造性的能力，包括了认知风格，有助于激发创意、概念的思维方式——启发式知识以及工作方式。这个部分的能力依赖于思维训练、创造性方法的学习和以往进行创造活动思维的经验以及人格特征。

工作动机，主要包括工作态度，对从事工作的理解和满意度，这是一个变量，取决于对特定工作内部动机的初始水平、环境压力的存在与否以及个人面对压力的应对能力。

我们将以上理论运用于设计艺术实践中，可以将那些有益于从事艺术设计的能力分为三类。第一类，与艺术才能相关的感知能力，它表现为精细的观察力，对色彩、亮度、线条、形体的敏感度，高效的形象记忆能力，对复杂事物和不对称意象的偏爱，对于形象的联想和想象力等，这些通常是天赋的能力。第二类，主要是以创造性思维为核心的设计思维能力，它与先天的形象思维和记忆能力相关，但是可以通过系统的思维方法的训练，累积设计经验以及运用适当的概念激发和组织方法使这一方面的能力得到显著提高。第三类是设计师的工作动机。美国心理学家布鲁姆（Bloom）的研究也发现，能在不同领域中获得成就的人通常具有三方面的共同特征：心甘情愿花费大量时间和努力，很强的好胜心，在相应领域中能够迅速学习和掌握新技术、新观念和新程序。前两条都说明了动机要素对于创造力的重要作用，因此，如果设计师单纯是在工作责任、职业压力的驱使下进行设计，那么只能到达前面"设计师人格和创造力"中提到的三类设计师中最一般设计师创造能力的级别，而那些设计大师的设计动机则更多的是一种发自内心的、通过设计活动获得满足的愿望。此外，如前面所论述的那样，某些遗传而来的人格特质对于从事设计工作是有益的，这一点也是毋庸置疑的。遗传学的研究表明，几乎所有的人格特质都受遗传因素的影响，的确某些人与生俱来的人格特质使其更适合于艺术设计的工作，例如较高的灵活性、好奇心、感受力、自信心、自我意识强烈等。

总体而言，成为艺术设计大师对于个体的天赋要求较高，需要相当的艺术感知能力、形象思维与逻辑思维得到完美配合的艺术设计思维能力，并且具有某些创造性人格特征。天赋固然是一个优秀设计师成长的必要基础，但是后天形成的性格特质和工作动机却决定了天赋是否真正得以发挥和转化成现实创造。艺术设计师在既定的天赋基础上，如何能增进个人从事艺术设计活动的能力，取决于两个方面的因素。

一是通过学习和训练进行设计思维能力的培养，提高创意能力。

二是个人性格的培养和塑造，通过性格的磨砺以提高动机方面因素。

四、设计师的创造力培养与激发

创造力是一种心理现象，是人脑对客观现实的特定反映方式，而设计艺术心理学中创造力研究的主要目的就是帮助设计师充分挖掘和发挥其创造力，提高设计师的设计创意水平。设计师创造力的培养和激发包括两个方面的内容：一是设计师的设计思维能力的培养，主要侧重于培养设计师思维过程的流畅性、灵活性与独创性；二是通过某些组织方法激发创意的产生。

（一）设计师设计思维能力的培养

正如前面创造力的结构部分中所提到的，创造力与许多个人素质和能力密不可分，例如好奇心、勇敢、自主性、诚实等，因而，对设计师的培养中非常重要的一点就是要鼓励他们大胆地表达自己别出心裁的想法和批评性的意见。20世纪以来，现代主义使大批量、标准化的生产模式渗入人们生活、文化的方方面面，使整个社会形成了一种"协调统一"

的氛围。典型的言论就是亨利·福特在降低汽车的价格，采用了标准化制造体系时声称的：“消费者可以选择任何他们想要的颜色，只能是黑色的。”他所指的是，通过减少色彩的差异，私人轿车的价格可以降到 95 美元，而代价就是消费者必须说服自己黑色是最合他们心意的颜色。美国学者拉塞尔·林斯对建筑中类似的现象提出批评：“现今的建筑，无论造价如何昂贵，都像是盒子，或一系列连在一起的盒子。”标准化带来了较高的生产效率，能更大限度地满足消费者的需要，但同时长期受这样的氛围影响，学习设计专业的学生很可能已经缺乏创造性思维所需要的一些个人素质，虽然“限制”是设计的基点和出发点，但当设计师将自己的思维禁锢于各种限制时，则只能不断制造标准模式的派生物，设计应从问题出发，而非从固有模式（风格）出发。

因而，创造性培养的首要任务就是创造自由宽松的设计环境，解放设计师的思维，让他们大胆想象，让思维自由漫步。例如设计任务书中应尽可能避免直接定义设计任务，而宜采用一种比较宽松的定义，这样有益于减少设计师的算子约束。比如说“设计一种盛水的工具”，而不是说“设计一只水杯”，说“设计一种可移动的、随身携带的个人通信工具”，而不是说“设计一只手机”等。

其次，提高设计者的创造性人格，例如培养设计师的想象力、好奇心、冒险精神、对自己的信心、集中注意的能力等。

再次，培养设计者立体性的思维方式。立体性的思维方式又称为横向复合性思维，它指强调思维的主体必须从各个方面、各个属性、全方面、综合、整体地考虑设计问题，围绕设计目标向周围散射展开。这样设计者的思维就不会被阻隔在某个角度，造成灵感的枯竭。

最后，培养设计者收集素材、使用资料和素材的能力，增强他们进行设计知识库的扩充和更新能力。

（二）创造力的组织方法培养

一些有效的组织方式已经被设计出来，它们能提高设计师的注意力、灵感和创造力的发挥。比较著名的方式有头脑风暴法（brainstorming）、检查单法、类比模拟发明法、综合移植法、希望点列举法等。

1.头脑风暴法

头脑风暴法也称“头脑激荡法”，由纽约广告公司的创始人之一 A. 奥斯本最早提出，即一组人员运用开会的方式将所有与会人员对某一问题的主要想法聚积起来以解决问题。实施这种方法时，禁止批评任何人所表达的思想，它的优点是小组讨论中，竞争的状态促使成员的创造力更容易得到激发。

2.检查单法

该法也称“提示法”或“检查提问法”，即把现有事物的要素进行分离，然后按照新的要求和目的加以重新组合或置换某些元素，对事物换一个角度来看。在工业设计中，主要变换的角度包括以下几点。

（1）现有产品的用途是否能扩大，例如手表是否能作为 MP3、照相机或手机。

（2）现有产品是否能改变形状、颜色、材料、肌理、味道、制造工艺、内部结构、部件位置等。

（3）现有产品的包装是否能得到改进。

（4）现有产品是否能放大（缩小）体积、增加（减轻）重量。

（5）现有产品是否能拆分、模块化，是否易于拆分、组装，或者是否能组合起来，形成系列产品。

（6）是否能用其他产品来代替它，例如用 iPad 代替笔记本、通讯录和手机。

（7）颠倒过来会怎样，冷气机颠倒过来就出现了暖风机，而再变换角度，还可以得到换风扇。

3.类比模拟发明法

该法即运用某一事物作为类比对照得到有益的启发，这种方法对于处理现有知识无法解决的难题特别有效，正如哲学家康德所说：“每当理智缺乏可靠论证的思路时，类比这个方法往往能指引我们前进。”这一方法在艺术设计中早已广泛运用，常见的包括以下几种。

（1）拟人类比。模仿人的生理特征、智能和动作。

（2）仿生类比。模仿其他生物的各种特征和动作。例如设计中常用的“生态学设计”，就是从动物身上寻找设计的灵感。

（3）原理类比。按照事物发生的原理推及其他事物，从而得到提示。比如世界上的事物往往以对称形式出现，如果出现单个的现象，可以考虑是否还有与其相对的事物，例如电脑操作系统的桌面、图标设计就类比了一般办公桌的工作原理，电子邮件的发信模式也类比了普通信件的工作模式。

（4）象征类比。能引起联想的样式或符号，比如汽车使人联想到“交通”、钱币使人联想到“银行”等。

4.综合移植法

该方法就是应用或移植其他领域里发现的新原理或新技术。例如，流线型原是空气动力学名词，用来描述表面圆滑、线条流畅的物体形状，这种形状能减少物体在高速运动时的风阻，但在工业设计中，它却成了一种象征速度和时代精神的造型语言而广为流传，不但发展成了一种时尚的汽车美学，而且还渗入到家用产品的领域中，影响了从电熨斗、烤面包机、电冰箱、汽车到手机等的外观设计。（图 3-1-1）

5.希望点列举法

将各种各样的梦想、希望、联想等一一列举，在轻松自由的环境下，无拘无束地展开讨论。例如在关于衣服的讨论中，参与者可能提出“我希望我的衣服能随着温度变薄变厚”“我希望我的衣服能变色”“我希望衣服不需要清洁也能保持干净”等。

（三）促进设计创造能力的性格特征

性格是一个人对现实的稳定态度以及与之相适应的习惯化的行为方式。人们的主导性格表现了他对于现实世界的基本态度，很大程度决定了人们的行为。某些性格特征能对设计师的天赋具有促进和保障的功能。

图 3-1-1　鸡蛋样流线型概念手机

1.勤奋

设计活动本身就是一项非常艰苦的、探索性的、长期性的工作，与纯艺术重于自我表现的特质相比，设计师需要不断探索、检验、修正、完善设计创意。一个新奇特别的设计创意是否能最终成为一项适宜的设计成品，需要长时间的辛勤工作。此外，勤奋使设计师的观察范围、经验累积、思维能力、想象能力、实现能力都能得到极大提高。

2.客观性

这一性格特征也是设计师区别于纯艺术创作者的重要方面。有学者这么说道：“创造性的艺术家是一些不关心道德形象的放浪形骸者，而创造性的科学家则是象牙塔中冷静果断的居民。”如果说这一归纳有一定的准确性，那么艺术设计师恰好介于两者之间。艺术设计师既不能像艺术家那样肆意宣泄个人情感、表达主观感受，也不能像科学家、工程师那样一丝不苟，在相对狭窄专一的领域中不断探索下去。也许只有创造才是艺术设计的唯一标准。人本主义心理学家马斯洛将那些在各行各业中做出独创性贡献的人称为“自我实现的人”。他指出，自我实现者可以比大多数人更为轻而易举地辨别新颖的、具体的和独特的东西。其结果是，他们更多地生活在自然的真实世界中而非生活在一堆人造的概念、抽象物、期望、信仰和陈规当中。自我实现者更倾向于领悟实际的存在而不是他们自己或他们所属文化群的愿望、希望、恐惧、焦虑以及理论或者信仰。赫伯特·米德非常透彻地将此称为“明净的眼睛”。明净的眼睛就是这里所说的客观性，用一种不偏不倚的眼光去审视周围的人和事物，这就是创造的真谛。总之，客观性既是设计师理性思维的集中显现，使设计师能够对自身及自己的设计进行客观评价、自我批评、完善设计创意，使创意与外在条件，如生产工艺、市场需求、人们的实际需求和审美取向等要素结合起来，纠正设计创意中不足的方面，同时客观性还能够帮助设计师跳出一般思维、习惯、常理的束缚，开拓思维，这也是设计师有更好创造的重要条件。

3.意志力

意志力是人自觉确定目标，并为了实现目标而调节自身行为、克服困难、实现目标的能力。意志力可以体现为自觉性、果断性、坚持性和自制力等性格特征。意志力能帮助主体自觉地支配行为，在适当的时机当机立断，采取决定，并顽强不懈地克服困难完成预定目标。意志力包含两个方面，一方面是对行为的促进能力，另一方面则是对不利于目标实现行为的克制能力。

4.兴趣

兴趣是影响天赋发挥的重要因素，它是人对事物的特殊认识倾向，使得认识主体对于认识具有向往、满意、愉悦、兴奋等感受，能促使人们关注与目标相关的信息知识，积极认识事物，执行某些行为。兴趣对任何职业的从业者的工作绩效都具有重要作用。设计师往往对于创造、艺术、问题求解等方面具有浓厚的兴趣，有时甚至那些没有受过正规艺术设计教育的人们，受强烈而持久的兴趣的驱使，也能作出很好的设计作品。古代的文人雅士为自己设计园林、布置居舍、设计家具设备都是出于对艺术化生活的热情和渴望；今天互联网上到处流传的许多动画、电脑图片也是这样一些业余设计师创造出来的。因此说“人人都是艺术家”似乎略微有些夸张，而所谓“人人能做设计师”倒更合情合理。

第二节　设计师的素质

优秀的设计作品源于设计师具有“良好的心态＋冷静的思考＋绝对的自信＋深厚的文化”。设计师的素质，就是指从事现代设计职业和承担起相应的工作任务所应当具有的知识技能及其所达到的一定水平。

一、设计师应具备的基本素质

（一）构建设计师的专业知识结构

造型基础技能是通向专业设计技能的必经桥梁，它以训练设计师的形态—空间认识能力与表现能力为核心，是培养设计师的设计意识、设计思维等的基础。

专业设计技能包括视觉传达设计、产品设计、环境设计三大类。三大类下面还有更细的专业技能，如视觉传达设计下的书籍装帧设计、广告设计、包装设计、展示设计等，产品设计下的工艺品设计、纺织品设计、工业设计、陶瓷设计、家具设计等，环境设计下的建筑设计、室内外设计、公共艺术设计等。

设计师应掌握的艺术与设计理论知识，主要有艺术史论、设计史论和设计方法论等。属通史通论的如中外艺术史、中外设计史、艺术概论、设计概论、设计心理学、设计思维学、工业设计史、设计方法学等。

设计师的专业知识结构是其进行创新设计的基础，要成为一名真正的设计师，就要能静下心来钻研学习，只有这样，才能真正掌握设计所需的专业知识，为创造性设计打下坚实的基础。

（二）设计师要勤于学习

设计师的成功、设计水平的高低受到设计师知识技能水平的制约，这决定了设计师必须不断地学习，要像海绵一样不断汲取知识的营养，以使自己健康成长，可持续性发展。

学习的过程要特别重视实践的意义。设计是实践性的学科，读死书、讲空话都对设计无任何帮助，设计师要善于边学边用，边用边学，在学习和实践中不断提高自己的设计素养，将零散的知识汇聚成系统的知识，将实践经验提高到理论认识的高度。

对于设计的学习研究的热情与能力，是一个人成为设计师的关键，没有这种热情与能力，设计才思就会枯竭，创作灵感就难以闪现。同时学习的本身也是一种设计，设计师需要在学习的过程中不断

探索适合自己的学习方法、学习目标和学习步骤，一旦目标明确就要为之付出艰苦的努力，只要志存高远，就一定能激发出学习的热情与能力。

（三）设计师的基本素质

美国著名设计师 A.J. 普洛斯总结出设计师应具备的基本素质包括：

1.敏感性

关心周围世界，能设身处地为他人考虑，对美学形态及周围文化环境的意义怀有浓厚的兴趣。

2.智慧

一种理解、吸收和应用知识为人类服务的天生才能。

3.好奇心

驱使他们想搞清楚为什么世界是这样的，而且为什么必须这样。

4.创造力

在寻求问题的最佳解决方案时，有一种坚忍的独创精神和热情的想象力。

此外，综合、指导和协调素质对设计师来说有特殊意义。要常常在某一特定的时空范围内发挥综合、指导和协调作用，从而为人类不断创造新的设计成果，以不断地满足人们日益丰富的物质和文化需要。

二、设计师的人格要求

（一）积极的人生态度

设计师比谁都应具有积极的人生态度，坦然地面对成就、挫折与失败。因挫折而消沉的人很难获得成功，视失败为宝贵经验并积极总结，愈挫愈勇地向成功目标挑战的品质才是一个优秀设计师应具备的。

（二）持久力

对一些有发展潜力的客户进行多次拜访也是达成目标的手段之一。在调查中不断获得消费者的真实需求，然后有针对性地安排再访，一定能减轻对方的排斥心理，有耐心地拜访三四次，也许客户已在盘算与你合作了。因此，为了避免功败垂成，培养持久力是非常重要的。

（三）智力

智力，对一个设计师来说是至关重要的，智力是我们对客户的疑问作出快速反应的基础，也是我们采取巧妙、恰当的应对方法的基础。

（四）圆滑的态度

一个优秀的设计师不只是辩论家，而且是一位能推心置腹地探求出客户需求，并加以恰当应对的高手。在与客户交谈中，我们希望对方了解我们的观点，告诉客户我们了解他的需求，并能够给予满足。我们既不提倡设计师完全抛开客户需求进行设计，也不提倡设计师毫无原则地一味顺从客户，而应是基于对客户了解、尊重的基础上顾全大局的处事方法。

（五）可信性

在供大于求的市场状况下，设计师常常面临客户左右徘徊的局面，这就要求设计师能够从各方面配合并发挥专长。最重要的就是，客户乐于接受一个设计师的原因是源于对他的信任，要求设计师必须要有令客户信任的行动，这样才能使客户乐于为你做活广告，带来更多的回头客。

（六）善解人意

口若悬河的人不一定能成为优秀设计师，因为这样的人往往沉醉于自己的辩才与思想中，而忽略了客户的真实需求。优秀的设计师会不断探询客户的需求，以细腻的感受力和同情心，判断客户的真实需求，并加以满足促成最终成交。

（七）想象力

优秀的设计师还应具备描述公司前景的能力，

富于想象力的陈述，不仅能消除客户的排斥心理，还能给自己带来满足感和自信心，增强说服力，促进交易的成功。

三、设计师的使命

（一）设计师的使命之一

具有强烈的社会责任感与群体意识，并把这种精神很好地体现于自己的作品中。

所谓的社会责任感是具有服务、奉献与协作的职业情操，这不仅是当下“大工业”时代所造就的基本生存准则，也是其职业化自身所具有的内在本质。早在威廉·莫里斯的时代，众多杰出的设计先驱们便提出了“为大众而设计”的工作指向。正如莫里斯所说，这不同于只为少数人创作的艺术活动，具有现代意义的设计工作第一次近乎完美地借助科技把艺术的精神带入生活的各个领域，使大众切身接触到由设计师创造出的新时代的“混血儿”，它不仅是艺术与科技的产物，而且自身具有鲜明的时代精神与社会气质。与此同时，设计师也借之扮演了“创造者”的角色，这也为设计师的使命绘上了一层颇为神圣与耀眼的光环。（图 3-2-1）

图 3-2-1　绿色地球

（二）设计师的使命之二

具有创新意识与不断超越平凡的勇气，并把这种带有自己个性化色彩的因素完美地融入作品中，这不仅会带给受众一种新鲜感，也从另一面表达了对社会和生命的理解。

从这一方面来讲，设计师又接近于艺术家，虽然表现方式不同，但二者从本质上讲却没什么两样，唯一的区分是设计师要考虑到作品的实用性。然而，近来的一些设计作品则越来越多地具有观念化的意味，设计师较少地或根本有意识地忽视作品的功能性，只凸显它的艺术性和精神性。这种设计作品与那些投入生产的大量作品一样，都可视为设计师创造力的抒发与表达，不同之处仅在于这种观念性的设计作品可能更具有个性化色彩和试验性，因为它具有更为独立的一面，可以看出设计师个人的审美取向与思想深度，同时也是对未来设计风格的尝试性接触。

第三节　设计师的心理特征

一、情感特征

（一）情感在产品设计中的含义

情感是指人对周围和自身以及对自己行为的态度，它是人对客观事物的一种特殊反映形式，是主体对外界刺激给予肯定或否定的心理反应，也是对客观事物是否符合自己需求的态度和体验。在产品设计中，情感是设计师 + 产品 + 大众（消费者）的一种高层次的信息传递过程。在这一过程中，产品扮演了信息载体的角色，它将设计师和大众紧密地联系在一起。设计师的情感表现在产品中是一种编码的过程；大众在面对产品时会产生一些心理上的感受，这是一种解码或者说审美心理感应的过程。最后，设计师从受众的心理感受中获得一定的线索和启发，并在设计中最大限度地满足受众的心理需求。

了解这一过程能够很好地解释人性化设计的概念。通过情感过程，一旦人对产品建立某种“情感联系”，原本没有生命的产品，就能表现出人的情趣和感受，使人对产品产生一种依恋。

总而言之，人性化设计最终目标也就是在产品和人之间，实现“人与物”的高度统一。（图 3-2-2）

（二）产品是设计师情感的表现

设计师在产品中表现自己的情感，就像艺术家通过作品发泄自身情绪一样。从这个角度来说产品设计的过程可以称之为艺术表现的过程。现代艺术哲学认为，艺术家内心有某种感情或情绪，于是便通过画布、色彩、书面文字、砖石和灰泥等创造出一件艺术品，以便把它们释放或宣泄出来。与之相类似的是，设计师将自己的情绪通过各种形态、色彩等造型语言表现在产品之上，结果产品不仅仅是真实呈现物，而且是包含着深刻的思想和情感的载体。这里要强调的是，产品的形式与情感并不是分离的，从“经验”的层次上来说，只有产品的外观和功能同它们唤起的感情结合在一起时，产品才具有审美价值。（图 3-3-3）

既然产品设计与艺术表现有着千丝万缕的联系，我们自然可以将艺术表现的原理和方法运用到产品设计中，也就是将情感引入设计中来。其实，艺术与设计一直以来就关系密切，只是在结合的程度上有所差异。产品的艺术设计为设计开辟了一个极为广阔和自由的天地，产品的艺术性也随之成为优良设计重要的评价标准之一。当然，也不能因为强调设计师的情感表现就忽略了产品的功利属性。其实，艺术属性和功利属性的结合存在于一切艺术领域中，而不仅仅是现代设计。在产品的艺术化设计中，功利属性和艺术属性的相互关系是运动变化

图 3-2-2　心理测试图：你能看到几张人脸

的，在大部分情况下，艺术属性应该服从于功利属性，这就要求设计活动在遵循技术原则的基础之上还要进一步遵循艺术原则，设计师不能仅仅考虑个人的情感因素，更应考虑消费者的真正心理，这是设计师与艺术家的显著区别。

（三）大众面对、使用产品时的情绪和感受

我们说产品具有情感，并不意味着情感来自产品本身。一方面，设计师自身的审美观点在产品中得以表现，另一方面，大众在面对和使用产品时会产生对美丑的直接反应与喜爱偏好的感受。审美心理学认为，人们对待事物的情绪和感受是一个审美心理感应的过程，我们把这一过程分为两个层次：内在的心理感应和外在的心理感应。内在的心理感应具有公共性，大部分人可以准确地将具有不同情感意义的产品辨别出来；外在的审美心理感应就比较复杂，它受其他方面因素的影响。

1.社会潮流

现代社会，我们经常可以看到这样的情形：一种新颖有创意的设计产品上市，它或许是一种新式发型，或许是一新型工业产品，也可能是一款时装，当由于种种原因得到受众的认可，人们纷纷愿意拥有它或使用它的时候，潮流便出现了（图 3-3-4）。这种流行趋势直接影响人们对产品的喜好程度，其影响范围不仅局限在同一类产品中，有可能涉及各个领域的其他产品。

社会潮流、流行趋势影响人们的审美情趣，但这并不是一成不变的静态过程，而是具有年代更替性，而且，随着设计不断推陈出新，这种替换性的频率有加快的趋势，这对于设计师来说，无疑是一种压力，因为设计工作的职业特点要求设计师永远走在潮流的前端。

2.文化背景

文化环境影响个人的和社会的价值观，会导致大众不同的审美情趣。这种由文化影响的外在审美心理感应具有社会的相对性。因为大众对这些东西的交流和理解要基于某种法则，而这种法则又是由社会的人确定的。与此同时，它们又具有客观性，因为它们的意义在特定时期、特定文化传统中是比较固定的。举例说，当我们根据生物本能随意把色谱分解成若干种独立的色彩时，其中就不会有多少色彩具有文化的相对性，但是，一旦某一社会群体的人给某种颜色赋予特别的含义时，如把白色用于寄托哀思的场合时，其成员就必须遵从这个规定，否则的话将被这个社会所不容。

其实，在人的审美心理感应过程中，内在的心理感应和外在的心理感应是同时起作用的，只是在不同的情况下，二者作用的程度不同而已。上面我们分析了大众对待产品的审美心理感应过程，这是每个设计师应该关注的问题，因为大众的情感偏好将直接影响他们对产品的接受程度，当产品传达的某种信息激起了大众所喜好的那种感情的时候，他就会乐意接受这个产品；反之，当产品传达的某一信息触动了大众厌恶的情感时，他会对产品产生抵触情绪。（图 3-3-5）

图 3-3-3　肺叶造型烟灰缸

图 3-3-4　有创意的手机设计

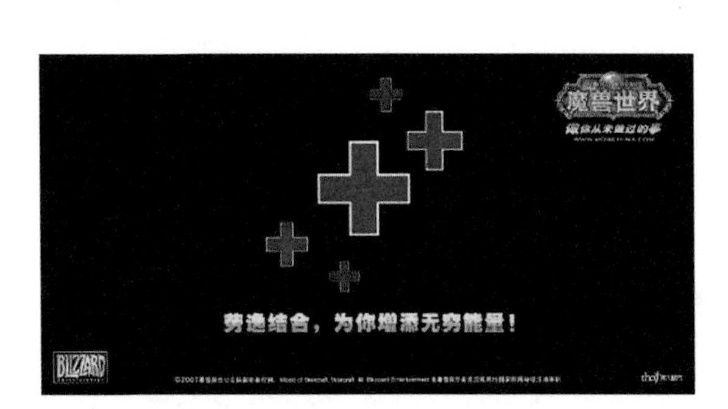

图 3-3-5 《魔兽世界》游戏公益广告

二、文化特征

（一）个性风格与文化

个性风格和表达方式是设计的灵魂。无论从事什么样的设计与创作，个性风格都是每位设计者追求的核心。然而，有个性的设计本来或只能是体现本民族悠久的文化传统和富有民族特色的设计思想，因为每件设计品追寻个性特征的酝酿过程，往往根植于设计对象和设计师所处的文化时代、地理环境的土壤中。设计只有在一定文化背景的参与和制约下才能展开和完成，它是作为某种文化的一个有机构成部分而存在的。而文化又是具有时代性、民族性和阶段性的，因此设计行为和结果总会在不同程度上积淀民族历史的某些成分和因素，其特定的内容、形式都体现出鲜明的时代民族特征印迹。

（二）设计的多元化

世界政治经济的多元化也要求设计向多元化、个性化发展。约翰·奈斯比特曾在《大趋势——改变我们生活的十个新方向》中指出："随着愈来愈相互依赖的全球经济发展，我认为语言和文化特点的复兴即将来临。简而言之，瑞典人会更瑞典化，中国人会更中国化。"这既是经济市场的要求，也是设计本质所在。从经济市场角度来看，任何设计除了重视其基本功能和新技术开发的竞争以外，更重视对消费者的精神满足。因此，设计应在不断满足人们生活要求的同时，尽可能为人们提供情感、心理等多方面的享受，重视设计文化的开发挖掘，突出设计中的人性化含量，在更大程度上符合其以人为本的要求。设计对民族文化的追求能推动对民族文化传统的传承，也只有将设计真正融入民族文化中，才能使之得到可持续发展。

（三）设计的民族化

中国有五千年历史和深厚的文化积淀，祖先创造的华夏文化以及其独特的审美价值与审美趣味都是设计中可供开发的灵感源泉。一方面，我们可以从前人和过去的历史中继承传统，并在新的历史条件下和社会环境中加以改造，用新的方式诠释或创造出新的东西。另一方面，中国现代设计应建立在对外来文化科技引进的基础上，以传统文化为本，现代观念为用，以中国为矢，以国际为的。所以，这要求我们的设计要在充分认识现代西方各种设计思潮的基础上兼容并蓄，融会贯通，导入新的思维和观念，为我们重新审视民族传统文化提供更多的思考维度；要积极掌握新的信息技术手段，为设计提供更多表现和实现的可能性，寻找既属于本民族又为国际所认同的现代设计。（图 3-3-6）

图 3-3-6 《溢彩》京彩剧幕图片

专题研究：设计师的心理研究

一、设计表现的心理

（一）设计师的特殊语言

设计师的想象不是纯艺术的幻想，而是把想象利用科学技术转化为对人有用的实际产品，这就需要把想象先加以视觉化。这种把想象转化为现实的过程，就是运用设计专业的特殊手段和绘画语言，把想象表现在图纸上的过程。所以，设计师必须具备良好的绘画基础和一定的空间想象力。设计师拥有精良的表现技术，才能在绘图中得心应手，才会充分地表现产品的形、色、质，引起人们感觉上的共鸣。设计师面对抽象的概念和构想时，必须经过具体过程，也就是化抽象概念为具象的塑造，才能把脑中所想到的形象、色彩、质感和感觉化为真实的事物。设计的过程是非常微妙的，一个好的构想会瞬息即逝，设计师要善于把握好瞬间的灵感。

设计师必须迅速捕捉脑中的构想才行。设计是一项为不特定的对象所做的行为，可以用语言、文字来描述、传达。但是，作为人类共同语言，设计者必须具备一项不可缺少的技能——绘图。绘图对于设计师的意义就像音乐家手中的五线谱一样。所以说，设计表现力是每一位设计者应具备的本领。

（二）设计领域的沟通工具

在设计师思考的领域里，采用的是集体思考的方式来解决问题，互相启发，互相提出合理性建议，进行结构上的比较。现代工业设计不同于传统手工艺品的设计，现代工业生产中的产品设计者和生产制造者不可能是个体，工业设计经常是一种群体性的工作，因此，产品造型设计师在构想制作产品之前，就必须向有关方面人员——企业决策人、工程技术人员、营销人员乃至使用者或消费者，说明该产品的有关情况，制造出最美观且受欢迎的产品。产品在生产酝酿过程中，生产者对产品的了解程度愈高，就愈能更好、更顺利地组合产品，并使其更具效率。

二、培养好的设计心理

从一个普通设计师到一流设计师是一个漫长而痛苦的过程。开始时，他平庸的作品多，优秀的作品少，也许会有新颖的创意，但表现的功力不够；通过反复的检讨和对优秀作品的理解，他建立自已的知识库，不断实践，积累经验；他养成专业人士的习惯，处处留心观察所有经过设计的事物，它们当中有俗不可耐的作品，有平庸的作品，有优秀的作品，有杰出的作品，有令人振奋的作品，这时他会以审视的目光、以他的标准去评判它们；他会把握时代感、流行的概念以及色彩的发展趋势，以保证他的作品不落后于时代；随着知识库的健全和经验的积累，他的作品质量也会有所提升，优秀的作品越来越多，很少出现平庸的作品。他的功力修炼到一定程度，这时才真正进入设计阶段。

但这也是个危险的阶段，因为经验太多只能帮助他顺利地完成工作，随着时间的推移，当他对新鲜的事物变得不敏感，甚至于反感的时候，他的设计之路就要走到尽头。因为他的风格形成了，他不想再尝试，再提升的空间必然很小。在这个信息爆炸的时代，两三年前还能新颖、独特的设计概念，马上就会变得陈旧、平庸。作为一个优秀的设计师只有始终保持一颗好奇、单纯的心，在他的作品中才会不断出现新意；只有对生活充满了热爱，才能不断激发他的创作热情。一颗单纯的心对一个设计师来说至关重要，保持的时间越长，他在设计上的成就就越高。

第四节　设计师职业压力与应对

一、心理压力与职业压力

心理压力是个体面对不能处理而又破坏其生活和谐的刺激事件所表现的行为模式。心理压力的大小取决于个体对刺激事件的评估，刺激事件对个体的威胁越大，带给个体的心理压力也就越大。心理压力对个体而言并非总是负面效应，当心理压力在主体承受力的一定范围内时，它能促使主体集中注意，克服困难，是推动前进的助力，但是过度的心理压力会给主体带来身体上的不适，精神紧张、焦虑、苦闷、烦躁，导致人们意志消沉，不思进取，逃避现实。

职业压力是指在各种专门领域中从业人员所承受的与其职业相关的压力。设计师职业压力是特指那些主要从事设计工作的人们所承受的与其职业相关的压力。

二、设计师常见的职业压力

设计师压力具有普遍性和特殊性。作为普通个体的设计师，与其他具有承受类似压力源的个体遭遇相似的压力，例如求学时设计专业的学生与其他专业学生一样承受课业压力、求职压力等，在职业生涯中与其他从业人员一样承受工作压力、经济压力，这里着重阐述的是那些由于设计师职业的特性带来的特殊压力，概括来说主要包括创意压力、竞标压力、更新压力。

（一）创意压力

设计是典型的以出卖智慧为特征的职业，但设计创意却具有间断性、跳跃性的特征，换而言之，设计创意不是总能如期而至。主体通常要在情绪放松、没有压力的状况下才能使创造能力达到最强，但设计作为商品开发、销售的重要环节，很大程度受到市场机制的制约，表现为设计师必须在比较有限的周期内产生尽可能多且高质量的创意和设计。紧迫的创作周期以及设计转为现实产品之后的销售风险直接会给设计师带来巨大的精神压力，并且导致设计师很难处于一种放松的情绪下工作，这就是创意压力。

（二）竞标压力

设计师职业压力的最大来源莫过于设计投标中的方案竞争，而这又是设计师无法避免的压力。一方的胜利意味着其余方的失败，并且由于设计艺术的实用属性、经济属性使得设计创意往往与经济效益联系在一起，这样更加加重了设计师投标失败所带来的压力。设计师常有这样的体验，当若干设计创意同时展示出来接受评价的时候，他们感到非常紧张，一旦创意被采用，心中会充满喜悦和自豪。但不论多么优秀的设计师，仍可能在竞标中遭受挫折，并且有时接连的竞标失败以及由此带来的连带效应，例如收入降低、被上级责备、信心下降等都可能对艺术设计师造成巨大压力，而他们也无法像纯艺术家那样以“自我表现”和“曲高和寡”的感受来支撑自己，很可能陷入情绪的低潮。

（三）更新压力

求新是人们的一种本能，从本源上来说，与人们不断进行新陈代谢的生物本质相关联。人们总不断需要新设计，一方面是由于通过技术改良或革新的设计能满足以往设计物所不能满足人们的特定需求，另一方面则可能与某些人不断追求刺激、新奇的本性相关，这一类人对于新奇东西具有一种狂热性，或者他们是传统文化的反叛者，或者他们是试图通过各种新的、更加时髦的商品以供给那些试图与一般大众拉开一定的社会距离的较上层的群体。作为设计师，一方面，他们有义务配合科技越来越快的发展，为那些改良、革新的产品服务提供合适的外壳，使它们真正从实验室中走入日常生活，另一方面，设计师职业也如同社会学家布迪厄所说，是“新型文化媒介人”。他说：“在媒体、设计、时尚、广告及‘准知识分子’信息职业中的文化媒介人群，他们因为工作需要，必须从事符号商品的服务、生产、市场开发和传播。”承担着不断创造新的符号商品来满足追求与众不同的群体的需要，创造时尚。即便在技术没有更新的情况下，设计师也不得不需要通过更新样式以刺激消费者的需要，促进消费。毫不夸张地说，在消费社会中，商品通过设计所获得的价值有时甚至超出了它的使用价值。正因如此，设计师就像被套上了红色舞鞋的舞者那样，在时尚和趣味的舞台一刻不得停歇，他们需要不断提供新的设计来刺激消费，满足人们不断增强的个性化需要，并且为了保证其创意能力不致枯竭，还需要投入大量的时间和精力来更新自己的知识和体验，刺激自己的创造力。此外，对于设计师而言，每次所承接的设计任务并不类似，也许是手机、也许是冰箱，即便是同类的产品还可能是针对不同群体的设计，这都要求设计师必须不断根据项目学习相关的背景知识。以上所述，即设计师的更新压力。

设计师压力外显的典型现象就是所谓的“拖沓效应”。许多设计师存在这样的体验：当接受一个创意任务时，虽然希望能尽可能快地完成，但却不由自主拖沓到最后时限，通过通宵达旦的熬夜来完成设计。心理学中将人区分为两种：习惯上将事情拖后者——拖沓者，以及不这样做——非拖沓者。德国教育家拉伊（Lay）曾在学校中对拖沓者与非拖沓者的健康状况进行比较研究，发现拖沓者在工作的最终阶段将承受很高的压力，健康状况改变幅度远大于不拖沓者。设计师的拖沓现象主要源于一种不断超越、不断完善的追求欲望，常感觉所做方案总也不够完美，因此他们往往倾向将工作拖到无法拖沓的时间底线，以付出身心健康作为代价，因此许多人感叹设计师是青年人的行业。因此，设计师应有意识地克服这种所谓的“拖沓效应”，制定合适的阶段目标和时间计划，使自己在较为放松的情况下进行工作。

专题研究：设计师的压力应对

压力应对是指主体有意识地采取方式来应付那些被感知为紧张或超出其以个人资源所能及的内在、外在要求的过程。压力应对包括两种主要途径：第一是问题指向性应对，即直接通过指向压力源的行为改变压力源或者与它之间的关系，包括斗争、逃避、解决问题等；第二是情绪指向性应对，即通过自己的改变来缓解压力，而不去改变压力源，包括使用镇静药物、放松方法、自我暗示和自我想象、分散注意力等。

根据上述设计师职业所特有的压力，这里提供几条建议，以期能对设计师及学习设计的学生缓解压力有所帮助。

一、建立宽松的外部环境

在心理学中，压力应对方式中有一种方式被称为社会支持，即他人提供一些资源，使承受压力的主体感受到他不是孤立的，而是在一个彼此联系且互相帮助的社会网络当中。社会支持所能提供的资源包括情感支持、物质支持（时间、金钱等）和信息支持（建议、咨询、反馈）。建立宽松的外部环境，即使设计师处于一种社会支持的网络中，能获得恰当的物质支持及及时的信息渠道和信息反馈，并能不时获得一定学习、交流、培训、工作的机会，在工作获得一定成效时能得到一定褒奖作为激励。通过对多位设计专业学生的观察，我们发现那些常常能得到老师正面评价的学生往往具有更强的自信心、更高的创意激情，这些都利于其创造性思维活动的开展。

在所有的外部环境条件中，设计师受所处的设计团体的集体动力结构影响最大。设计师的所有职业活动都在这个集体中展开，并且竞争、投标等压力也最直接来自团体内部，因此，建立一个创造型集体是建立宽松外部环境的重要一环。创造型集体能较好处理内部成员的冲突，并激发全部成员的活力，全力以赴攻克任务目标的团队。德国学者海纳特提出，要提高集体创造力需要具备以下因素：社会动机、交流、接受、目标一致、培养角色、群体规范、自定型和他定型的突破与发展、集体气氛。他的理论可以作为建立一个创造型设计团队的基本依据。具体而言：在一个设计团队中，应建立起一种以合作和相互补充为基础的结构关系，大家为了共同的设计目标而努力；根据个体差异在设计任务中扮演不同的角色，例如用户研究分析、客户沟通、概念设计、细节设计等，使每个个体能够各尽所能；制定公正、公开的团体规范，协调矛盾，以克服成员之间的恶性竞争或内耗；建立温暖、友好的集体氛围，提供成员之间相互交流的机会，使每个成员获得接受。近年来，许多设计师及设计管理者都发现，设计正成为一项批量化为人们提供新的符号产品的产业，社会对于设计的需求越来越大，设计流程中的分工也趋于细化，这样一来，如何建立一个创造型的设计团队是每个设计管理者都不容忽视的问题，同样也是建立宽松的设计师职业环境、缓解设计师压力的重要组成部分。

二、按照科学的设计流程工作，并运用适当的创意激发方法激发灵感，缓解创意压力

通常来说，标准、程序与创意、创造力是相互对立的范畴，设计师的思维应如同平原上自由驰骋的野马般不受羁绊，但这里，我们着重所说的是如何能减轻设计师工作的压力，而最好的方式之一就是使用特定的、科学的流程，适当的设计方法，这样虽然不见得能造就天才的设计大师以及传世的设计作品，但却保证以创造为职业的设计师能在任何条件下，比较顺利、稳定地作出适合的设计，类似于西蒙所说的“最满意的设计”。早在20世纪五六十年代，德国的乌尔姆学院就开始倡导“系统化设计”，运用科学技术和系统的设计方法设计适合工业生产的产品。虽然这些设计朴素简洁，与那些更像是艺术家作品的设计相去甚远，但是这些设计以其朴素的，对功能性的合理、恰当的诠释体现了技术美学的特征。总之，运用科学的流程和方法进行设计，并非忽视设计中艺术性创造的重要作用，而是在一定程度上帮助设计师在有限的时间、既定的条件下，得到合理的、符合满意原则的设计方案。

三、从设计师个人而言，应有意识地自我调节心理状况，疏导压力

首先，设计师应尽可能树立这样的理念，并在遭遇压力的时候进行有意识的自我暗示，即设计工作的目的固然是为了做出最好的设计作品、实现个人的价值，但工作的喜悦更在于享受过程的愉悦。创作冲动与其说为了求得结果，毋宁说为了享受寻求及发现更优方案的喜悦。

其次，设计师应开阔视野，拓宽自己的知识结构，综合培养自身的思维能力，使形象思维和逻辑思维能力协调发展，留心身边的信息、刺激，不断更新知识和技能，提高个人的感受能力，排除思维定式的束缚，敢于对习惯性的事物提出质疑。

再次，保证个人的身心健康也是缓解设计师压力的重要方面。设计师的工作常常具有阶段性忙碌的特点，创意阶段常要求设计师长时间集中注意力而得不到适当的放松和休息，多数设计师常常熬夜，饮食缺乏规律，有时为了精神集中，还常吸烟等，生活习惯极不规律，长时间的这种典型的生活习惯会影响设计师的身心健康。因此，设计师应有意识地调节工作节奏，张弛有度，保持健康的身体、饱满的精神以及对设计艺术创作的旺盛激情。

最后，及时察觉自身压力累积的状况也是设计师自我压力应对的重要方面。压力累积到一定程度，人会感觉精神不振、失眠、记忆衰退、无法长时间集中注意力从事设计工作，一旦发生这些情况，设计师应注意调节个人的生活节奏，适当娱乐或放松自己，疏导压力。

小　结

本章首先介绍了设计师人格特征与其创造力的关系，通过不同职业类型的人格特征对比，分析了人格特征对设计师创造力的影响；其次提出设计师一般应该具备怎样的心理素质，进而对影响设计师职业活动的主要心理特征作了基本介绍；最后就设计师一般会面临的心理及职业压力及其应对进行了比较具体的讨论。

思考题

1. 结合本章中介绍的创造力的理论和心理学研究，谈谈设计师如何提高自身的创造力？
2. 设计师应具有怎样的素质？
3. 如何理解设计师的心理特征？
4. 作为设计师应该如何应对职业压力？

下　篇

设计心理学应用

第四章　视觉传达心理学

第一节　视觉传达原理

第二节　视觉化设计

第四章　视觉传达心理学

本章概述

本章主要介绍视觉传达心理学的理论及其在设计中的应用。在第一节中，我们将讨论视觉传达原理，如对比、重复、对称、平衡、节奏等，以及这些原理在设计中的实际运用。在第二节中，我们将介绍视觉化设计的概念和方法，包括信息架构、用户体验、视觉编排等。

学习目标

1. 了解视觉传达心理学的基本原理及其应用。
2. 掌握视觉化设计的概念和方法。
3. 学会基于视觉传达原理进行设计，并能够实践视觉化设计方法。
4. 提高设计作品的视觉效果和用户体验。

第一节　视觉传达原理

一、视觉传达设计概述

（一）关于传达

所谓“传达”，是指信息发送者利用符号向接受者传递信息的过程，它可以是个体内的传达，也可能是个体之间的传达，如所有的生物之间、人与自然、人与环境以及人体内的信息传达等。传达需具备四个程序，包括“谁”（发讯者）、“传达什么”（符号）、“向谁传达”（受讯者）、“效果、影响如何”（结果）。

（二）视觉传达

一般来讲，影像比语言更有优势，它较少地受地域和文化的限制。视觉传达就是人与人之间利用“看”的形式所进行的交流，是通过视觉符号语言进行表达传播的方式。

所谓“视觉符号”，如摄影、文字、电视、电影、造型艺术、建筑物、各类设计以及各种科学，也包括舞美设计、纹章学、古钱币等，都是用眼睛能看到的，它们都属于视觉符号。不同国家、不同民族、不同文化背景的人们，通过视觉及媒介进行信息的传达、情感的沟通、文化的交流及体验，可以跨越地域、文化、语言、民族、年龄的差异，凭借对“图”的视觉共识获得理解与互动。

（三）视觉传达设计（Visual Communication Design）

1.视觉传达设计概述

把有关内容传达给眼睛从而进行造型的表现

性设计统称为视觉传达设计，也是指利用文字、符号、造型等视觉形象来传递各种信息的设计。设计师是信息的发送者，传达对象是信息的接受者。视觉传达设计是“给人看的设计，告知的设计”（日本《**ザイン**辞典》）。视觉传达设计的三大基本元素分别是文字、图形、色彩，它们通过一定的编排构成在设计中扮演着重要的角色。

2.视觉传达设计的分类

视觉传达设计是兴起于19世纪中叶欧洲印刷美术设计的扩展和延伸，是为现代商业服务的艺术，多是以印刷物为媒介的平面设计，但其领域随着科技的进步、新能源的出现和产品材料的开发应用而不断扩大，并与其他领域相互交叉，逐渐形成一个与其他视觉媒介关联并相互协作的设计新领域。其大的方向主要包括平面设计、动画设计、装饰设计、多媒体设计等。

3.视觉传达设计的作用

在视觉传达设计过程中，设计者凭借他们的作品向受众传达自身的思维过程与结论，达到指导或是劝说的目的。换言之，受众也正是通过设计者的作品，与自身经验加以印证，最终了解设计者所希望表达的思想感情。视觉传达设计具有架起“企业—产品—消费者”之间桥梁的作用。

二、视知觉特征与视觉传达

（一）视知觉

在心理学中，视知觉是一种将到达眼睛的可见光信息加以解释，并利用其来计划或行动的能力。视知觉是更进一步地从眼球接收器官接收到视觉刺激后，一路传导到大脑接收和辨识的过程，包含视觉刺激撷取、组织视觉讯息，最后作出适当的反应。归纳起来就是视知觉的四个构成部分：视觉注意力、视觉记忆、图形区辨、视觉想象。

（二）视知觉特征

人的视知觉的过程及基本规律：视知觉包含了视觉接收和视觉认知两大部分。简单来说，看见了、察觉到了光和物体的存在是视觉接收的信号，但要了解看到的东西是什么、有没有意义、大脑怎么作解释，是属于较高层的视觉认知的部分。

比如在超市选购商品时，琳琅满目的商品放在货架上，人的视觉与商品的沟通渠道主要靠不同产品的包装、装潢传递出的视觉信息。人的眼睛不断地接受外来的刺激信息，此阶段属于视觉接受。然后通过视神经系统的道路将它们输送给大脑。视神经把输送来的原始资料通过经验过滤器进行整理和分类（经验过滤器是下意识的记忆部分，它其中储存着过去所有的经验资料，是由它们根据刺激的信息特征进行分类、比较、辨别），确定其含义属性，这就是属于较高层的视觉认知阶段。如色彩为柔和粉色系的多为婴儿用品，饱和度高，盒形多变的多为儿童食品；茶叶包装更多地传达出清新秀美、古朴、稳重的视觉特征等。当然在这些不断传来的刺激信息中，选购商品者把它们分为与自己有关的和无关的两部分，无关的部分直接进人的记忆中去，面对另一部分有关的刺激信息则进行不断的搜索和比较。人的视知觉总是对过去经验资料没有的东西产生好奇或感兴趣，这主要表现在商品的包装装潢设计上非常特别，直到这个新包装获得了分类为止，设计中往往就需要利用这一手段，来引起人的视知觉注意。当刺激的信息得到整理和分类后，视知觉的预测开始起作用，预测本身就建立了比较、判断和评价的体制，因为它们已建立了比较的标准。这一评价标准来自先前购买评价的反馈，故影响着对于视知觉中的每一个包装装潢的评价。当货架上的包装信息、包装的功能、货架上的醒目程度、所负载的商品信息即商品有关说明（如商标、商品名称、类型、实物图示、色彩，功能特点说明短语、公司标志等）与预测相接近时，由经验过滤器中的先前经验建立起来的联想就得到确认。接着视知觉的感情开始作用，触发情绪上的反应，一个有趣的或者愉快的情绪可以使视觉注意力高度集中，细致观察。当确认这个具有吸引力的包装是消费者需求的产品时，便会促发其行动而购买回家。

可以说，人在选购商品的过程中，视知觉过

程经过了属性分类、预测和感情的三个阶段。它们之间是密切相关的，属性分类是建立在先前经验中的，刺激起预测，同时诱发感情上的反应。视知觉在直接作用于客观事物的过程中还具有选择性、恒常性、理解性和整体性等基本规律，深入了解人的视知觉的基本规律，有助于在视觉传达设计中实现最终的目的（图 4-1-1）。有许多视觉传达设计得不到社会的承认，其原因有很大程度是在视知觉的过程中发现与预测悬殊太大，或是视觉刺激信息不强等，因此中断了视知觉的活动，设计不为大多数人所接受。选择性是指人们以对自身有意义的事物为视知觉对象，对它们的视知觉格外清晰。如一般在一幅画面中，当形象与背景分明时，其视知觉的选择性是很明确的，但当打破常规使画面中的形象与背景关系不易区分时，就造成视知觉由于选择的不同出现双关形象，这样别出心裁的设计就达到了吸引人视线的目的。

（三）视知觉特征与视觉传达

无论是摄影照片、绘画作品、数码影像，还是抽象的造型、记号等，这些是我们眼睛能够直观看到的，均被称为视觉语言。视觉语言往往比声音更有优势、更直观、更具有艺术感染力，人们通过这些视觉语言从而可以跨越地域的限制、语言的障碍、文化的差异进行彼此沟通和理解。我们知道，人类最初对世界感知的方式都是建立在对客观现实世界表面感知的基础上的，形成的意识也相差无几，但在后来的人类发展进程中，也就是在意识的高级阶段形成了自身文化生活的特点，这就是后来的“文化差异”。不管我们的思维方式和模式怎么变，但在最低层次的认识规律和方式是不变的，对已经形成的固有的视觉语言的感知是相同或相似的。

视觉传达作为人与人之间的设计图像交流手段，是人与人之间的设计图形信息共享形式。具体地说，它包含有以下几个前提。

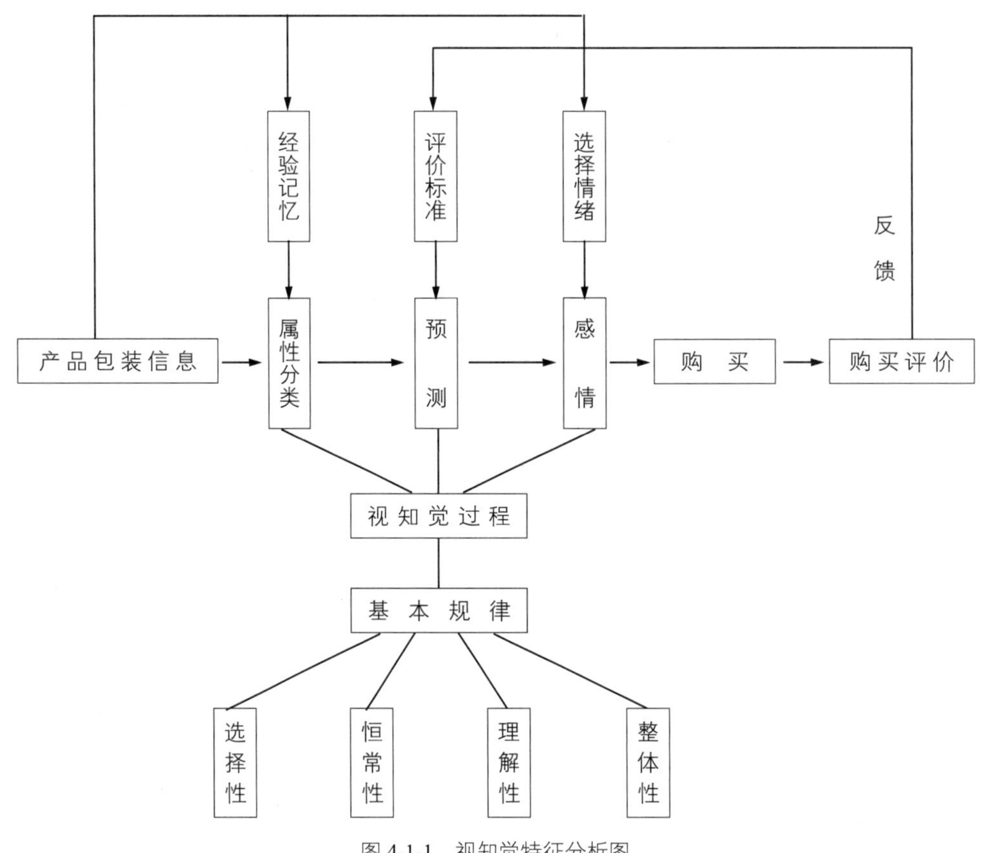

图 4-1-1　视知觉特征分析图

第一，视觉传达的信息载体是设计图形，是设计师以视觉途径表达自身和客户意图，引起人与人之间信息交流的具体形态。

第二，视觉传达是人与人之间的行为方式，主要是通过实现人与人之间的信息传递实现的。

第三，视觉传达是一种双向性质的信息传播行为方式，是一个交互的过程，是人类信息传递的一种主要方式。

例如，2008 年北京奥运会标志（图 4-1-2）是一个文字和图形相结合的标志，设计师用五环表示奥运会，表示五大洲人民团结，文字表示 2008 年在北京召开，上面的图形表示具有中国民族特色的中国结，同时也是运动员在打太极拳，形象鲜明，色彩鲜艳，对比强烈、醒目。这一设计为不同年龄、不同文化水平和使用不同语言的人所接受，具有国际通用性，向全世界传达出具有中国特色的奥运精神，也让全世界认识中国、了解中国，起到了很好的信息传递与交互作用。

三、媒介特征与视觉接受

（一）什么是媒介

媒介也称为媒体，是负载、扩大、延伸、传递特定符号的物质实体，是介于传播者与受传者之

图 4-1-2　2008 年北京奥运会标志

间，用于信息的相互传递和交换。媒介作为一种物质实体，其特点是有形体、有重量、有尺寸，可交互、可保存、可毁坏等。

（二）媒介的分类及特征

在信息传播中，人们可以运用书籍、报纸、杂志、传单、小册子、广告、广播、电视等媒介进行信息传播。一种传播形式可以动用不同的媒介，而一种媒介也可以服务于不同的形式。不同的传播媒介有不同的属性，有着自身的特点和优势，它们互相取长补短，很少互相代替。

媒介主要分为以下四大类：视觉媒介、听觉媒介、视听两用媒介和网络媒介。

1.视觉媒介

（1）报纸媒介。

特点：①发行周期短，普遍及时。②发行地点明显，读者广泛，时效性强。③信息量大，便于保存，可随时、反复阅读。④广告和新闻在一起，能提高效力，可信度高。⑤广告版面、次数、刊载日期等能灵活机动地安排。

缺点：①相对于专业杂志、海报招贴等媒体高质量的印刷效果，报纸广告由于技术和纸质的影响，还原性比较差，视觉冲击力也较弱。②报纸广告多数以文字符号为主，广告内容受读者文化程度的限制。③报纸的发行范围广，针对性弱，无法统计特定的受众群体。

（2）杂志媒介。

特点：①杂志是分层媒介，受众针对性强，关注度较高。②杂志一般采用高质量的彩色印刷，印刷精美，制作效果较自由，保存时间长，可反复阅读。

缺点：①由于范围小也就流失了潜在的消费群体。②杂志因为版面和出版时间的局限，出版周期长，广告信息传递不及时，不能随时按需修改广告内容，预约广告时间长。③同类产品直接交锋，产品竞争激烈，对广告的创意、制作和设计提出了更高的要求，不利于时间性较强的广告信息发布。

（3）户外媒介。

特点：①关注度高，易于接受，老少易懂，传

播地点广泛。②展示形式可和周边的环境很好地结合起来，使其更具有自己的特色。③它对地区和消费者的选择性强，如在商业街、广场、公园等地带，而且户外广告也可以根据某地区消费者的共同心理特点、风俗习惯来设置。④可为经常在此区域内活动的固定消费者提供反复的宣传，使其印象深刻。

缺点：①覆盖面小，由于大多数户外广告位置固定不动，覆盖面不会很大，宣传区域小，因此设置户外广告时应特别注意地点的选择。比如广告牌一般设立在人口密度大、流动性强的地方——公交车站台、繁华街区高大建筑群体，这里流动人口多、能见度高、广告效果好。②效果难以测评，由于户外广告的对象是在户外活动的人，这些人具有流动的性质，因此其接受率很难估计。

2.听觉媒介

（1）广播媒介。

特点：①范围广、快、有伸缩性、费用低。②听众分散，不受文化程度限制，播出和收听不受时间、空间限制，还可通过电话直播，直接与听众交流。③容易诱发听众的情绪、情感。

缺点：①说服性差，保留性差。②受众感受广告信息的直观性差，距离感大，广告的冲击力较弱。③表现手段比较单一，创新受限制。

（2）电话媒介。

目前电话媒介还处于新生发展阶段，但其无可比拟的优越性将使它不断成熟，产生巨大作用。

特点：①互动、按需所取，并且随时随地。比如一个电话用户，可以通过定制信息，了解天气情况、证券行情、班机信息等；通过虚拟专网（VPN），可以在办公室看到外地分公司今天产品销售情况、库存情况；找朋友，可以只拨通一个电话，这个电话就可以完成从办公室、家庭电话、手机的自动搜索。②与电视、报纸等传统媒介相比，固网短信的信息具有“可点播”的特点，因而更及时、更个人化。③用户目标明确（用户很容易根据住所的地区位置进行划分）。④相对于传统媒介成本低，价格便宜，信息可以及时更新发送。目前，欧洲的一些电信增值商，已经称自己为“电话媒体公司”。

缺点：①电话媒介局限性较大，只能凭借声音单向性地传达给用户。②不便于保存，可信度不高。③保留性差，信息持久性差。④容易引起受众的反感。

3.视听两用媒介

（1）电视媒介。

特点：①声像并茂，情理兼备，说服力和吸引力强，强制性广告效力。②深入家庭，覆盖范围广、迅速。③高度娱乐性，不受文化程度限制，有极高的消费者注意率。

缺点：①时短，目标市场挑选性不大，竞争多。②成本较高，保留性差，信息持久性差。③带有一定的强制性，因此受众抵触度高。

（2）电影院媒介。

特点：①适合发布高端品牌、面向年轻新贵的产品用以提升品牌形象。②同时同地一次性掌握多数观众，注意力集中。③强迫诉求，具有强制性说服力。

缺点：受众少、时效短、带有强迫性，消费者有抵触情绪。

4.网络媒介

随着科技的日新月异，崭新一代的媒介正扑面而来，视觉传达设计与新媒体的结合必将产生前所未有的巨大力量，以互联网为代表技术的信息时代，数字化设计成为未来设计师的主要表现手段，它可同时传递文字、声音、图像、数据等信息，为视觉传达设计师们提供更为广阔的自由发挥空间。这就是继报刊、广播、电视之后的“第四媒介”——网络。

网络媒介与传统媒介相比有着以下不可比拟的特点。

（1）全球性的传播。你可以在世界范围内将信息传送给他人，或是获取他人的信息，所以商家在互联网上只需花极少的广告费用，就可以将他的产品在全球宣传，设计师可以与远在天边的异国同行交流设计心得。

（2）信息量广阔丰富。有上网经验的人都有这种体会，即当你在网上冲浪的时候，会真切地感受到互联网这个信息海洋的广博无边。目前全球网民数量已超过50亿，网上主机数量约13亿台，可检索的网页数约80亿页，真正称得上“信息海洋”。另外，网上信息量可扩充，几乎不受限制。

（3）传达形态多样。由于网络对多媒体技术的支持，所以在视觉传达的手段上丰富多样。多媒体技术是将传统的、相互分离的各种信息传播形式（如语言、文字、声音、图像和影像等）有机地融合在一起，进行各种信息的处理、传输和显示，这样，视觉传达设计的表现手段和表现范围得到了大大的扩展。未来的视觉传达设计是综合性的，涵盖了人类全部感官的全面设计，这已经超越了现有视觉传达设计的概念。

（4）时效性强。虽然许多人都在抱怨网络的传输速度太慢，但相比较传统的传播媒介来说，互联网在信息传输的迅速上依然具有明显的优势。实效性强是其一大优势，当报纸、杂志还在制版印刷，当广播、电视还在后期制作时，通过互联网发布的信息早已传到受众的身边。互联网的迅速快捷为视觉传达提供了前所未有的信息传播捷径。

（5）交互传达。互联网是有史以来影响我们生活面最广、最容易产生互动的新科技，它改变了人们的思考方式——从以前的线性思考到现今的网状思考，由一体通用到量身定做，从单向沟通到双向沟通，从实体到虚拟，这皆是互联网的互动特性所带来的新特性。互动的设计更会引起受众的兴趣，满足人们的参与感。受众不再仅仅是信息的接受者，他们拥有更大的选择自由和参与机会，例如可以对网上的某些信息作出自己的反应，并将其加入到网络媒体当中，反过来又成为互联网信息的一部分。

（6）自由性强。媒介、印刷、出版社、发行等环节不再成为视觉传达设计的障碍，任何人都可以在“信息高速公路”上以文字、声音、图像、影视等任何形式发表他们创造出来的作品，供全球亿万人人机交互，共同欣赏和相互切磋。在网络时代，优秀的设计者不必再为没有机会和条件展示自己的才华而担忧，而且，发布者可以对网络上的信息进行随时随地的修改，而这一点正是其他媒体所不具备的。例如，如果已经印刷的内容需要临时调整，那批印刷品只好报废，而网上信息的修改则是轻而易举。

（7）传达效果可测性。传统的信息传播媒体都有各自对传播覆盖面及传播影响和效果的统计方式，如发行量、收视率、收听率、客流量等，而网络媒介则由于其独特性，网上视觉传达设计的效果统计能够更加科学、精确和细致。精确的统计，有助于广告客户和设计师了解广告设计的效果和影响范围，对进一步改进视觉传达设计具有非常重要的帮助。

但是网络的视觉传达设计也有局限。

基于网络的视觉传达设计尽管有着这么多的优势，但也并不是十全十美的，与其他设计一样，基于网络的视觉传达设计也是一种羁绊设计，有其局限性。

（1）被动点选。由于网络的交互特性，受众可以自由地选择浏览的内容，而且网上内容极大丰富，受众有着宽松的选择余地，所以网络媒体是一种被动点选，没有传统媒体的强迫性阅读特点。这既是一种优势同时又可以说是一种不足。因此，基于网络的视觉传达设计对设计师提出了更高的要求，除了网站本身的内容以外，视觉传达设计起着挽留受众的决定性作用。

（2）版面局限。网页作为互联网媒体的具体页面，相当于一本书的一页，由于受计算机显示器的局限，设计的版面过小，创意受制于小空间。在这一点上，基于网络的视觉传达设计比采用海报或是户外广告作为媒介的设计相比，视觉冲击力上先天不足。它的设计倒是与书籍设计相仿，虽然平面空间受局限，但更注重的是立体的整体纵深性结构。

（3）技术局限。艺术与技术的关系在各个设计领域内都广泛存在，例如建筑设计、工业设计。在传统的基于平面载体的视觉传达领域中，艺术与技术的关系当然存在，不过在崭新的基于网络载体的视觉传达设计中，有一些不同以往的特性需要我们了解。文字、图形、影像等视觉传达设计的基本元素在网络上的体现，比传统媒体的局限性更大，这主要是因为网络的信息传输量受硬件的限制，所以基于网络的视觉传达设计元素应尽量做到“小而精”。关于技术方面的问题，因已有很多文章专门讲解，在此不再多谈。

（三）媒介与设计的互动效应

视觉传达设计以信息传达为目的，而传达的最终表现界面则永远也脱离不了媒介。媒介与视觉传达设计之间的关系是互动的：媒介既体现了设计，又给设计带来了局限性；设计既受制于媒介，又是新媒介产生的动力之一。

当今信息发达，伴随着电影、电视的发明，网络等各种媒介的出现，人们可以足不出户就能了解最新的信息。我们每天随时随地接受着各种信息，并且反馈着信息。各行各业及各学科间界限也越来越模糊了，它们相互渗透、互相作用，各种视觉的符号等不再受空间与时间的限制，视觉传达的形式也越来越多元化，从二维到三维，从静态到动态，实现空间中的无限扩展。虽然传统的传媒方式为我们所熟知，报纸、广播、杂志、电视等媒介依然在信息传播领域中占主导地位，但是和互联网相比较，它们具有比较单一的感官传达功能，因此，它们的先天缺憾愈加明显，同时，比较单一的传达功能也使设计师受到一定的限制。

人类接收信息的途径是多感官的，视、听、触、嗅、味的感官综合使得我们更完善地了解其他事物。为达到信息的全面传达，追求尽善尽美的设计师一直在寻找着崭新的媒介来表达完美的设计，而今互联网络正是新生的、综合感官的、充满活力的新媒体，为设计师创造了以前所想象不到的信息传达手段和途径。而且随着技术的不断发展，它极有可能成为最完善的媒介，这应该引起每一个视觉传达设计师的关注。网络发展的速度和力量是惊人的，其发展的前景将会越来越广阔，这也将深深地影响着我们新的生产和生活方式。

（四）视觉接受

1.视觉的生理基础

人是如何接收以视觉符号为表征的信息的？在接收时，人们有着怎样的生理、心理反应？人们的生理与心理特点是如何影响对外界视觉文化信息的接纳的，即人们是怎样解读视觉符号中的文化信息的？这些研究将为我们奠定有效运用视觉符号传播规律、进行文化交流与传播的基础。

人类是用眼睛来感知世界，我们之所以能看见五光十色的大千世界，是因为我们看见的是可见光波——视觉刺激。在物理学中，我们称可见光波是一种电磁波，虽然它只是整个电磁光谱中的一小部分，波长范围大约在 760 至 380 纳米之间。用 760 至 380 纳米的光波依次照射眼睛，会产生赤、橙、黄、绿、青、蓝、紫的颜色感觉。眼睛的结构像一个精巧的、能自动调节的微型照相机，形状近似于一个球体，可见光线通过能调节大小的瞳孔（光圈）进入眼睛，最后成像在视网膜（底片）上。然而，人眼与照相机的精密复制还是有很大的不同，成于视网膜上的物体的像并不是照相机底片上客观存在的像。

视觉刺激在视网膜上完成了光电转换，生物电刺激通过视神经网络传至大脑的固定部位，在那儿视觉刺激被读取、破译，产生关于外部世界的大量视觉感受。也就是说，视觉的产生，有赖于大脑——我们的思维器官的综合与分析。从这个意义上说，感觉是思维的起点，也是思维不可缺少的组成部分。在人们习惯于运用大脑进行高深的哲学探究、逻辑思维的今天，我们常常有意无意地认为感觉是多么低级，不值得重视和关注，甚至是可以忽视的心理现象，然而，一切高级心理活动——记忆、思维、想象、创造等如果没有感觉经验，就如同空中楼阁，无从谈起。

2.视觉文化

视觉文化在人类的感觉系统中视觉占主导地位。如果人们用视觉接受一个信息，而另一个信息是通过另一感觉通道——听觉、嗅觉、味觉等器官接受的，又如果这两个信息彼此矛盾，人们所反应的一定是视觉信息。这一事实在许多试验研究中都得到证明。心理学家指出，在注意和处理信息中，脑的机制在一个时间内只能掌握一种感觉通道传入的信息。无论如何，当视觉和某种其他感觉通道的矛盾信息同时呈现于被实验者时，视觉总是占优势的。应了中国那句老话——眼见为实，即便此时所见的是虚拟的。心理学的这些实验研究给我们目前进行的视觉文化传播的研究提供了非常有用的帮助。

在信息技术飞速发展的今天，各种媒介为我们提供了现实世界的丰富的影像信息，当代审美文化正在日益变成一种视觉文化，人们惊呼："我们进入了读图时代。"这是方兴未艾的电视、广告、电脑、互联网等大众传播媒介在我们眼前策动的一场文化巨变。如今电视、广告、电脑、互联网已几乎将所有的文化样式收归于自己名下，将其统统变成视觉文化：MTV是将音乐变成视觉文化，戏曲TV是将演唱变成视觉文化，诗TV、散文TV是将抒情写意变成视觉文化，而那些根据名著或畅销书改编的电视剧，则将小说变成了视觉文化。与之同步，越来越多的作家、艺术家相继"触电"，打破传统的创作模式而涉足于影视圈、广告圈。眼下又转而争相上网，遂使网民中涌现出一个新的作家、艺术家群体，网上写作成为一种新的写作方式。一句话，用眼睛去看，这在今天变得越来越重要了。

3.关于"形象"

当代审美文化成为一种视觉文化涉及一个关键词：形象。"形象"在今天已经成为流行语，但它并不是传统美学或艺术理论所说的"形象"，而是有其特指的含义，与大众传媒的崛起有关。"形象"乃是具有某种表征意味的符号，它所表征的是消费对象，尤其是精神消费的对象，与人们的种种深层欲望相连。"形象"也能够消除以往人们对待外部事物的距离感和隔膜感，例如电视将整个世界搬进了每一个家庭的客厅和卧室，各种周报、晚报竟使稍有阅读能力者人手一份，这就有力地改变了人们的观念，使之将这些媒介所提供的形象都变成属于自己、与自己休戚相关的东西，从而大大增强了参与和介入的倾向，对于屏幕和版面上诱人的形象常常会涌起消费的冲动。在当代审美文化中"形象"有三层含义。

其一，映像。大众传媒所表现的并不是真正的生活，而是真正生活的替代品，是映像。例如电视屏幕上的镜头和画面，这是经过模式化、抽象化和故事化的，真正的东西在映像中处于朦胧飘忽、似有若无之间。当它被纳入某种固定的模式，被用来调味的情节和事件所稀释，成为一种娱乐性的叙事形式的时候，真实性便被消解了，犹如一场能指的游戏、一段故事的骗局。

其二，类像。类像与摹本一样都是一种仿制，但是二者又有很大区别。摹本主要是手工临摹，是对于某一原作的模仿，而类像则是一种机械复制，是没有原作的仿制，好像某一型号的汽车，尽管可以成千上万辆地制造，但是说不出其中哪一辆是原作。类像是工业化大生产的产物，是商品经济的文化表现。当文化以商品的形式出现时，它必然要抛弃以往那种个体化生产的方式，而采用大规模的商品生产的方式，甚至引进流水生产线，通过机械复制获得高效益。现在越来越多的文化产品成为这种机械复制的类像，影视、录像、磁带、激光唱盘以及用网络制作和传输的节目无不尽然。

其三，幻象。在艺术欣赏中，欣赏者往往会对作品中的人物产生一种替代性的幻觉，亦即所谓"自居作用"，它消除了艺术与现实、角色与观众、假想与当真之间的界限，为人们提供一种想象中的满足，用人物所取得的成功和胜利来充实他们平淡无奇的生活。当代审美文化充分利用了人们的这种消费心理，制作出大批供人自我安慰、自我满足的幻象，一旦人们身处这种弥漫温柔甜蜜或充满血色豪气的梦幻之中，便似乎远离了实际生活，缓解了实际生活的压力。

4.当代视觉接受的趋势

如今，现代都市生活的快节奏、高速率改变了人们的时间概念，这是视觉文化取代印刷文化的原因。在一种相对缓慢、相对松弛的生活中，人们有较多的闲暇去浅吟低唱、品尝玩味，去细细咀嚼、推敲和寻索那些潜藏在语词和概念背后的意蕴，那些隐喻性、象征性的东西，从而使阅读的功能得到充分发挥，这就使得印刷文化有可能大行其道。但是在高度紧张忙碌的现代都市生活中，人们已无暇进行精细的心灵内省和思想反刍，因此概念退位、形象登场成为当今所面临的一个重大的文化转折。

以往的印刷文化难道不也是用眼睛去看吗？这里要指出的是，我们说印刷文化不等于视觉文化，不是说以写作和阅读为主要形式的印刷文化不需要用眼睛去看，而是说看的方式不同。

印刷文化让人“看”的主要是语词和概念，它是以认识性、象征性、理解性的内容诉诸人们的认知、想象和思考；视觉文化让人“看”的主要是“形象”，它是以虚拟性、游戏性、娱乐性的表象供人观赏、参与和消费。另外视觉文化还多一层，那就是具有表演性、仪式性、公众性。例如时兴的互动式电视综艺晚会，总是弥漫着浓厚的节庆气氛和宗教狂热，与印刷文化时代带有很强私人性质的阅读行为相去甚远，而这一点更加紧要。凡是表演性、仪式性、公众性的艺术大都靠视觉，像民间的歌舞杂耍、地方戏曲、说唱演艺等都有很强的可视性；如今形形色色的晚报、周末小报、女性杂志之类大众读物尽管也是被印刷出来，但其爆炒新闻、制造流行、诱导时尚的手法正不乏仪式性和游戏性，从而向视觉文化靠拢；即使是诉诸听觉的广播，也因其各种栏目特别是插播广告之表演性和仪式性的日益强化而突破了原有的概念；网络文学的种种创举也耐人寻味，如“接龙”这一新的写作方式就是建立在写作的公众性、游戏性和仪式性之上。所以，视觉文化对于人们日常生活的支配作用被发挥到了极致。

以上我们从考察视觉形式的发生入手，利用接受美学、解释学和发生学等原理，对视觉形式的发生和接受的动态关系进行了较为详尽的分析和阐述。视觉形式的接受最终表现为视觉主体与视觉形式的相互作用过程。所以，必须强调指出的是，对视觉形式的发生和接受的考察，必须意识到三个方面的因素存在，即艺术家—形式本身—观者，抛开任何一种因素，真正意义上的“视觉形式”无以形成。

四、符号、信息与传达方式

（一）关于符号

1.符号概述

在现代社会，大量的信息向大众传播、展示是通过符号的形式实现的。在二维的空间中对符号的组合、转换和再生等关系的筹划就是思维的过程。符号是思维的主体，也是信息负载和传递的主体，是认识事物的一种简化手段。早在原始社会，人们就有了实用和审美两种需求，并且已经开始从事原始的设计活动，以自觉或不自觉的符号行为丰富着人们的生活。古代的图腾崇拜和成语“结绳记事”，都是记录人们当时生产生活和维护社会秩序的信息符号。

2.符号学（semiotics）

符号学是关于符号的研究或科学。当你了解得越多，看到的就越多。因此，如果观者知道一幅复杂图像中符号背后的意义，他就可以洞察其中的深层意义，更长久地记住这个视觉形象，反之如果一幅图画中包含着多数人都能理解的符号，那么信息也就能更广泛被传播。符号学可以教我们懂得各种符号在视觉过程及传播活动中的重要性。符号传播过程中使用复杂符号也有危险，因为它们可能被误解、被忽略、被错误地取义，但是，借用符号学研究的表达方法来说，如果使用正确，这些符号也能开创前所未有的传播模式，这种矛盾无疑给视觉传播者提出了一个挑战。

3.符号的分类

目前在符号理论研究领域普遍认为可以将符号区分出以下三种不同的类型，同时也是符号的三个层次。

（1）图像符号（ICON）。图像符号是通过模拟对象或与对象相似而构成的。如肖像，就是某人的图像符号。人们对它具有直觉的感知，通过形象的相似就可以辨认出来。

（2）指示符号（INDEX）。指示符号与所指涉的对象之间具有因果或是时空上的关联。如路标，就是道路的指示符号，而楼道则是建筑物进出的指示符号以及大街上标识危险路况的交通指示牌。

（3）象征符号（SYMBOL）。象征符号与所指涉的对象间无必然或是内在的联系，它是约定俗成的结果，它所指涉的对象以及有关意义的获得，是由长时间多个人的感受所产生的联想集合而来，即社会习俗。比如在中华传统文化里，蝙蝠是“福”的象征，“蝠”与“福”“富”谐音，蝠表示福气、财富、祥瑞。还有文字、数字、色彩、姿势、旗帜、服装、公司标识、音乐及宗教形象等都有象征型符号。

上述三种，既是符号的三种类型，又是符号逐步深化的三个层次，一个由图像符号至指示符号再至象征符号，其程度不断深化、信息含量更加广泛的过程。符号最为重要的一个特征就是可以重复性使用。为达到一定的目的或实现一定的结果，人们创造并运用多种符号，通过符号来表现一定的事物，叙述一定思想或感情，它们可以用于表达、描绘、陈述信息、传达和往来。

4.符号的指代性

符号本身也是一种事物，它还被用来表征指代另外的事物。如：我们竖起食指和中指并且手心向外的手势象征着“成功”和“胜利”，我们用街上的交通灯来提示车辆和行人停止或前行；鸽子代表“和平”，玫瑰代表“爱情”；绿色是生命的符号，文字是写出来的语言符号，微笑是全世界通用的符号，它代表着喜悦、欢迎、热情……符号可以代表语言、手势、舞蹈、图形、文字及行为等任何存在物。

如中国人民银行和中国银行的标志都运用了中国古钱币作为基本型来传达金融机构这一信息（图 4-1-3）。中国联通的标志（图 4-1-4）是由一种回环贯通的中国传统吉祥图案“盘长”（即中国结）演变而来的，迂回往复的线条象征着现代通信网络，寓意着中国联通公司的通信事业井然有序，而又信达畅通，同时也象征着联通公司的事业无以穷尽，日久天长。

日本设计大师田中一光在创作中格外注意视觉元素的表意功能，以脸作为表现对象的作品《日本舞蹈》（图 4-1-5），画面以机械、理性的方块构成头发、脖子、衣服的感觉，把眼睛处理成两个半圆同时向内侧倾斜产生满脸微笑的生动表情。嘴的形用两个圆稍微一错位，就不仅与眼部的表情统一起来，而且使眼部的半圆形和嘴的半圆弧形的统一节奏有了一个装饰音。长久地凝视这张脸，仿佛真能聆听到佳人的莺莺细语。田中一光正是巧妙地运用了这些几何形的符号，传达出日本女人的特征。

图 4-1-3　中国人民银行和中国银行的标志

图 4-1-4　中国联通标志

图 4-1-5　日本舞蹈　田中一光　日本

日本设计大师福田繁雄在1975年设计的《1945年的胜利》的海报是一张反战的招贴（图4-1-6），这张纪念“二战”结束30周年的海报设计，获得了国际平面设计大奖。海报采用类似漫画的表现形式，创造出一种简洁、诙谐的图形语言，描绘一颗子弹反向飞回枪管的形象，讽刺发动战争者自食其果，寓意深刻。图形符号表达的内涵通俗易懂，哲理性强。一枚炮弹正在向下飞向炮筒，每一个看到这个招贴的人都会明白他所要表达的意思。设计师用最简单的画面表达出最鲜明的主题，颜色也只有黑、白、黄三种，用逆向思维的方法表现了“反对战争”的含义，令人回味无穷，深刻地揭示了主题的内涵，发人深省。正因为符号具有传递信息作用，能够被不同年龄、不同文化背景和使用不同语言的人所接受，具有国际通用性。

（二）信息

在我们日常生活中，读过的书、听到的音乐、

图4-1-6　1945年的胜利　福田繁雄　日本

看到的事物、经历的事件，这些都是信息。信息以物质（如唱片、纸张、胶片、电影、电视）为载体，通过符号来表现，传递出来。换言之，信息就是指人与人之间通过符号和媒介相互交换的特殊内容。

（三）信息传达方式

1.古代

早在远古时代人们就发明创造许多方式、方法来传达信息。古人传递信息的方法大约有以下几种。

羽檄：插有羽毛的书信，表示战事紧急。

鸡毛信：一般用于民间。

羽书：用于征调军队。

信鸽传书：多用于朝廷、官家、帮派。

传竹筒：官家、民间都用，类似现在的信封。

急脚递：用于传递紧急军事情报之用，俗称“传金牌”。

2.现代

在现代社会，信息传达的社会含义已经不一样了，它是指传播者进行传播活动时所采用的作用于受众的具体方式，如口头传播形式、文字传播形式、图像传播形式和综合传播形式等。在政治传播中，过去人们常采用文艺形式、参观访问形式、忆苦思甜形式等。在文字传播形式中，人们可以运用书籍、报纸、杂志、传单、型录手册等媒介进行信息传播。图像传播形式可利用电视、电影以及多媒体、互联网等作为传播媒介。人类只有通过这种信息的传达才能够互相沟通和理解，才能促进人与社会、人与自然的和谐共生。

3.信息传达实施的手法

（1）同一个视觉符号，在不同的场合可以传达不同的意思。在不同的“图境”中，设计师可以给同一个符号赋予丰富而有趣的含义。例如我们一看到“@”这个符号就会联想到电子邮件和网络，但在不同“图境”中，它被赋予了许多新的含义。“@”与英文单词“at”的读音一样，音标就是[at]。它最初仅仅是键盘上一个普通的特殊符号。就职于美国国防部发展军用网络阿帕网BBN电脑

公司的电脑工程师雷·汤姆林森带来了这场划时代的变革。1971 年，汤姆林森奉命寻找一种电子邮箱地址的表现格式，他需要一个标识，以此把个人的名字同他所用的主机分开。“@”——汤姆林森一眼就选中了这个特殊的字符，这个在人名之中绝对不会出现的符号。他说道：“它必须简短，因为简洁是最重要的。它出现了，‘@’是键盘上唯一的前置标识，我只不过看了看它，它就在那里，我甚至没有尝试其他字符。”这样一来，既可以简洁明了地传递某人在某地的信息，又避免了电脑处理大量信息时产生混淆，第一数字地址传递 tomlinson@bbntenxa 就应运而生了。这使得电子邮件得以通过网络准确无误地传送，而且赋予符号“@”一个现在的全新的含义。

韩鸿友为河南省许昌市残联设计的一幅公益海报，图形主体为一抽象的呈坐姿的残疾人，轮椅被概括为“@”，图形右上方有一行文字“知识成就人生”。文字与图形共同阐释了“知识改变命运”这一主题。图形的语义道出了残疾人可以通过科学知识的学习改变自己的人生道路。图形成为信息交流的载体，图形语言准确有效地表现出作者的意图，真正做到“让图形说话”。可见，由创意产生的新的图形艺术，以简洁的方式准确传达出语义性，为图形语言扫除了文字障碍。

由此可见，“@”作为一个电子邮件符号已经成为一种公众性的标识，它的外延已经在不断变化，这种生活符号在各种社会行为之后意义的扩大已经屡见不鲜，值得我们注意。

又如“十”字图形，在宗教中象征着上帝，在医疗中表示着看护，在数字中则可理解为数据运用中的某种符号。

（2）对同一种符号传播的形式也是多样化的。对同一种符号的传播方式也不是唯一的，我们可以利用各种各样的媒介来传播。例如文字或图画，就可以写在纸上、刻在石上、印在书上、录入磁盘、摄入电视……同样，对于同一个信息，人们也可以用各种各样的符号来表现。例如为了传达信息“敌人来了”，就可以用烽火和狼烟、用钟声和鼓声、用“消息树”和信号弹、用文字和电码……总之，符号是信息的表现形式，是信息的感性表露，而信息则是符号的表现内容，是符号的特定意义。它们同语言和思想一样，互为表里，密不可分。

（3）同一种事物可以用不同符号语言来传达。目前已有 140 个左右的国家成立了红十字会，它是一个由战地救护发展起来的、志愿的、国际性的救护、救济机构。在大多数的国家，使用白底红十字为标志，并称之为红十字会；也有一些国家和地区，比如阿拉伯国家使用白底红色的新月形作为它的标志，并将机构的名称定为“红新月会”；在伊朗，红十字会叫作“红狮和太阳会”，标志是白底的红狮与太阳（图 4-1-7）。但是不论什么样的名称与标志，其效果都是一样的，只是各国的文化、宗教信仰或是与红十字会的历史渊源有所差异而略有不同。

总之，信息是需要交互、需要传播的，表征事物的存在方式和运动状态的信息，只有被我们用特定符号表达出来，才算是真正意义上的信息。而当我们使用符号去表达事物的存在方式和运动状态时，也就开始了传播，因为传播行为一方面是用符号将信息表达（说唱写画）出来，另一方面则是对符号序列进行解读（听看读）。

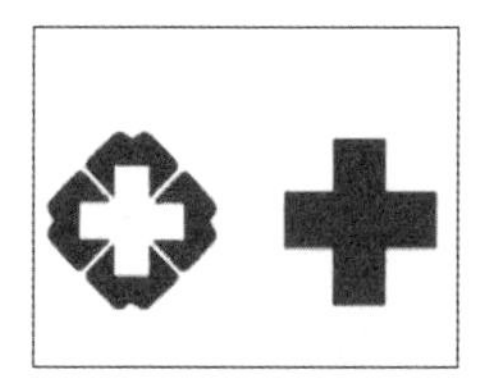

红十字会

红新月会

红狮和太阳会

图 4-1-7　各国红十字会标志

案例分析

1.2010年在中国上海举行的世博会是一个重大的世界性活动。世界上没有一个类似活动持续这么长时间，吸引这么多人参观，并且展示这么多国家和组织的成果，在美丽和谐中把世界各国带到了一起，吸引了所有人的心。世博会的园区内设有各类展馆，一般包括主办方设立的国家馆和主题馆、各参展方设立的国家馆、国际组织馆和企业馆。英国馆以“让自然走进城市”为主题（图4-1-8），这个六层高的“会发光的盒子”表达了生物多样性和人类必须为了子孙后代保护好环境的可持续发展理念。英国馆主体建筑周边环境的设计是源于英国城市规划的传统理念，是一个开放式的城市公园。

2.说起历届世博会标志经典之作，通常都会提及2000年德国汉诺威世界博览会的标志形象（图4-1-9），这个

图 4-1-9　2000 年德国汉诺威世界博览会标志

图 4-1-8　2010 年上海世博会英国馆

由科维尔（QWER）工作室设计的标志从其诞生之日起便备受瞩目，因为无论是视觉表现还是其背后蕴含的设计理论，都颠覆了传统的设计原则，开创了标志动态化发展的全新阶段，堪称是划时代的设计。首先从视觉表现来讲，这个标志截然区别于传统的标志设计形态，图形犹如宇宙星象般变幻无穷，具有某种未知的感觉，彻底打破了以往标志形象的固有模式。其次，相比较其变化无穷的标志形象，其背后所蕴含的设计理念更令人关注。不断演变的标志，流动着、变化着、发展着，这不正代表着我们所处的这个时代的某些特征？快速、网络、影像、交互……犹如万物进化般的韵律与节奏。所以从表面上看，汉诺威世博会的标志形无常态，然而，标志所承载的概念却依然确定:一百多年的世博会发展历程，正是人类社会工业化、现代化、信息化的真实写照。汉诺威所要展现的，是“人类—自然—科技”不断演变的过程。标志以变幻的形式与色彩展现着时空的流动和延伸，无论在概念上还是形式上，都与世博会的主题遥相呼应。

3.现代设计不但注重产品的功能性，更注重产品对我们日常生活的影响，它会带给我们愉快的心情或是奇妙的

感觉。图4-1-10是手机设计，这些手机除了具备普通手机的各种功能外，在外形上看起来很像一些光洁漂亮的蚕豆或是石头，夜间还可以发出淡淡的荧光，用于照明。

4.图4-1-11的两块手表一个是在准确计时的同时又是多元情绪和自我张扬的调色板，另一个是多姿多彩的漫画书中出现的英雄——让生活充满了色彩，充满了活力，有渴望冒险的激情。

5.绝对伏特加的广告创意概念（图4-1-12、图4-1-13）

图 4-1-10　“新奇”手机设计

图 4-1-11　手表

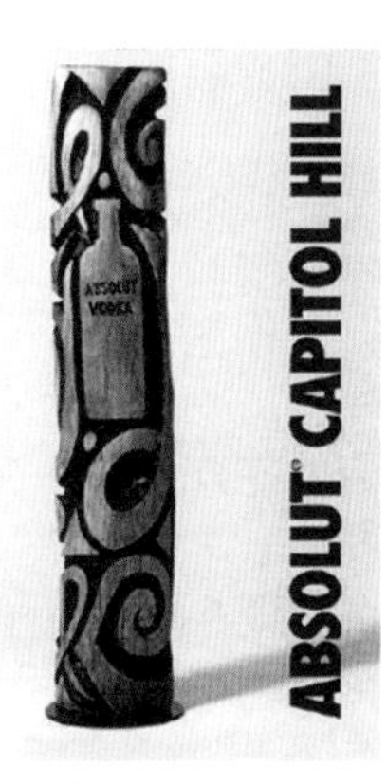

图 4-1-12　绝对伏特加的广告创意（一）

图 4-1-13　绝对伏特加的广告创意（二）

都以独特酒瓶的特写为中心，下方加一行两个词的英文，是以“ABSOLUT”为首词，并以一个表示品质的词居次，如“完美”或“纯净”。从第一则平面广告“绝对完美”开始，绝对伏特加先后采用这种“标准格式”制作了一千多幅平面广告。虽然广告“格式”不变，但表现手法总是千变万化，它将普通的酒瓶形象置于不断变化的、出人意料的背景之中，广告运用的主题多达12类之多——绝对的物品、城市、口味、文学、时事新闻等。与视觉关联的标题措辞和引发的奇想赋予了广告无穷的魅力和奥妙。绝对伏特加突破了一般酒品牌的营销模式，变推销产品为推销概念，以创意为桥，架设品牌与艺术、时尚之间的联系，通过连贯的广告创意战略使品牌获得“一种持久的外观上的时尚”，从而建立了专属于自己的品牌个性：绝对伏特加代表的不仅仅是伏特加，更是一种生活态度，是一种个性与品位。

6.香港著名设计师陈幼坚在设计中大量地应用中国元素成功地糅合西方美学和东方文化，既赋予作品传统神韵又不失时尚品位的优雅。有些作品好像没有传统的面貌在，但你可以通过他的线条、他追求的美学品格找到这种特征。我们可以感觉到在他的这些作品中形和神达到高度融合，这些需要设计师敏锐的艺术触觉和艺术修养。

优秀的设计师是具备点石成金的超能力的。在他的早期商业代表作西武百货的LOGO设计中（图4-1-14），将双鱼符号与西武百货公司英文名字“SEIBU”的首字母“S”同构，象征着公司生生不息的生命力，同时“鱼”与“余”同音，又蕴含着生生不息的动力之源和创新之泉，变化扩展，永无止境。代表阴阳哲学观念的阴阳鱼是先人对宇宙万象观察体会的经验总结，“万物负阴而抱阳”。这种阴阳相对、轮回更迭的自然规律，通过此消彼长、首尾相抱、相互推进旋转的黑白阴阳鱼来表现。陈幼

图 4-1-14　西武百货公司形象设计

坚没有停留在表面的模仿和运用上，他加入了一些元素，线条上做了变化，使标志真正成为独特的新的东西，是传统文化的再设计和再应用。

7.日本1-click奖是一个关于网站交互设计的奖项，设计者都通过简单的鼠标动作来发挥无限的创意。一进入网站首页就能看见一个有趣的设计，一堆中老年人抬着巨大的鼠标指针随着你的鼠标移动而移动，显得很费劲并偶尔离队偷懒的中老年人让人忍俊不禁。另外，网站里还有许多有趣的作品。（图4-1-15）

8.2008年在中国北京举办的奥运会不仅是一场国际性运动盛会，更意味着中华民族从此以自己十足的自信，立足于世界优秀民族之林，东方大国的地位得到进一步确立，政治稳定、经济繁荣、社会进步、民族团结的中国国际地位空前提高，无可替代地赢得了世界的信赖和尊重。怡宝在2008年奥运会期间推出的六款“运动知识纪念瓶”矿泉水瓶标设计（图4-1-16），是由我和设计师李卓设计的。设计提案中，我们对怡宝瓶形进行了卡通化、拟人化，赋予了瓶子性格，使其分别呈现出六种不同的运动姿势，体现主题内涵，传达出怡宝带给我们“运动、活力、健康”的设计理念。

9.图4-1-17是怡宝矿泉水以户外展示为传播媒介在成都做的商品促销活动。展牌放在了人流量较大的步行街区——春熙路，通过对户外展示系统的设计，既普及了奥

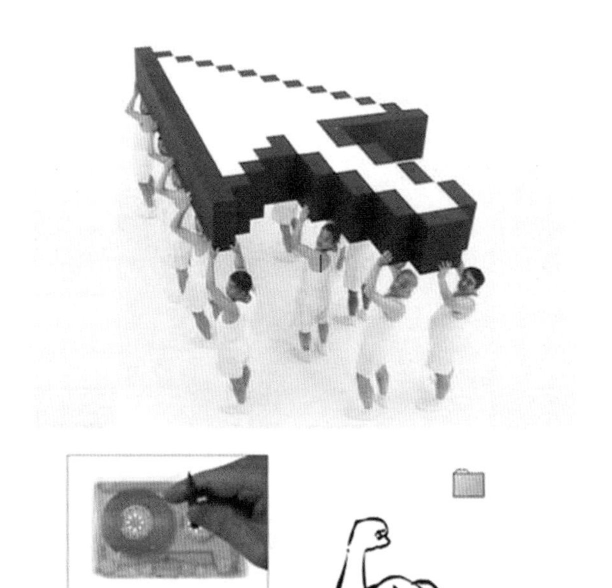

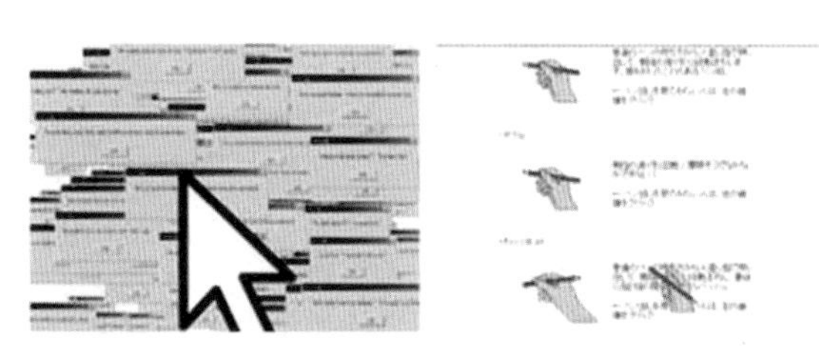

图 4-1-15　日本 1-click 交互设计网站

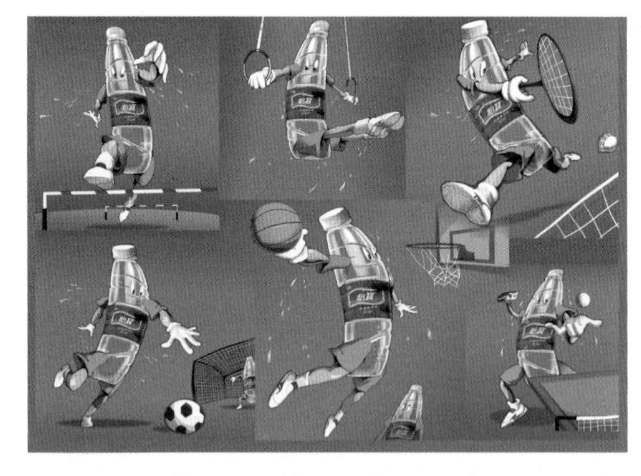

图 4-1-16　怡宝“运动知识纪念瓶”矿泉水瓶标设计

图 4-1-17　怡宝“运动知识纪念瓶”

运知识，又是一次很好的品牌推广和促销经营——“信任怡宝，共享自豪”。

10.LEVIS品牌的宣传海报（图4-1-18）用简笔画勾勒出青年男女日常生活的视觉符号，传达出LEVIS品牌“休闲、青春、活力、激情”的产品特征，也准确地描绘出产品针对的消费群体。

11.婴儿“尿不湿”产品的使用说明书（图4-1-19）上没有一个文字，只有图形，但是我们依然能从中理解产品的具体使用方法。图形给出了详细的操作步骤和两种不同的叠穿方法，从而准确地传达出产品使用信息，使得不同国家、不同语言甚至不会识字的人都能明白，这就是图形信息传达的功能所在。

12.2010年百事公司发布了他们的全新标识——百事笑脸（图4-1-20）。这是百事公司自成立以来第11次换标识。新标识是由全球最大广告集团之一的宏盟集团（Omnicom，WPP最大的对手，旗下拥有TBWA，BBDO等广告巨头）旗下的阿内尔（Arnell）分公司花5个月时间设计的。百事公司宣布，三年内将投入12亿美元在全球推广全新品牌，包括新的品牌标识。百事新标识令人眼前一亮，但比标识更惊人的是这个标识背后的设计故事。一份名为《震撼》（Breathtaking）的设计说明书，阐释了这个新标识的设计理念、设计过程，那疯狂的、极具想象力的内容，着实让人们感到震撼！

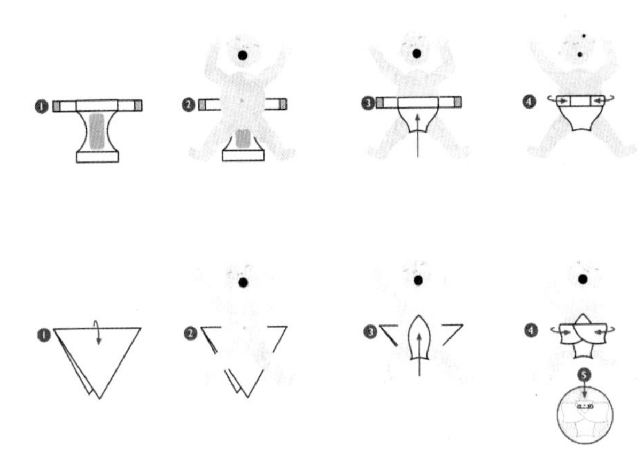

图 4-1-19　婴儿“尿不湿”产品的使用说明书

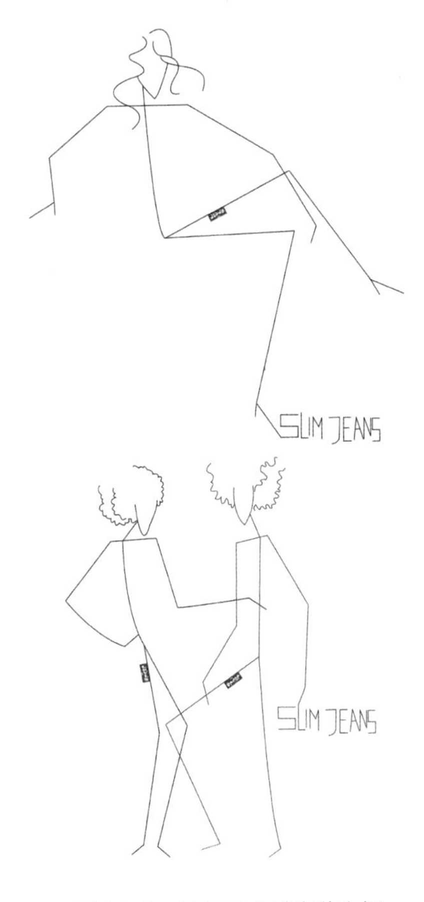

图 4-1-18　LEVIS 品牌宣传海报

图 4-1-20　百事新标识——百事笑脸

第二节 视觉化设计

一、格式塔理论及应用

（一）格式塔理论

1.有关视知觉的研究

假如你把正在阅读的书放在桌上，然后问人家桌上放的什么，大家都会回答这是一本书，而不会说这是一个写着文字的有厚度的平行四边形。那么，这就是我们要探讨的知觉与感觉的问题。知觉与感觉不同的地方在于感觉是对事物个别属性或特征的反映，即例子中书的局部特质："写有文字的""有厚度的""平行四边形"，而知觉却是对感觉经验的加工处理，是对事物的各个不同的特征——形状、色彩、空间、运动等要素组成的完整形象的整体性把握，甚至还包含着对这一完整形象所具有的种种含义和情感表现性的把握，即例子中被我们表述的"书"概念。

2.格式塔理论学说

在有关知觉理论的研究中，格式塔心理学是我们绝对不能忽视的。格式塔心理学家是指在 1920 至 1940 年间极有影响的一些德国心理学家，主要代表人物有威特海默、考夫卡、苛勒。他们的主要贡献是在知觉和问题解决领域。格式塔心理学家对视知觉的组织特别关注。在格式塔心理学家看来，知觉到的东西要大于眼睛见到的东西。任何一种经验的现象，其中的每一成分都牵连到其他成分，每一成分之所以有其特性，是因为它与其他部分具有关系；由此构成的整体，并不决定于其个别的元素，而局部过程却取决于整体的内在特性；完整的现象具有它本身的完整特性，它既不能分解为简单的元素，它的特性又不包含于元素之内。

3.什么是"格式塔"

"格式塔"是德文 Gestalt 的译音，中文一般把格式塔译为"完形"。因为格式塔心理学在谈到"形"时，的确非常强调它的"整体"性。格式塔心理学认为，任何"形"，都是知觉进行了积极组织或建构的结果或功能，而不是客体本身就有的。格式塔心理学所研究的出发点就是"形"。

格式塔理论可以简单概括成这样几点。

（1）视觉"选择性"。"形"是以以往的知识和经验作为基础的一种组织或结构。

（2）"整体"与"局部"。整体不等于各部分局部元素的机械相加之和。

（3）视觉"完形性"。视觉思维能力可以弥补视觉对象的部分缺失与变化，进而能够把握形的整体，进行形体的自我完善。

4.格式塔理论传播的意义

格式塔理论能够指导视觉传播者如何将这些基本元素整合成一个意义的整体，也能够启发艺术家如何反其道而行之，将观者的注意力集中在某些特定元素上。例如，在一幅广告中，如果公司标志的形状、大小、位置和画面中的其他元素迥然不同，就容易引起注意。

5.格式塔的两个最基本的特征

按照厄棱费尔的意见，第一个特征是，凡是格式塔，虽说都是由各种要素或成分组成，但它绝不等于构成它的所有成分之和。一个格式塔是一个完全独立于这些成分的全新的整体。这里的新，是相对于原有的构成成分而言。换句话说，它是从原有的构成成分中"凸现"出来的，因而它的特征和性质都是在原构成成分中找不到的。一个三角形是从三条线的特定关系中"凸现"出来的，但它决不是三条交叉线条之和。按照同样的道理，一个圆也不是相互邻近的无数个点的集合，一个曲调也不是某些乐音的连续相加。这样一种解释虽然简单，却使人们对"形"的认识发生了革命性的转折。按照这一基本性质，所谓形（在格式塔心理学中，任何形都是一个格式塔），是一种具有高度组织水平的知觉整体，它从背景中（或与其他物体）清晰地分离开来，而且自身有着独立于其构成成分的独特的性质。更进一步说，不但部分不能决定整体，而且整体的性质反过来对部分的性质有着极重要的影响。例如，同一条直线，在本身毫无变化的情况下，只要它所处的整体（也可理解为环境）不同，它自身也就会在视觉上发生长短或曲直的变化，往往会形成一种错觉。

格式塔的第二个基本特征是其“变调性”。一个格式塔即使在它的各构成成分——如它们的大小、方向、位置、肌理、材质等均改变的情况下，格式塔仍然存在（或不变）。举例说，一个三角形的形态不管它变大变小，或是将它画出来还是用来做成自行车的构件，甚至修建成埃及金字塔的建筑形态，它仍然是一个三角形。这正如一个曲调，用胡琴演奏与用钢琴演奏，用男高音唱与用女高音唱，仍然是同一个曲调。

从以上对格式塔的两种基本性质的描述中可以看出，所谓形，乃是经验中的一种组织或结构，而且与视知觉活动密不可分。它既然是一种组织，而且伴随知觉活动而产生，就不能把它理解为一种不变的印象，决不能把它看作各部分机械相加之和。“形”是一种直接的、同组织活动而产生，随着这种组织活动的展开（观看时即有组织），必定会有紧张、松弛、和谐等感受相伴随。

6.格式塔理论中的“整体”与“部分”

格式塔理论表明：“部分”的残缺不全，并不影响“整体”的表达效果，“形体的残缺”不等于艺术的残缺，反而给人们以广阔的想象空间，形体的残缺在某种程度上会铸就“艺术的完整”。然而，我们要深入思考的是部分与整体的关系。对于一个整体来说，残缺的应当是不影响整体感知的部分。

研究表明，视觉加工由整体开始，然后才转向部分，也就是“先整体后局部”。1820年发现于希腊米洛斯岛的大理石雕像——断臂的维纳斯，常被誉为世界上最美的女人。女神的两臂虽已失去，却并不影响整体的美感，反而让人感到一种残缺的美。曾经有艺术家探索她的原形，也有许多艺术家为维纳斯进行过多次的修补努力，却终以失败而告终。并非艺术家的努力不够水平，而是人们已经接受了维纳斯的断臂，这些与她那优美的身姿、典雅的表情一起是一个整体，密不可分。

我们有过这样的经验：在心理上我们比较容易接受有序的、有规律可循的视觉形象，并把相同和相似的形象归为一类，这是一种有效的心理过程中的信息选择。格式塔心理学派认为：在一个格式塔（即一个单一视场，或单一的参照系）内，眼睛的能力只能接受少数几个不相关联的整体单位。这种能力的强弱取决于这些整体单位的不同与相似，以及它们之间的相关位置。如果一个格式塔中包含了太多的互不相关的单位，眼脑就会试图将其简化，把各个单位加以组合，使之成为一个知觉上易于处理的整体。如果办不到这一点，整体形象将继续呈现为无序状态或混乱，从而无法被正确认知，简单地说，就是看不懂或无法接受。格式塔理论明确地提出：眼脑作用是一个不断组织、简化、统一的过程，正是通过这一过程，才产生出易于理解、协调的整体。但有时也会更关注与众不同的对象，因为它异于其他的整体视觉常态，形成了强烈的对比效果和视觉冲击，但这种特异成分一定要少。比如成语“鹤立鸡群”“万绿丛中一点红”，在设计中我们也可以利用这一点为作品增加“点睛之笔”。

（二）格式塔原理的应用形式

许多格式塔理论及其研究成果在视觉传达设计中都得到了应用。这些理论和研究涉及了这样一个观念，即人们的审美观对整体与和谐具有一种基本的要求。简单地说，我们视觉习惯为先整体后局部。我们先“看见”一个构图的整体，然后才“看见”组成这一构图整体的各个部分。作品的整体感与和谐感是十分重要的，人们在视觉上和心理上是不欣赏那种混乱无序、细节零碎的形象的，给人的总的印象是“有毛病”，是格式塔较差的反映。

1.删除

简化视觉形象，达到“以少胜多”“以一当

十”的效果。任何有效的、吸引人的视觉表达，并不需要太多复杂的形象，而是通过省略某些部分，将另外一些关键的部分凸显出来。正如中国画中的留白，适当的留白显得更有韵味和意境，为那些有限的形增添了宇宙般的广阔无垠性。许多经典的设计作品在视觉表现上都是很简洁的，这就要大胆地删除任何与预期表达相抵触的多余的东西，只保留那些绝对必要的组成部分，从而达到视觉的简化，以改进设计上的视觉表达的格式塔。

2.贴近

当各个视觉单元一个挨着一个，彼此靠得很近的时候，我们可以用“贴近”这个术语来描绘这种状态。比如在版面编排中，为了区分不同的内容，设计师可通过网格、网栏、版心对图片、文字这些设计元素进行分类，使版面整体分为若干贴近的栏块，成为一系列相关的视觉组合，最后达到视觉的统一，创造出完美的格式塔。

3.结合

在构图中，原来并不相干的单独的几种视觉形象完全联合在一起，无法分开，从而创立成一种新的视觉元素。比如常用的一种设计手法异形同构：把两种或几种不同的视觉形象结合在一起，在视觉表达上自然而然地从一个视觉语义延伸到另一个视觉语义。

4.接触

接触是指单独的视觉单元无限贴近，以至于它们彼此粘连，这样在视觉上就形成了一个较大的、统一的整体（接触的形体有可能丧失原先单独的个性，变得性格模糊）。就如在图案设计中，相互接触的不同形状的单元形在视觉感受上是如此相近，完全融为一体（而实际上是相互独立的）。

5.重合

“重合”是“结合”的一种特殊形式。如果所有的视觉单元在色调或纹理等方面都是不同的，那么，区分已被联结的原来的各个视觉单元就越容易，相反，如果所有的视觉单元在色调或纹理等方面都是一样的，那么，原来各个视觉单元的轮廓线就会消失，从而形成一个单一的重合的形状。重合各个不同视觉形象的时候，如果我们看到这些视觉形象的总体外形具有一个共同的、统一的轮廓，那么这样的重合就成功了。

6.格调与纹理

“格调”与“纹理”是由大量重复的单元构成的。两者的主要区别在于视觉单元的大小或规模的量值，这种特性可以使格调显得像某种纹理，也可使纹理呈现为某种格调。除此之外，它们基本上是一样的。

格调和纹理实际上没有严格的区分界限，格调是视觉上扩大了的纹理，而纹理则是在视觉上缩减了的格调。因此，在不需要明确区别的情况下，我们可以同时解释为格调或纹理，或者，创造出一种格调之内的纹理，以使格调和纹理同时并存。当数量很大，以至不能明显地看出单独视觉单元时，这种现象就可能发生，比如透过窗户看到的不远处的树林是足够大的，可以构成一种格调，但是，如果在飞机上俯瞰一整片树林，恐怕就只能将其作为一种纹理来看了。

7.闭合

有一种常见的视觉归类方法是基于人类的一种完形心理：把局部形象当作一个整体的形象来感知。这种知觉上的特殊现象，称之为“闭合”。简单地说，“闭合”就是不在视场中展现设计的全貌，而只给关键的局部，人们会依据以往的经验去完形、去延伸和理解整体，比如“一叶知秋”。使用了闭合原理的设计总给人以巨大的想象空间。然而，我们要深入思考的是，部分与整体的关系。对于一个整体来说，残缺的应当是不影响整体感知的部分，正如前面所讲到的大理石雕像——断臂的维纳斯，缺失的双臂并没有影响女神的整体魅力。

当然，我们由一个形象的局部而辨认其整体的能力，是建立在我们头脑中留有对这一形象的整体与部分之间关系的认识的印象这一基础之上的。如果某种形象即使在完整情况下我们都不认识，则可以肯定，在其缺乏许多部分时，我们更加不会认识。如果一个形象缺的部分太多，那么可识别的细节就不足以汇聚成为一个易于认知的整体形象。而假如一个形象的各局部离得太远，则知觉上需要补充的部分可能就太多了。在上述这些情况下，人的习惯知觉就会把各局部完全按其本来面目当作单独的单元来看待。

8.排列

排列是将构图中过多的视觉单元进行归整的一种方法。其常见的形式有整列法与栅格法。

（1）整列法。在设计中，“整列”这个术语可以简单地解释为“对齐”。当两个或两个以上的视觉单位看起来是排列整齐的，那就是已进行过整列了。有两种整列类型，即实际上的整列和视觉上的整列。比如书中的文字也是视觉整列的极好例证，我们所读到的这些文字段落实际上就是由一些并不存在的共同线进行了整列的。这种知觉现象的发生，是由格式塔闭合原理以及贴近原理造成的。实际上的整列则存在着实际的对齐线。整列法应用在版面编排中的典型例子就是图文之间的对位排列。

（2）栅格法。当一个现成的格式塔中用到两个或更多的交叉整列时，就会出现一种栅格划分，将版面分为若干块。在实际设计中，为了体现版面的秩序性和连续性，如报纸的各版面，书籍、杂志连续的各页，展览会上展出的同一主题的连续展板等，设计师往往使用同一种（类）标准化的栅格系统，使一系列视觉内容具有关联性和连续性。与划分单独版面的栅格不同的是，用于连续设计的栅格系统可以是灵活多样的，以便于将各种形式的视觉材料（文字、照片、图画、表格等），组合在一系列既统一而又富有变化的栅格系统中。在使用栅格法来编排视觉材料时，由于实际的或是审美的需要，有时会打破栅格的约束。比如在印刷设计中图片的“出血”，是一种很引人注目的变化用法，这种用法对栅格的理解类似于平面构成中的非作用性骨骼。这种局部低限度违背栅格的情况并不影响整体的连续性，相反还能使版面更加生动、完美。

9.归类

当构图中各个视觉单元具有共同的特征时，它们就显示出一种视觉归类的趋向，这种视觉简化法也称为相似归类。有许多途径能够达到归类，比如大小、形状、方向、颜色或色调的相似等。

（1）大小归类。当单独的视觉单元显得大小相似时，看起来就同属一类，这时，就很容易将它们看作一个较大的视觉群体中的一个组成部分。

（2）形状归类。形状相同、相似的视觉单元往往被看作组。

（3）方向归类。各种各样的线、形或视觉单元的排列式样如果方向相同或趋于一致，那它们就能够呈现出一种类似性。我们就会发现，这些视觉内容往往被看作一个大的整体。

（4）颜色归类。在大多数情况下，如果各视觉单元在颜色或色调上相似，人们的习惯知觉就会将其看作一个较大的视觉组合。

二、图形与图底心理游戏

（一）图形与图底

格式塔法则最早的应用之一是解释主题背景的可逆性现象。对于主体和背景的关系而言，最关键的一个问题是：在一幅图像中，我们怎么能知道什么是前景主体，什么是背景图案，即什么是图形什么是图底，和这个问题直接相关的是大脑辨别远近物体的重要意义，即只有分清远近，才能借以判断物体的重要性或危险性。当画面中图和底之间没有或几乎没有隔离效果的时候，就能起到伪装作用。

“图”是居于前部的区域，“底”被看成是用来衬托图的背景。凡是被封闭的面都容易被看成“图”，而封闭这个面的另一个面总是被看成“底”；面积较小的面容易被看成“图”，而面积较大的面总是被看成“底”；质地坚实的图形总是被看成“图”而不是“底”。这是鲁道夫·阿思海姆《艺术与视知觉》一书中，对图形中的“图—底”识别的表述。

（二）图和底的反转

图和底的反转是共用图形中共有的轮廓，造成了图形前后空间关系的不确定性。当它们之间的对比关系减弱或消失时，物象间主客体关系就变得飘忽不定、交替显现。设计师刻意不分图与底，使其出现一种模糊、闪烁的效果，能增加画面的复杂程度和视觉冲击力，让人在趣味中获得新的启发。图和底之间的微妙变化，也为艺术创作提供了不少的灵感来源。

（三）图底关系的运用

要确定图底的关系，就是判断哪些形是从背景中凸显出来构成图，哪些形仍留在背景作为底。在多数情况下，图和底分离是不困难的，但有时候存在难以区分前景和背景的情况，尤其是当背景容易在知觉中转化为前景的情况下，更是如此。这些图形，有时也被称为正负形、可逆转的图形或双重意象（Double Image）。著名的“鲁宾之杯”（图4-2-1）就是图与底的典范。人们在画面上看到的空间是人还是杯子，完全要看他注视的角度是在图形上还是在背景上，是看整体还是看局部。当我们的视线集中在白色图形上，我们看到的是一个杯子，若我们的视线集中在黑色的负形上，又会浮现出两个人的侧脸。由于观点的不同，将分别出现不同意义的画面，这种“图—底”关系的现象，又称为“鲁宾反转图形”。设计师也可以利用图底互换的原理，使图形的设计更加丰富有趣。

1898年出生在荷兰的埃舍尔（Maurits Cornelis Escher）把自己称为一个“图形艺术家”，他专门从事于木版画和平版画。而说到埃舍尔，我们更多地联想到的就是他的“迷惑的图画”。他的作品《大雁和鱼》（图4-2-2）——鸟儿在不断的变化中不知什么时候却突然变成了鱼儿，《天使与魔鬼》（图4-2-3）——白色的图形是天使而黑色的图形是魔鬼。这些图画都是以非常精巧考究的细节写实手法，利用图和底巧妙共生及延变同构图形的视觉效果，生动地表达出各种超现实的结果。他的作品乍看起来没有什么特别的地方，但其中蕴藏的幻觉事物是最引人入胜的，几十年来，始终令人玩味无穷。这种征服人们心灵的魔力使得他在图形界确立了不可动摇的地位，开创了现代图形设计的新

图4-2-2　大雁和鱼　埃舍尔　荷兰

图4-2-1　鲁宾之杯

图4-2-3　天使与魔鬼　埃舍尔　荷兰

格局。

说到“图底反转共生”的运用，在这里我们不得不提到日本设计大师福田繁雄，他对图底关系原理的运用不同于埃舍尔对该原理的解读。埃舍尔是在诠释数学理念的基础上，多以极其细致写实的手法来表现对自然形态进行图底反转的契合，给观者营造一个不可能的世界。而福田则是故意不明确交代图和底关系，让图与底产生反转互融的现象，进而产生双重意象。福田的海报还追求图形的单纯化（这里指在具象艺术范围内，求取相对单纯的形式与复杂的内涵间的统一，就形式而言，是以简约的结构包含复杂材料组合的有序整体。）来共同诠释图与底的关系，即图与底发生反转并彼此融合成一个整体，进而产生双重的意象，同时也赋予整个画面无限扩展的空间感。

在1975年为日本京王百货设计的宣传海报中（图4-2-4），福田就开始利用图、底间的互生互存的关系来探究错视原理。作品巧妙利用黑白、正负形成男女的腿，上下重复并置，黑色底上白色女性的腿与白色底上黑色男性的腿，虚实互补，互生互存，创造出简洁而有趣的效果，其手法为“正倒位图底反转”。作品中的男女腿的元素，也成为福田海报中有代表性的视觉符号。

在图底关系的运用方面，福田也不断地在探索新的表现形式。例如，1984年《UCC咖啡馆》海报（图4-2-5），他以搅拌咖啡的杯中漩涡作正负纹理交错，创作出众多拿着咖啡杯子的手，并呈螺旋状重复并置，突出咖啡这一主题图形又不失幽默情趣。我们称这种将主题图形分置并列，呈现出相互回转展开的动态意味的手法，为“放射状图底反转”。

又如1986年福田繁雄作品展海报（图4-2-6），他将女人躯体的轮廓从中部横向分割，并且被分割的图形做重复的平移式交错重组，造成图底交叉汇合的错视，我们可称之为影像的“水平交错式图底反转”。

在图底关系的讨论中，格式塔心理学不仅注意到形从背景中分离出来的诸种条件和限制，而且还注意到底本身在艺术品中的重要作用。在这些作品中，这种互生互存的图底关系，不仅可将主题与背景相互交融成为一个共同体，也会使整体画面具有包容性与双重性的合作关系。（图4-2-7）

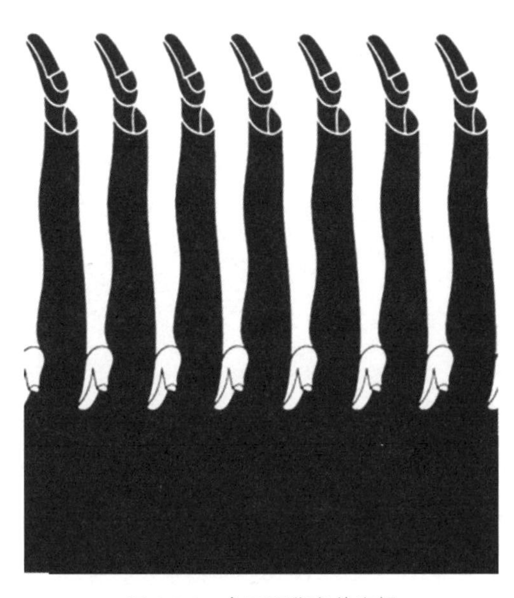

图4-2-4　京王百货宣传海报

图4-2-5　“UCC”咖啡馆海报

图 4-2-6　福田繁雄作品展

图 4-2-7　图底共生的趣味图形

三、视觉语义传达

（一）语义与视觉语义

语义是指对语言意义的研究，视觉语义是指探讨视觉符号所代表的意义、观念、情感之间的各种关系，是对各种视觉符号的解读。语义学通过汲取哲学、心理学、逻辑学等学科的精髓，博采众长，促使自身体系趋于完善合理。设计师利用视觉符号所代表的意义、观念、情感之间的各种关系，就是传达给受众的语义说明。

视觉传达设计的中心含义是“艺术地物化人的愿望”。整个的设计应是围绕人的愿望来表现的。它必须带有视觉的可视性和可读性，研究、了解、掌握和运用他们的心理需求，通过点、线、面、图形等视觉元素，呈现在消费者面前。欲使视觉形态语义准确，首先要了解各设计因素的潜在语言，了解设计原则、文字语义、图形语义、色彩语义及心理暗示等几个方面，综合起来传达信息。

（二）图形符号形式的语义层次

随着现代通信技术与传播技术的发展，人类步入了信息读图时代，人们更愿意通过图形的形式来交流或传达信息。诚然，图形是最直观的视觉表达形式，而今天的图形有着更深刻的语义性、简洁性、创新性、延展性。图形作为一种视觉传达语言，图形语义是图形语言所表达出来的含义，解决的是“说”的问题。图形“怎么说”“说什么”，成为图形存在的意义。说到底，把握好图形语义才能更好地传达信息，让受众理解和接受。用人们普遍熟悉的形象元素进行图形创意能使人们更迅速地产生认知和联想，领会图形诉求的意图，使所传达信息更明确，寻求到受众与图形沟通的方式，成为图形设计的原动力。

图形符号的界定因其形式和内涵的丰富性、复杂性，需要我们从不同层面来梳理。从符号语素单位组成来看，我们可以把图形符号分为两大层次。

作为图形中视觉语言组成的最小语义符号，它不仅包含具体形态可分解、有意义的子符号形态语素，符号所具有的色彩、空间位置、材料等相关形态属性，也构成基本视觉符号单位。

这些元素因为人类文化的长期积累和感觉经验的介入，已经具有相对独立的语言意象和内涵，可以影响甚至主导传播信息的整体表达，对意义形成与传播效果有着重要作用。如“鸽子和橄榄枝”本是与“和平”不相关的两件事物，由于长期的文化传统和习俗，它们共同构成“和平”的主题形象，这种方式在观念上被人们所认可，由表面的“不合理”，达到了“合乎情理”，在情感上和意念上浑然一体。再比如，红色在不同的视觉环境里会形成热烈的、激情的、爱的、暴力的等不同语义变化，这种变化成为设计作品重要的表情和信息导向；而相同形态放置在画面不同位置，也会因画面力场分布的差异呈现坠落不安的或上升飞扬的感觉状态。

语义说明具有一定的前提限制，它必须放在一定的使用情景下才能产生相应的效果，不恰当的语义会导致用户误解，影响使用或意义的传达。这些因“形式”差别而造成的微妙语义变化和感受波动，过去被笼统地概括为形式的情态，其实这恰是图形符号一种独特的语言价值，它们和具体的形象符号一起构成图形语言系统丰富的语汇基础。

（三）文字符号形式的语义层次

文字的基本功能是传达信息，文字也是视觉传达设计中的重要组成部分，其意义和价值主要体现在以下几个方面。

1.引导观众解读图像

图像的内涵和文字比起来，是相对模糊、多义和不准确的，所以，视觉传达设计中的文字对图像常常具有命名和统摄作用，它指明了图像是什么，使受众在第一时间内就能明白图像所代表的意义。文字引导受众去解读图像，并起到了一种“优先解读”的作用，既使受众按照设计者的意图去解读，也最大限度地避免了受众对图像的误读及解码的不准确。

2.文字的形式表现

配合图像，增强设计作品的整体诉求力。文字的主要功能是信息的传达，设计主题的多样化和表现对象的不同需求，决定了设计中文字表现形式的多样化。比如，坚挺粗壮的黑体字、清雅俊秀的宋体字、天真童趣的卡通字，传达出的是不同的意趣。它们不同程度地增强了图像所能负载的内容，强化了设计作品整体的视觉诉求力。另外，设计作品中的文字还有利于受众者对信息主次的区分，使观看的活动主次分明、有序地进行。

3.文字的图形化设计

在今天的视觉信息传达设计中，文字很大程度上都具有图像的意味，设计者通过优秀的文字设计，使其不单承担着信息传达的功能，有时甚至就只是作为背景或图形来处理，表现文字强烈的个性和突出的视觉效果，让文字实现了图形化，从而达到了视觉信息传达与个性风格、识别印象、审美意味等多方面的完美结合。例如，有些广告作品甚至不用图形，仅以文字设计作为广告画面视觉信息传达的载体。

（四）语义符号的组成关系

独立符号语义，即具体的单一的符号形式所传递的语义内涵。美国符号学创始人、哲学家和逻辑学家夏尔·桑德·皮尔斯（1839—1914）曾从符号与对象的关系角度把符号分为图像符号（ICON）、标志（指示）符号（INDEX）和象征符号（SYMBOL），这是独立符号语义较有影响的划分方式，较好地描述了视觉符号表意特点，将人类视觉符号从象形、指示到象征语言表达的层次进行了有效论证和揭示。但是，由于这类划分方式关注的更多是孤立的符号信息和语义关系，难以把握实际视觉作品中大量组合式符号形态关系和环境语义特点，不能深入到更丰富的符号组合语言结构研究的层面，有其明显的局限性。目前国内外许多符号学研究和分析都是以独立语义符号为主要视角进行的。

组合符号语义，也就是我们说的组合式符号形态的语义。不同符号因其外在形式和内在意义的关联，经过有机组合、编码会形成新的符号，并在产生新的语义同时形成一定的语法修辞关系，例如比喻、拟人、夸张、借代、悖论、互衬等，超越了单一符号表意的局限，具有比过去单一符号更丰富的意义延伸和内蕴，使符号语言有了根本的飞跃。比如，我们选择和平鸽与靶心同构，可以暗喻战争的残酷和对生命的威胁，让上吊自杀的绳子与烟头同构（图 4-2-8），就可隐喻戒烟的主题。

福田繁雄的反战招贴倒转方向的弹头处理是典型的悖论表现手法，而借助安格尔名画《泉》中少女肩头香水瓶流淌出的香水广告实际上就是概念的置换和借代。由于符号语素形成符号和符号组合，造就新的视觉形象，使图形语言的表述在更高一级

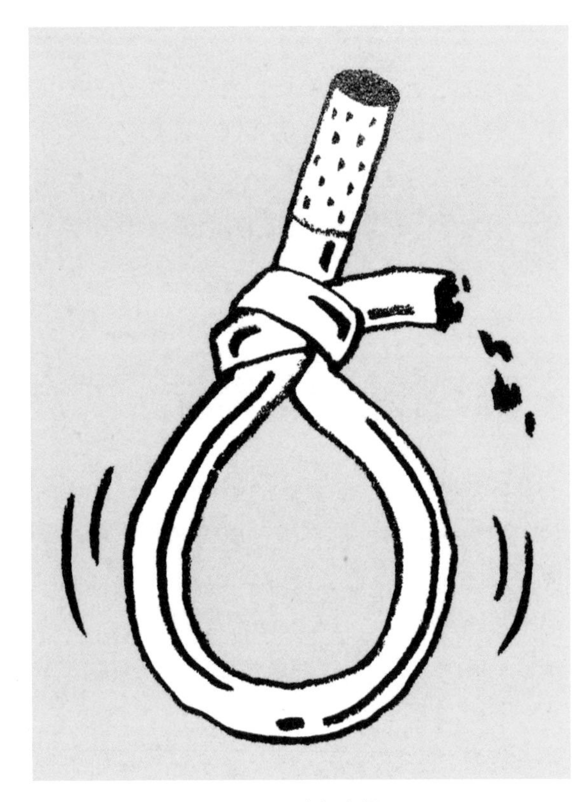

图 4-2-8　戒烟海报

上获得无限的组合变化，这就如同汉字，可以形成无数的词组和句子，所表现的空间、表达的情感与思想更加丰富和自由。可以说，组合符号语义关系研究是图形符号语言研究的重要方向和趋势。

四、设计说服与接受态度

（一）如何进行设计说服

1.什么是说服

设计的根本是说服。那么什么是说服？简单来说，说服就是“用理由充分的话使别人信服”，说服的结果是态度或行为发生转变。马谋超认为，说服是通过给予接受者一定的诉求，引导其态度和行为趋向于说服者预定的方向。从说服的定义可看出，诉求是外界的手段，而态度和行为朝着预定的方向变化，则正是说服的心理实质。

2.说服的意义

根据亚里士多德的观点，说服包括三个组成部分：气质 (ethos)、理性 (logos)、情感 (pathos)。气质是指信息提供的可信程度，理性是指说服论证的逻辑性，情感是指说服过程中所借用的情感吸引力。如果一个讲话的人是可信的，或者表现出了权威性，而且论据确凿，表达合理，又对听众有吸引力，那么他就有可能说服人群。说服是一种改变他人态度的途径。所有人类的传播活动，都使用了说服和宣传手段，力图塑造和改变听众和读者的态度。说服的意义在于在消费过程中试图对潜在消费者产生正面的引导，使他们产生积极的态度，并最终引导可能购买的行为。

3.设计说服的本质表现

设计说服是将设计作为一种交流语言或方式，运用设计来引导他人的态度和行为趋向预期的方向。人与人、传播者与受众、广告与消费者之间的相互影响，从影响者的角度来看，这一过程就是设计说服，而从被影响者的角度来看，则是态度形成或改变。因此，如果要说服消费者，当然要了解消费者的态度形成或改变过程。

4.设计说服实施手法

（1）诱导说服。在设计生产中，商家为了达到推销产品和服务的目的，创造了独特的诱导型商业文化。设计师可以通过广告效应来创造新的观念，动摇消费者的心智，从而达到诱导购买的目的。当消费者的观念认同了广告观念的时候，消费者就已经被说服，从而心甘情愿地变成了广告产品的买单人。

（2）定位说服。在琳琅满目的商品中将自己的产品与其他同类产品区别开来，从而在市场上、在消费者的心目中确立一个独特的位置，形成强有力的品牌效应，就要给产品一个准确的市场定位，这时我们就可以通过视觉设计来赋予产品某种特色，并且设计出最能够打动消费者的一句广告语，而这精彩的一句，就是产品定位锻造出来的。

（3）审美说服。在视觉传达设计中人们欣赏广告的目的是多方面的，一是为了获得有关商品服务的信息，二是为了使感官得到娱乐。因此，广告创意策划在准确体现定位的同时，还要充分注意广告的审美原则，要做到语言美、形式美、意境美，尽量做到使顾客在欣赏企业的广告时，就如同欣赏一件艺术品。当消费者沉醉在广告产品宣传的美丽意境的时候，消费者就已经被说服，就会随广告所表达出的意境而浮想万千，从而心甘情愿地购买产品或服务。

（4）符号性说服。运用设计的符号性意义引导说服对象趋向预期的态度和行为。如可口可乐瓶形设计充满女性柔美曲线的符号，诠释品牌的基本特征，造就了经典。这种具有垂直条纹、中间突出的曲线形瓶子给人以甜美、柔和、流畅、爽快的视觉和触觉感受。工业设计师雷蒙德·洛伊对可口可乐窄裙瓶（图 4-2-9）的评价融入了更多的感情色彩，他称这种造型完美的瓶子“女人味十足”，造就了这种瓶子让人们“在黑夜里摸得出来，碎了也认得出来”的经典，也是我们眼里的“美国文化”。那些已被符号化的商品体现的就不仅是其实用价值，而且成了消费者之间的“沟通者”。当设计能够成功地说服人们相信它代表了他们所崇尚的文化，他们一旦拥有了这项产品（服务），就能明确标记或使他们更加接近他们所趋向的文化品位和社会属性的时候，人们就会对该设计产生积极的态度。我们将符号性说服视为一种重要的、独立的设计说服手段。

（5）理性说服。产品还可以通过理性诉求，改变受众的认知，使其发生理性购买。广告的理性诉求并不是要你板着面孔进行理性说教，而应该遵循态度改变的规律采取相宜的心理策略，这样才能提高广告说服的效果。

图 4-2-9　可口可乐窄裙瓶

理性诉求的具体方法：通过直接陈述、引用数据或图表、比较、类比等方法阐述最重要的事实，形象展示，展示产品使用全过程，正反两面的诉求，消费者的现身说法或实际操作，权威效应。在进行理性诉求的时候传达者应该注意以下几个方面：

①提高信息源的可信度。

②传达信息的公正性。

③论据比论点、论证更重要。

④提供购买理由。

⑤阐述最重要的事实。

⑥增大信息源的权威效应。

⑦普通消费者的现身说法。

⑧实际操作。

（6）情感说服。詹姆斯·韦伯·扬说过：“广告创意是一种组合，组合商品、消费者以及人性的种种事项。”以情动人的广告定位策略的核心在于迎合消费者的心理，这是一种从“硬”推销到“软”推销的广告策略。每个人的头脑中，都有许多“情感结”：一种为生理性的“情结”，当我们看见一个婴儿、动物或者异性的身体时，就会产生一种可以观察到的情感表现；另一种为文化“情结”，对家乡、某一地区、某些浪漫事件、某种时期怀有特殊的感情。情感诉求就是设计师通过极有人情味的诉求方式，极力渲染美好的情感色彩，把产品塑造成人际或心理角色，传达产品给人们带来的种种精神享受，给产品融进优美动人的生命力和丰富的情感内涵，加强形象的审美性，促成受众对产品的审美观赏与接受，用品牌传播的创意不断去刺激消费者心中这些已存在的“情结”，他们就会与该品牌融合在一起。

产品本身是没有情感的，它可以通过广告语和广告画面，来说服消费者达到推销目的，而说服的关键是“晓之以理，动之以情”。广告在说理的同时打着大量的“温柔牌”，使商品摆脱了冷冰冰的面孔，戴上了温情脉脉的面纱。

以情动人的广告无处不在。如戴比尔斯钻石的广告简直就是把爱情雕刻在了钻石上——“钻石恒久远，一颗永流传”。戴比尔斯钻石就这样一直坚持不懈地塑造着经典爱情，同时也塑造了自己的经典品牌。再比如哈根达斯的经典广告语：“爱她就请她吃哈根达斯！”可口可乐公司欧洲太平洋集团公司总裁约翰曾说过一句耐人寻味的话：“可口可乐并不是饮料，它是一位朋友。”正因为可口可乐公司拥有远见卓识的经营哲学，奉行了成功的情感渗透策略，才使可口可乐成为一代霸主。在许多美国人的心目中，喝可口可乐就同中国人中秋节要吃月饼一样天经地义。

可口可乐的诞生是美国建国以来一百件大事之一，是美利坚的民族文化。三九胃泰在宣扬疗效不凡的同时绝没忘记塑造“悠悠寸草心，报得三春晖”的感人形象；“青丝秀发，缘系百年”，这不仅是“百年润发”的一句广告语，更是一种意境、一种美好情感的凝聚，是呵护百年，温情中展示着要树百年品牌的决心。这些都以情暖人心、温馨备至的情感诉求，来感染消费者，从而在消费者心中占位，成为同类产品中的“大哥大”。

当消费者被广告所渲染的情感打动的时候，消费者就被说服了，在声情并茂的语境下变成了广告的“俘虏”。但是面对越来越苛刻的营销环境、变化越来越快的消费行为，广告人自我陶醉的情感诉求往往很难生存，只有富有创意的情感广告才能打动消费者的心。

就所有商品实物来讲，其属性是物质化的，如果仅停留在陈述商品特点、功用的层面，则过于平庸，但是，一旦将物质化的商品与受众的情感联系起来，就大有创意素材可挖了。

（二）设计说服中对设计师的要求

1.良好的沟通技巧

每个设计师都会面临如何与客户沟通的问题。如果通过与客户的交流让客户相信你是正确的，觉得你的设计是最适合他的，并且认同你的设计，那么，对客户的沟通就是成功的。具有优良素质的设计师通常具有良好的沟通技巧和说服能力，因为设计行业是服务行业，设计师所作出的设计肯定也是事先遵循客户要求，如果设计出的作品和客户期望的结果有所出入，首先要清楚地表达自己的设计目的和意图，只要我们说得有道理，说不定还能改变对方的初衷，增强他对你作品的理解。在这个过程中一定要注意说服态度要和蔼，晓之以理、动之以情，逐步引导他们对设计师作品的理解和认识。

2.要具备多种行业认识

客户所处的行业正是客户所擅长的行业，所以客户认为设计师是不了解这个行业的。那么一旦沟通起来，客户肯定有足够的理由让设计师按他的要求来修改，但有时这种修改是不必要的。只有当设计师对该行业有所了解或者超过客户的了解程度，那么才有充分的理由说服客户，让他完全信任你，这时他不但不会反驳，还会请教你。通过行业的相关知识让客户对你深信不疑，这时候，客户还会要求乱修改设计吗？所以，设计师要说服客户，必须学习客户所在行业的知识。

3.兴趣爱好要广泛

作为一名出色的设计师必须要具备良好的综合素质，要有广泛、深入的兴趣爱好，这对说服客户也很有帮助。设计师平常应多去关注生活，了解时事和时尚，多听听音乐看看书，有时间去旅游，这样不但能通过这些兴趣爱好提高自身的艺术修养和审美情趣，还能拉近与客户的距离。当客户把你当作朋友的时候，他不会感到被轻视了，而你给客户讲你的设计方案，他也能认同你而欣然接受，自然也不会随便地要求修改你的设计。所以，设计师要说服客户，必须有广泛的兴趣爱好。

（三）接受态度

1.什么是态度

态度是指关于人、地方、事物或问题所形成的长期的肯定或否定的感觉。它是个体以特定形式对待人、物、思想观念的一种倾向性，这种倾向性以语言、文字表达出来就是意见，而意见的本身，也就是态度的表现。除意见以外，态度也可以通过行动表现出来。从说服的定义可以看出，诉求是外界的手段，或者说是广告刺激，而态度和行为朝着预定方向变化，则正是说服的心理实质。

2.态度的结构

态度作为个体对特定对象的一种心理反应倾向具有一定的结构，它包括认知成分、情感成分和行为倾向三种成分。

认知成分是对态度对象的认知，是由个人对于有关对象的信念构成的。对事物的认识越深入、越全面，态度也就越稳定。因此，设计中可以运用“摆事实、讲道理”的方式去形成或改变受众的态度。

情感成分实质上是对态度对象的评价，表现了消费者对态度对象的好恶和情感体验，如喜欢不喜欢、愉快不愉快、讨厌不讨厌等情绪体验。情感的强度反映了态度的强度，情感是影响态度改变的很重要的因素，它往往直接决定着消费者的购买行为。

行为倾向是指行为反应的准备状态，即准备对态度对象作出某种反应，在这里指的是消费者的购买意向。

上述态度结构中的三个成分是相互依存、相互制约的。结合模型图，我们认为在态度的形成过程中，认知是基础和前提，它来自外来的信息和自身经验的分析和推理，情感伴随认知而产生，认知结果和情感将导致主体行为的意动，这就是态度和行为改变的全过程。认知、情感、行为是设计交流的作用方向，有效的设计说服应从影响和形成积极的态度着手，通过对消费者的认知、情感等方面的影响来说服消费者产生购买意向。一般情况下，三种心理成分处于协调状态，否则有可能发生态度的改变。

3.态度改变及其影响因素

态度形成之后比较持久，但也不是一成不变的，它会随着外界条件的变化而变化，从而形成新的态度。商家可以通过说服性传播沟通过程促使消费者的态度发生有利于自己品牌的变化，并尽可能地影响消费者的购买行为。

4.态度改变的两种形式

态度既有方向特性（极性），又有强度特性，也就是说，态度的肯定与否定作为两个极性，中间会有各种程度，这样态度可以看作一个量的连续体。态度的改变包括两个方面，一是方向的改变，一是强度的改变。比如，某人对一事物的态度原来是消极的，后来变得积极了，这是方向的变化。原来对某产品持有犹豫不决的态度，后来经过朋友介绍和试用，感到效果不错，变得非常喜欢，这是态度强度的变化。当然，方向与强度有关，从一个极端转变到另一个极端，既是方向的变化，也是强度的变化。

设计说服的作用就在于通过有效的诉求，使消费者对特定商品或劳务的态度，从原来的否定或消极态度转变为肯定或积极态度，从原来中性态度转为积极态度，或者从原来的少许肯定的态度发展成更肯定的态度，最后达成购买行为的发生。

5.消费者态度改变的理论

态度的改变是在一定的社会影响下，在原有态度的基础上形成新的态度。在人和社会的相互作用中，态度的不断改变依赖于某些外部和内部的条件，其转化过程正体现了人的社会化发展的过程。

心理学家霍夫兰德和贾尼斯（C. J. Hovland & I. L. Janis，1959）提出了态度改变的“劝说情境模式”。（图 4-2-10）

这个模式不仅指出引起态度改变（或不改变）的过程及其所涉及的主要因素和有关变量，而且也证明了凯尔曼（A. C. Kelman）提出的态度改变的三个阶段。

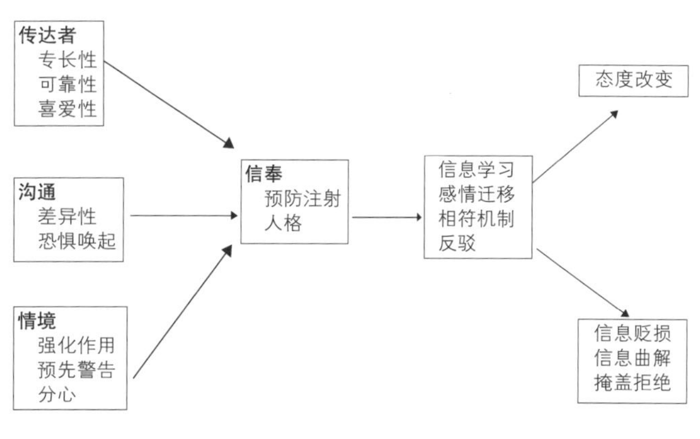

图 4-2-10

第一阶段：依从。

此阶段是最表层的态度改变。当一个人原有态度与外部存在着一些差异时，这种差异会产生压力，引起内心冲突，或者称不协调、不平衡、不一致。为缩小这种差异，减少压力，人就会受到外来影响，改变自己原有的态度或表面行为，即从众心理或是随大流。还有一种情况就是消费者受到某种团体压力，不得不为之，即强迫消费，比如公司要求统一着装上班。

第二阶段：认同。

此阶段变化水平高于第一阶段。在此阶段消费者的变化是出于自愿的，消费者在态度的情感成分上发生了改变，或与某群体或个人产生情感联系而改变态度。因为发生了情感联系而改变态度是态度认同的阶段。如："XX 产品专为漂亮的女人而做"，认为自己漂亮的女士们会十分乐意产生认同态度。

第三阶段：内化。

这是态度改变中最深刻的层次。它指人们获得了一种与价值观相联系的新观念，而此观念已成为个人价值体系中的一部分。消费者这一层次的态度改变常常指在与价值观相关联的某种消费观念或文化观念上发生的变化，内化了的态度不易发生改变。

霍夫兰德、凯尔曼等的研究表明，个体态度改变与否取决于信息源、接收者与信息传播过程三方面因素的综合作用。在设计说服中，传达者最具有主观操控能力的就是信息源，这包括传达者的专业知识、公正性、可信性、吸引力和被喜爱程度等，以及广告对象周围环境的强化作用。当然消费者也具有抵制说服的力量，他们会采取各种办法去否定或抵制外部影响，以维持原有态度。这些抵制的办法就是：预防注射、预先警告、掩盖拒绝。

上述这些研究与实践都对我们在视觉传达设计中"说什么""如何说""由谁说"具有重要指导意义，而诉求的目的也就是说服消费者产生积极的购买态度和购买行为。

案例分析

SWATCH创意海报（图4-2-11）：个性打扮的美女—Symbol—时尚的喜新厌旧、无情善变—SWATCH的永远创新、与众不同。

图 4-2-11　SWATCH 创意海报

图 4-2-12 “反对皮草”海报设计加拿大赛区

第四届国际“反对皮草”海报设计大赛加拿大赛区获奖作品（图4-2-12）。图形是由一摊鲜血所构成的加拿大的枫叶旗，而枫叶留白的负形是一只海豹。视觉图形象征着海豹正在被人类大量地捕杀，它们即将从这个地球上消失、灭亡，留下的将只是被虐杀过后的鲜红血渍。画面中心的文字“停止流血！保护海豹”强烈呼吁大家反对利用动物的皮毛来牟取暴利，禁止虐杀动物，爱护环境，保护生态。

平庸的设计总是把元素铺得很满，而高明的视觉设计讲究用留白来促进构图的紧凑感。留白来自于内容规划中的删除原理，即将内容文本进行精炼和条目化，明确哪些元素必须保留，将无关的元素进行缩减，甚至完全剔出，让画面显得简洁而有力度。大众汽车广告（图4-2-13）使用了格式塔理论中的元素删除原则，画面基本属于空白，只留下一句耐人寻味的广告语：“不看也罢，60年的大众依然不变。”大众一直把经典塑造到底。

图 4-2-13 大众汽车广告

一幅关于爱护城市卫生的公益广告（图4-2-14），画面是一把牙刷，刷毛则是由城市建筑组成，画面简洁、明了，采用了格式塔结合原则的手法，把牙刷和城市建筑物两个不相干的物体进行了巧妙的结合。广告语：城市也需要天天清洁。呼吁我们爱护城市就像爱护自己的牙齿一样，需要天天呵护。

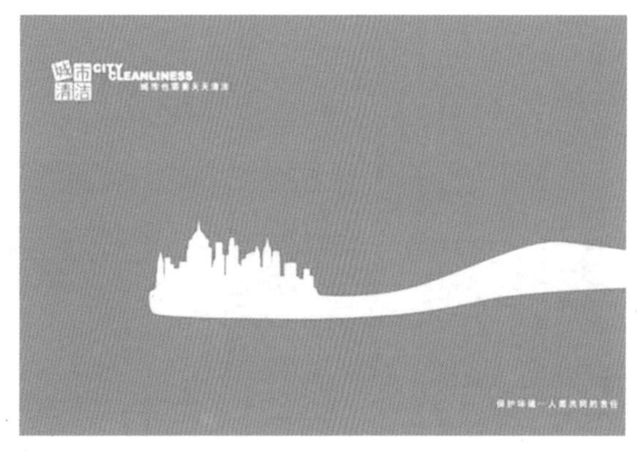

图 4-2-14 《城市清洁》公益广告

图 4-2-15 IBM 广告

IT行业一贯追求理性的诉求风格——幽默、冷静、简洁、有力，这让消费者觉得真实而可靠。IBM的广告（图4-2-15）中，一名职员正坐在服务器的“森林”之中，表情沉着而冷静，整个画面都笼罩在白色的冷色基调中，充满了紧张神秘的科幻气氛。左下方精彩的广告正文像是在叙述一个紧张的、令人屏息的“新黑客帝国”的故事。广告的画面和文字内容展现了客户可能遇到的困境，从而巧妙地强调了IBM能够帮助客户解决问题、实现价值。广告通过简洁的大标题“重掌基础设施的控制权”这句平淡而有力的广告语毫不拖泥带水直指诉求重点，对于整天面对冰冷机器或要做出重要购买决策的潜在目标群体很具有说服力。

“一股浓香，一缕温情”，为南方黑芝麻糊营造出一个“温馨”的氛围，深深地感染了每一位观众，成为20世纪80年代的经典广告。每当人们看到南方黑芝麻糊时，可能就会回忆起那片温情。这段经典广告，曾获得全国性广告设计大奖，它的定位就是情感销售。

《南方黑芝麻糊》电视广告（图4-2-16）文案说明：这则广告运用怀旧手段，从感情诉求出发唤起成年人对美好童年的回忆，运用了贪吃小男孩的形象，有力地表明了“南方黑芝麻糊”的上乘质量，增强了广告的真实度与亲切感。运用小男孩的形象并不是表明目标受众为小孩，而是以小男孩为线索，牵引出目标受众的情感主线。场景的古色古香，更加烘托出怀旧的情绪，一声“南方黑芝麻糊”的吆喝声合理地展示出对品牌的理解与记忆。在诉求中情感表达得合情合理、淋漓尽致，贴近大众生活，给人以亲切感。

以电视镜头中的形象强化品牌形象，以品牌唤起广告受众的怀旧心理，两者结合融洽，使一个平淡无奇的、物质化的南方黑芝麻糊，既有了生气，也有了情味，有力地表达了广告信息，让消费者回味无穷，长久地记住了广告所宣传的品牌，从而达到了引起欲望、促进销售的目的。

图 4-2-16 《南方黑芝麻糊》电视广告

图 4-2-17　唇膏广告

图4-2-17是一个化妆品广告，用一片形状极似嘴唇的绿叶来象征唇膏产品的清新与天然，产品定位清晰，设计表现简洁明了。

图4-2-18是运用了置换、图底共生等多种视觉表现手法设计的几组关于巴黎埃菲尔铁塔的创意图形。

莱尼・索曼斯作品

塞姆・彻瓦特作品

阿兰・勒・昆奈科作品

克利斯多夫・尼曼作品

青叶益辉作品

丹・雷幸格作品

菲利普・埃皮罗作品

图 4-2-18　巴黎埃菲尔铁塔的创意图形

图4-2-19是国际“反对皮草”海报设计作品组图。请你观察、思考，看看设计师都用了哪些视觉创意表现手法。

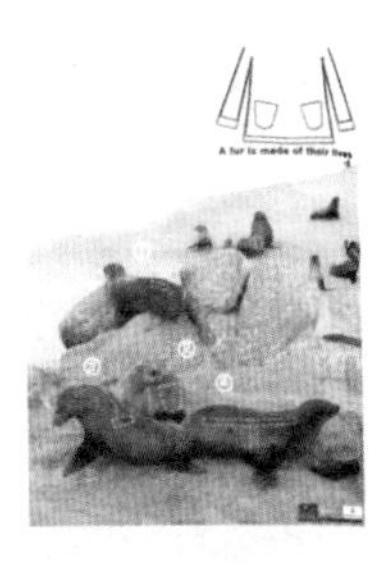

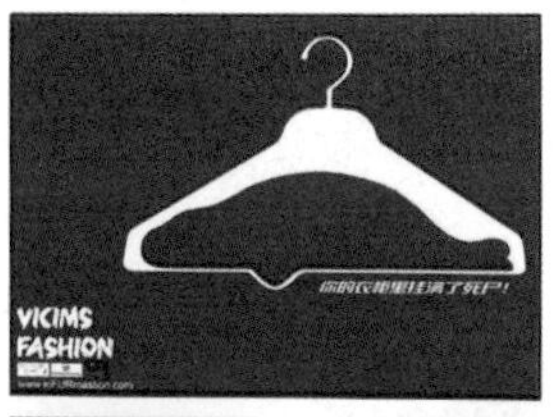

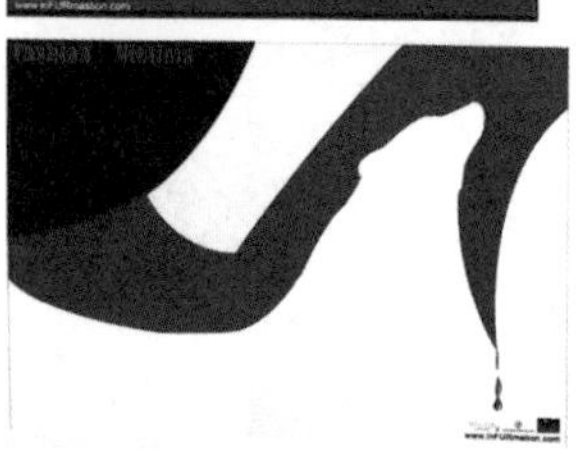

图 4-2-19　“反对皮草”海报设计

图4-2-20中的“PhoneBook”电话，导入书的概念设计，使这个电话的诸多功能结合了书的功能形式。

图 4-2-20　“PhoneBook”电话

小　结

本章主要介绍了视觉传达心理学的概念、基本原理以及视觉化设计的方法与技巧。第一节重点介绍了视觉传达的基本概念和原理，包括视知觉特征、媒介特征、符号和信息等要素对视觉传达的影响。同时，还介绍了如何运用这些原理来提高视觉传达的效果和效益。第二节则重点介绍了视觉化设计的方法与技巧，包括格式塔理论、图形与图像心理游戏、视觉语义传达以及设计说服与接受态度等方面。

通过学习本章内容，读者可以了解到视觉传达心理学的基础概念和核心原则，掌握如何应用视觉传达原理来设计和实施视觉传达方案，以提高对目标受众的影响力和传达效果。同时，读者还可以学习到视觉化设计的方法与技巧，提高自身的视觉表达能力，提高设计作品的专业水平。最后，本章还介绍了如何运用设计说服和接受态度等心理学原理来实现设计目标，提高设计的实际效益和效果，为实际设计实践提供了有益的参考和指导。

思考题

1. 举例说明格式塔理论中的“结合”原理在实际设计中的应用。

2. 结合自身所学专业谈谈图底反转共生的实际应用。

3. 什么是视觉语义？什么是为客户接受的视觉语义？

4. 试举例分析一则情感说服诉求的广告。

5. 简要论述视觉传达过程中的四个程序并举例说明。

6. 谈谈当今社会我们得到信息的主要渠道有哪些。

第五章　环境艺术设计心理学

第五章　环境艺术设计心理学

本章概述

本章主要介绍环境艺术设计心理学的发展历程、概念内涵以及与环境和行为方式相关的设计原则和方法。第一节将着重探究环境对人的心理影响，涉及颜色、形状、纹理、光照等因素对情绪、行为和认知的影响。第二节将探讨环境设计与人的行为方式的关系，介绍如何通过环境设计来影响人的行为和活动方式。

学习目标

1. 了解环境艺术设计心理学的发展历史和现状。
2. 理解环境艺术设计心理学的核心概念和内涵。
3. 掌握环境影响因素对人的心理和行为方式的影响。
4. 掌握运用环境设计进行心理调节和引导的原则与方法。
5. 提高环境艺术设计的实际应用能力和创新意识。

1969 年 7 月 21 日，美国宇宙飞船“阿波罗 11 号”登上月球，首次实现人类“上九天揽月”的梦想。我们第一次以全新的视角欣赏到自己美丽的家园（图 5-0-1）：在阳光照射下，地球上淡蓝色的大气层里缭绕着袅袅白云，深蓝色的是海洋，褐色的是陆地，覆盖白色冰雪的则为极地……这，既是我们赖以生存的家园，也是赋予人们创造力与想象力的完美空间。经过数亿万年的演变到今天，俯瞰地球表面，土地格局、岩体水景、动植物及人造景观之间紧密联系，形成了较为完整的空间格局（图 5-0-2）。在这个大的格局环境中，人类运用智慧及双手不断创造、发展适宜其繁衍生息的各类空间环境并聚集其中，形成了小到居室、院落、工作室、休息间、卖场、小型社区、广场，大到公园、城市各功能分区、各级城市及国家的逐级人为环境格局（图 5-0-3）。

图 5-0-1　在月球上拍摄的地球

图 5-0-2　自然风光

图 5-0-3　鸟瞰现代城市街区

一、环境艺术设计心理学的兴起及发展

由人创造的各级人为环境不仅是千百年来人类意志的体现，其现状与发展态势更将对生存其中的人们身心产生重要影响。鉴于两者相辅相成的特性，人们不得不将从中找寻到的相关理论形成系统科学加以研究，于是，环境心理学在 20 世纪五六十年代应运而生（更早的研究可能还要追溯

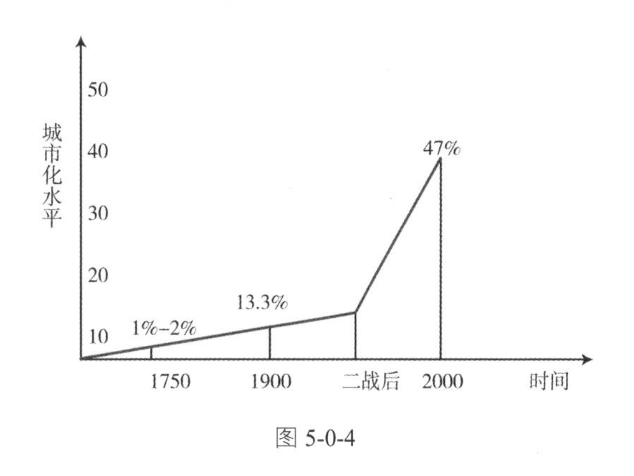

图 5-0-4

到 20 世纪 20 年代末，乔治·埃尔顿·梅奥等人研究“工作条件对生产率产生的影响”，在美国霍索恩进行实验、调查）。当时，西方社会特定的历史文化背景和社会物质环境直接催化了它的兴起和发展（二战后，世界人口不仅呈爆炸式增长，而且工业化和城市化的飞速进程使大量人口向城市聚集，如美国城市人口已占全国总人口的 7/10，导致一系列城市问题，如环境拥挤、交通混乱、环境污染，严重影响了人们的身心健康及生活状态，而这些正在恶化的问题归根结底正是由人的因素而产生的，因此引发多位学者专家对环境与心理及行为关系加以关注）（图 5-0-4），终于于 1950 年在三个地点及三个方面开始萌芽 [1]，逐渐形成了环境心理学这一新兴交叉学科。而后，经由短短几十年的发展及研究，相关著作及专业期刊陆续问世，全世界各个国家先后成立起诸如环境设计研究学会、人与环境研究会等专业团体，环境心理学在全世界开始有了长足的进展。发展到今天，越来越多的国内外大学和教育机构相继开设相关专业课程及研究课题，结合实践与研究，使这门新生学科的发展得到更好的土壤及肥料。

我国环境艺术设计心理学科的发展起步较晚，主要依附于西方相关理论著作及大量实验的既得成果，自 20 世纪末才逐渐加快步伐。1996 年在大连成立的“中国建筑环境心理学学会”在 2000 年正式更名为“环境行为学会”（Environment

[1]　伊特尔森和普罗森斯基在纽约开始研究医院建筑对精神病人心理及行为的影响；保罗·西瓦登在法国得到世界卫生组织的支持，对实质环境在精神病人治疗过程中的作用进行观察。1960 年，著名建筑学家凯文·林奇在麻省理工学院分析城市空间知觉，出版了《城市意象》（*Image of the City*）一书，后来霍尔的《隐匿的维度》（*The Hidden Dimension*，1966）和舒莫的《个人空间》（*Personal Space*，1969）相继出版。引自徐磊青：《人体工程学与环境行为学》，中国建筑工业出版社，2006。

Behavior Research Association，EBRA），已成为当今国际上继美国、欧洲、澳洲、日本之后第五个关于环境与心理及行为关系研究的国际学会。除了专业团体的成立，环境心理学相关的专业著作、期刊及国外译著陆续问世，这些理论成果同国内各级教育机构开设的建筑、规划和环境设计等相关学科相结合，教学相长，有益于其良性发展。

二、环境艺术设计心理学的内涵及外延

人们普遍会因为与一些事物朝夕相处而忽略它们的重要性，诸如大气、水、光源等。环境心理学虽然作为一门看似深奥的专业学科而显得跟人们日常生活相隔甚远，但事实上，它却是一门生活在人们身边的学科，它能挑起很多让人感兴趣的话题，亦能解答和解决不少日常生活大小问题。譬如，人们是如何认识家的亲切感与私密性？生活在钢筋水泥的闹市区与绿化众多的宁静郊外对人们身心健康分别有着什么影响（图 5-0-5）？怎样的工作环境能带给作业者最大的工作效率以及集体荣誉感？什么样的城市广场最能吸引人群（图 5-0-6）？怎样布置商业卖场的陈列方式、光源以及色彩的搭配，才能最大化地流通产品（图 5-0-7）？长期处于封闭或开阔空间的孩子在性格上有何差异？以及餐厅的氛围对于销售额和顾客满意度的影响等（图 5-0-8）。这些都是关乎环境与心理及行为的话题，从中我们可以看出，这个领域涉及的问题是同人们生活息息相关的，所研究的范围也是比较宽泛的。

由上可看出，环境心理学（environmental psychology）这门新兴交叉学科虽为心理学的一个分支，但实质上却涉及诸如医学、生理学、人体工程学、社会学、人类学、文化学、生态学、地理学、建筑学、城市规划、园林规划与设计、室内环境学和环境保护等多个领域，因此有着众多的别称，除了“环境行为学”（environment behavior studies，EBS）以外，还包括“人与环境关系研究”“行为建筑学”及“环境心理设计研究”等种种提法。此

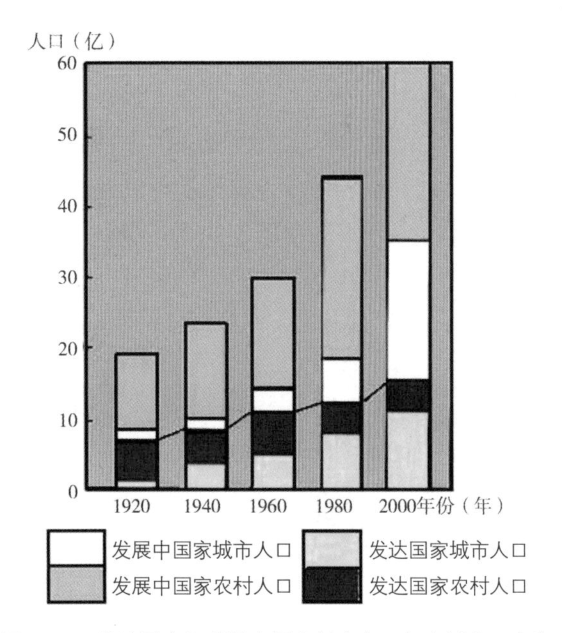

图 5-0-5　发达国家与发展中国家城市人口与农村人口占比

图 5-0-6　比利时布鲁塞尔街区

图 5-0-7 比利时布鲁塞尔街区

图 5-0-8 云南风味餐厅内景

外，有些学科(如建筑空间心理学、城市人类学、环境社会学等)研究的内容和环境心理学非常相近或类似，看似名目繁多，甚至根本上就属于一个知识系统内不同学术背景的学科。

一般认为，环境心理学是一门研究人类行为和环境之间关系的科学。它着重从心理学角度出发，探讨行为引发的诱因及人与环境的最优化，包括以利用和促进此过程为目的并提升环境设计品质的研究和实践；着重研究物质环境与心理环境，尤其是城市建筑环境与人类行为之间的关系，试图探索其中的规律，为解决人类所面临的环境问题、更科学地进行环境艺术设计并创造更好的生活环境作出行为研究方面的贡献。对应这个定义，环境心理学提出了两个目标：一是了解人与环境的相互作用，二是利用这些知识来解决复杂和多样的环境问题。那么在这个章节，我们主要探讨的是不同的环境状态(图 5-0-9、图 5-0-10)对于人们身心的综合影响、人们对于环境的认知恒常性以及心理和行为的相互关系等。

图 5-0-9 纽约时代广场一角(速写) 杨明义

图 5-0-10 平湖老城一角(速写) 冯其灿

繁华嘈杂的城市广场同宁静闲适的江南水乡，形成了环境空间的鲜明对比，对于人们身心将产生不同影响。

第一节　环境与心理

一、环境与心理尺度

（一）环境、心理、尺度和心理尺度

在阐述了环境心理学之后，我们接下来对“环境”“心理”“尺度”和“心理尺度”的概念进行简要梳理。

1.环境

“环境”一词由来已久，古有“时江南环境为盗区，凝以彊弩据采石，张疑帜，遣别将马颖，解和州之围”“抵官十日而寇至，拒却之，乃集有司与诸将议屯田战守计，环境筑堡寨，选精甲外捍，而耕稼其中”等，近有著名教育家蔡元培先生在《鲁迅先生全集》上作序曰：“行山阴道上，千岩竞秀，万壑争流，令人应接不暇；有这种环境，所以历代有著名的文学家、美术家，其中如王逸少的书，陆放翁的诗，尤为永久流行的作品（其‘环境’的内涵已演变为‘周围的自然及社会条件’）。”1972年，联合国在瑞典的斯德哥尔摩召开了有113个国家参加的联合国人类环境会议。会议讨论了保护全球环境的行动计划并通过《人类环境宣言》，建议将每年的6月5日定为“世界环境保护日”，通过现今主要环境问题、环境热点的关注及“环境保护”宣传纪念活动的开展，期望唤起全世界人民对人类赖以生存的环境的重视与保护。至此“环境”一词才终于开始成为家喻户晓的热议话题。

时至今日，“环境”的内涵和外延都进行了扩充，被赋予生物、物理及社会等多重含义。当然，对于不同的对象和科学学科来说，“环境”的内容也不尽相同。相对于我们在此探讨的环境艺术设计心理学，“环境”即为“室内外的景观条件”，我们分几方面来进行阐述。

其一，相对于人而言，环境可以说是围绕着人们，并对人们的心理及行为产生一定影响的外界客观事物。

其二，人以外的一切就是环境，因而每个人便成为他人环境的组成部分之一。

其三，环境本身具有一定的秩序、模式和结构，可以认为是一系列有关的多种元素和人的关系的综合体。

其四，人们既可以使外界事物产生变化，而这些变化了的事物，又会反过来对行为主体的人产生影响。例如，人们设计创造了简洁、明亮、高雅、有序的办公室内环境，相应地环境也能使在这一氛围中工作的人们有良好的心理感受，能诱导人们更为文明、更为有效地进行工作。

2.心理

心理是人的感觉、知觉、注意、记忆、思维、情感、意志、性格、意识倾向等心理现象的总称，从哲学上讲，人的心理是客观世界在人头脑中的主观能动反映，即人们心理活动的内容是来源于我们的客观现实和周围环境，其现象包括心理过程[1]和人格。每一个个体所想、所作、所为均有两个方面，即心理方面和行为方面。二者在范围上有所区别，又有不可分割的联系：心理和行为都是用来描述人的内外活动，但习惯上把“心理”的概念主要用来描述人的内部活动（但事实上心理活动会涉及外部活动），而将“行为”概念主要用来描述人的外部活动（同样，人的任何行为都是发自内部的心理活动）。所以，人的行为是心理活动的外在表

---

[1] 心理过程——人的心理活动都有一个产生、发展、消亡的过程。人们在进行活动时，通过各种感官来认知外界事物，将外界感受通过头脑思考出事物的因果关系，并伴随着喜、怒、哀、乐等情感进行体验，这一系列心理现象的整个过程即为心理过程。它按其性质可分为三个方面：认识过程、情感过程和意志过程，简称“知”“情”“意”。

现，是活动空间的状态推移。[1]

以往的心理学更多的是将注意力放在研究及阐释人类行为的层面上，对于周遭环境与人类行为的相互关系重视不够。环境心理学则是沿袭心理学的研究方法对环境的状态与形式进行探讨，即宣扬“以人为本”的精神，在人与环境相互关系之间，从人的心理特征出发来考虑研究问题，从而使我们对人与环境的关系、对怎样创造优质高效的室内外人工环境，都应具有新的更为深刻的认识。

3.尺度

“丈夫治田有亩数，妇人织纴有尺度”[2]，尺度是一个多学科通用的概念，通常的理解是考察事物（或现象）之特征与变化的时间和空间范围，因此定义尺度时应该包括三个方面：客体（被考察对象）、主体（考察者，通常指人）、时空维度。

环境中自然现象的发生都有其固有的尺度范围，在景观生态学中，景观、景观单元的属性（如大小、形状、功能等）及其变化是客体，人是主体，景观的内在属性决定了它的时空范围，即尺度范围。这里提“尺度范围”是有意与“尺寸”相区别：对景观或景观生态系统尺度的研究不是指确定的尺寸，而是有一个允许变动的范围，即通常所说的中尺度。在环境生态学的研究中，尺度概念有两方面的含义：一是粒度（Grain size）或空间分辨率（Spatial resolution），表示测量的最小单位；二是范围（Extent），表示研究区域的大小（O’ Neill）。有必要补充的是，尺度并不单纯是一个空间概念，还是一个时间概念，尺度范围在空间上通常指几平方公里到几百平方公里，时间上目前还没有比较统一的意见，一般为几年到几百年范围[3]。

大多研究环境空间都离不开尺度（图 5-1-1[4]），尺度的精准范围暗示着对事物细节的了解程度，如通常在一定尺度下空间变异的噪音成分，可在另一个较小尺度下表现为结构性成分，在应用遥感数据研究景观问题时这个问题表现得十分明显[5]。尺度是人们对环境空间和细部设施所产生的大小相对感知，没有相对性便不会产生尺度的概念，而人的自身就构成了衡量环境尺度的基本单位，因此，尺度也成为景观规划师及建筑师在从事规划、设计时必然遵守的基本法则和原理。

4.心理尺度

我们已经知道，环境中凡是和人产生关系的介质，都存在尺度问题。比如人们常常使用的生活用品、交通工具、景观构件、各种功能空间等，在认知、情感、意志等这样那样的心理过程中，为了便于使用而和人体保持相应的大小和尺寸关系，日积月累后，这种对于空间范围、幅度及大小等的各种感知与它所具有的通常形式，便统一为一体而铸入人们的惯性思维和记忆，形成一种普遍的尺度观念，即心理尺度。任何违反常规的物品，因其可能会使人感到惊奇、不适而更容易引起人们注意。（图 5-1-2）

在环境空间中，我们很清楚尺度是一个伴随空间存在必不可少的因素，而隶属人类心理感知范畴的心理尺度，则细化显现在空间形态的每一个毛孔上，代表空间作为传达情感的话语者。因此，可以说心理尺度是环境同人类联系的重要媒介之一，同我们的工作生活息息相关。譬如，在卖场里使用怎样的通道尺寸能够在提供给顾客愉悦购物享受的同时尽量节省商业空间？怎么通过夸张或者压制的手法营造各种不同情感的多层次空间？车行道、人行道以及绿化带各自尺寸的相互制约与妥协对于人们出行有着怎样的身心影响（图 5-1-3）？在规划住宅区或商业区时，怎样的空间尺度能解决住宅区的私密性问题和冷漠的邻里关系，抑或营造起浓烈的商业氛围和消费欲望……这些都是人们感兴趣的关于尺度和心理的问题（图 5-1-4）。在本章节，通过从人的心理特征的角度来考虑研究环境和空间问题，从而使我们对人与环境的相互关系、对怎样创造宜人的室内外人工环境，都具有新的更为深刻的认识。

[1] 丁玉兰：《人机工程学》，北京理工大学出版社，2005。
[2] 摘自《六韬・农器》。
[3] 肖笃宁、李秀珍等：《景观生态学》，科学出版社，2003。
[4] 张绮曼、郑曙旸：《室内设计资料集》，中国建筑工业出版社，1991。
[5] 邬建国：《景观生态学——格局、过程、尺度与等级》，高等教育出版社，2000。

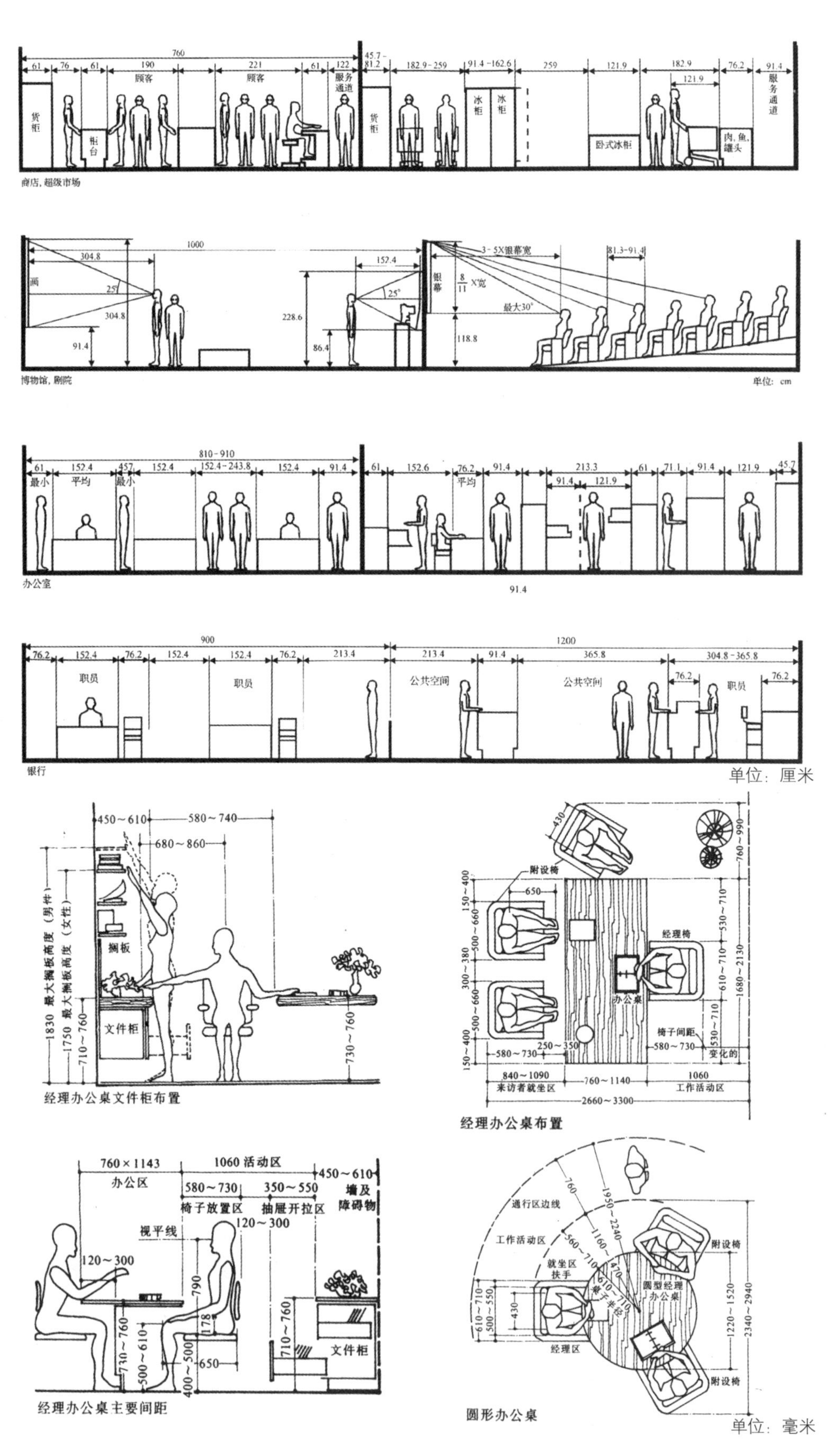

图 5-1-1　各功能空间常用人体尺度

图 5-1-2　意大利乌迪内的马泰奥蒂广场上展出了世界上最高的椅子。乌迪内是世界级的家具制作中心，每年都会举办国际椅子展览

图 5-1-3　瑞士城市街道的尺度非常适合人的行走

图 5-1-4　瑞士圣家连的修道院教堂内景

（二）环境与心理尺度相互作用

1.心理尺度通过尺寸、比例借助于人的视觉、心理等因素在环境中发挥作用

我们能了解一般环境的空间大小、距离及物品尺寸。譬如：公共空间（公园）休息座椅一般高度为 450—500 毫米；商业空间中通道距离：单边双人走道宽约 1600 毫米、双边双人走道宽约 2000 毫米、双边三人走道宽约 2300 毫米、双边四人走道宽约 3000 毫米；车流量较多的基地（包括出租汽车站、车场等），其通路连接城市道路的位置距地铁出入口、公共交通站台边缘不应小于 15 米，距公园、学校、儿童及残疾人等建筑的出入口不应小于 20 米；城市人口 20—50 万时主干道宽度 30—40 米，城市人口 10—20 万时主干道宽度约 20—30 米；餐厅中普通餐桌高 750—790 毫米，餐椅高 450—500 毫米，酒吧台高 900—1050 毫米、宽 500 毫米，酒吧凳高 600—750 毫米 [1] 等。当然这些数据并非绝对尺寸而不可更改，只能说明这些通过规范约定的尺寸能够在实践中尽量避免人们心理上产生不良（不安全、不适用）感觉（图 5-1-5）。实际上，在不违背安全及使用要求的条件下，空间尺寸可依据具体的环境情况及空间允许范围酌情作出调整。

图 5-1-5　丽江古城使人亲切的街道尺度

[1] 张长江：《建筑与景观设计基本规范》，中国水利水电出版社，2007。

环境空间中的尺度不仅存在长、宽、高的度量大小，而且还存在着尺度间的比例关系，和谐的比例和空间大小可以带给人适宜、美好的心理感受。早在公元前6世纪，当人们对世界的认知还处于懵懂状态时，古希腊数学家、哲学家毕达哥拉斯就开始探求什么样的数量比例关系才能产生美的效果，期望通过音乐节奏将完美及固定的规律用数理的方式表达出来。毕达哥拉斯学派研究的定律被应用在很多领域，后来经雅典学派的第三大算学家欧道克萨斯完善总结，著名的“黄金分割”[1]由此而来，开普勒称其为“几何学第二大财富”。

由于采用这一比值能够引起人们的美感，因此它在艺术创作（图5-1-6）、工艺美术和日用品的长宽设计，以及在实际生活中的应用非常广泛：舞台上的报幕员并不是站在舞台的正中央，而是站在台上一侧，以站在舞台长度的黄金分割点的位置最美观，声音传播得最好。就连植物界也有采用黄金分割的地方：如果从一棵嫩枝的顶端向下看，就会看到叶子是按照黄金分割的规律排列着的。建筑物中某些线段的比例也科学采用了黄金分割，如古希腊巴特农神庙是举世闻名的完美建筑，它的高和宽的比是0.618。建筑师们发现，按这样的比例来设计殿堂，殿堂更加雄伟、美丽，用于设计别墅，别墅将更加舒适、漂亮，一扇门窗若设计为黄金分割的矩形也会显得更加协调和令人赏心悦目。而在很多科学实验中，选取方案常用一种0.618法，即优选法，它可以使我们找到合适的工艺条件合理安排较少的试验次数。正因为它在造型艺术中具有的美学价值对建筑、景观、文艺、工农业生产和科学实验有着广泛而重要的影响，所以人们才珍贵地称它为“黄金分割”。[2]令人惊讶的是，人体自身也和0.618密切相关，对人体解剖很有研究的意大利画家达•芬奇发现，人的肚脐位于身长的0.618处，咽喉位于肚脐与头顶长度的0.618处，肘关节位于肩关节与指头长度的0.618处，人体存在着肚脐、咽喉、膝盖、肘关节四个黄金分割点，它们也是人赖以生存的四处要害。这个理论的应用以及效果，体现了环境中尺寸以及比例对环境空间以及人类身心产生的影响。

图5-1-6 大卫《萨宾妇女》 黄金分割在古典艺术中的体现

2.心理尺度在环境中受不同性质空间精神需求的影响

我们可以通过古典建筑中对柱式的运用清楚明白这一点。第一个例子是卡纳克阿蒙神庙（图5-1-7）。古埃及时期神庙众多，巨大的神庙遍及全国。其中规模最大的卡纳克（Karnak）的阿蒙神庙建于公元前21世纪到公元前4世纪，总长366米，宽110米，前后一共造了六道大门，以第一道为最大。为了营造统治者“王权神化”的效应，庙的轴线朝向西北。每当举行仪典，法老走出牌楼式大门时，太阳正在两座梯形石墙之间冉冉升起，戏剧性地寓意着统治者和太阳神的“同一”，将当时民众对太阳神的膜拜转

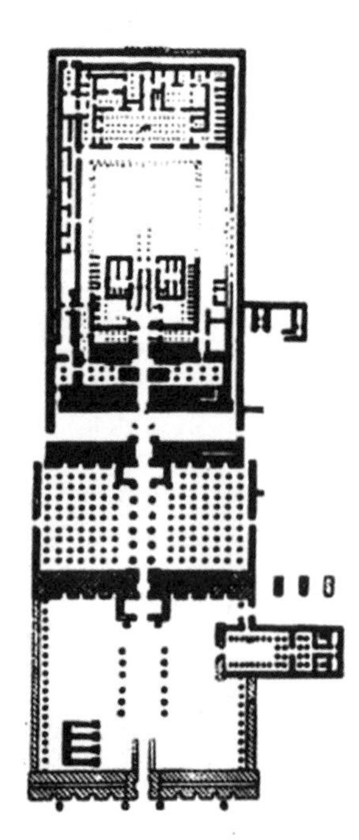

图5-1-7 卡纳克阿蒙神庙

[1] 又称黄金律，指事物各部分间一定的数学比例关系，即将整体一分为二，较大部分与较小部分之比等于整体与较大部分之比，其比值为1 ∶ 0.618或1.618 ∶ 1，0.618被公认为最具审美意义的比例数字，亦是最能引起人的美感的比例，因此被称为黄金分割。参见李大潜：《黄金分割漫话》，高等教育出版社，2007。
[2] 参见百度百科“黄金分割”。

图 5-1-8 卡纳克阿蒙神庙大殿剖面图

而演变为对法老的崇拜。

卡纳克阿蒙神庙大殿内部净宽 103 米，进深 52 米，密排着 134 根柱子（图 5-1-8）。早在古王国末期，有些石柱的细长比已经达到 1:7，柱间净空 2.5 个柱径；中王国时期的一些柱廊，比例则更加轻快。但这座大殿里的柱子，细长比只有 1:4.66，柱间净空小于柱径，可见，用这样密集的、粗壮的柱子，是有意为了制造神秘、压抑的心理效果，使人产生崇拜的精神感受。这些柱子上布满阴刻浮雕，上着彩色，柱梁之间的交接非常简洁、均衡，比例十分匀称，通过成熟的艺术效果使人萌发宁静、安详的视觉感受（图 5-1-9）。卡纳克阿蒙神庙除大门之外，建筑艺术已经全部从外部形象（金字塔和崖壁阔大雄伟的纪念性）转到了内部空间（庙宇的神秘和压抑），这是同当时的国王崇拜由氏族社会的原始拜物教转到奴隶制社会的宗教相适合的。

图 5-1-9 卡纳克阿蒙神庙的大纸草柱

另一个例子则是古希腊雅典卫城的帕特农神庙，原意"处女宫"，是守护神雅典娜的庙。作为主题建筑物，它位于卫城上最高处，距山门 80 米左右，一进山门即有很好的观赏距离。它的内部分成两半（图 5-1-10、图 5-1-11），朝东的一半是圣堂，圣堂内部的南、北、西三面都有列柱，是多立克式的。为了使它们细一些、尺度小一些，以反衬出神像的高大和内部的宽阔，这些列柱做成上下两层重叠起来。如果用通高的柱子，柱径很粗，内部将拥挤不堪，而且尺度过大，神像也就受到压制了。帕特农神庙修长的多立克式柱子又与刚刚提到的卡纳克阿蒙神庙柱式所赋予的精神含义不一样，在这里它是自由民主制度促使宗教文化健康、积极发展的最佳体现，其表现出的"明朗和愉快的情绪……如灿烂的、阳光照耀的白昼……"彰显了雅典作为当时最民主的城邦国家，力求以进步的文化传统发展民间自然神圣的、自由活泼的城市环境布局方式。[1]

3.心理尺度在环境中受不同民族、地域及文化传统的制约

日本建筑师芦原义信曾指出，日本式建筑四张半席的空间对两个人来说，是小巧、宁静、亲密的空间。[2] 那我们可以计算一下，日本的四张半席空间约相当于 10 平方米左右，对于普通日本民众来

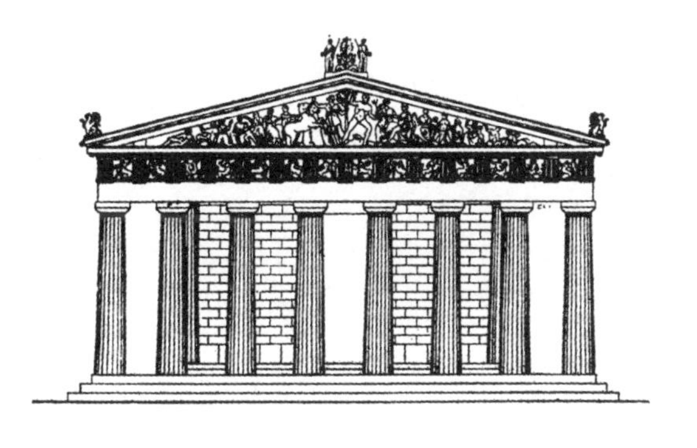

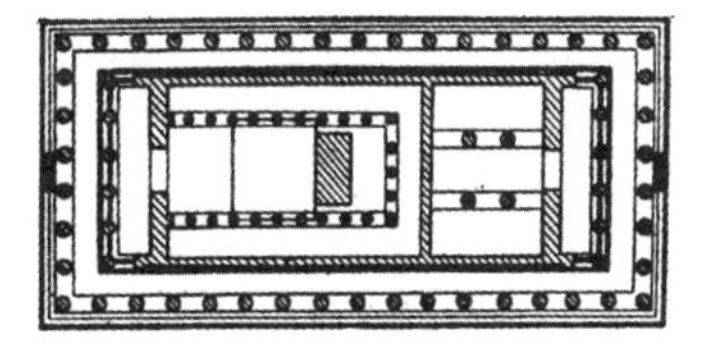

图 5-1-10 帕特农神庙立面及平面

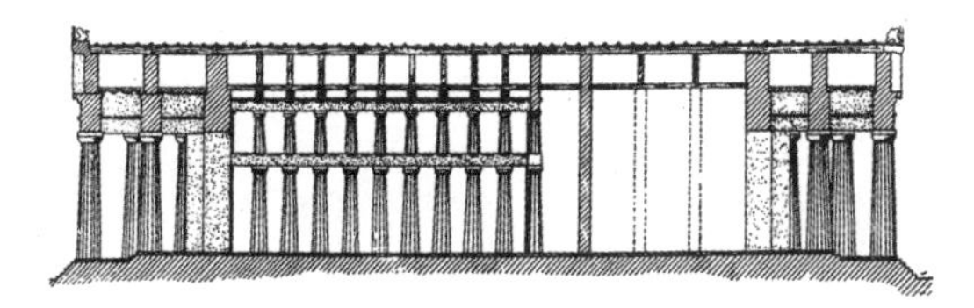

图 5-1-11 帕特农神庙剖面

[1] 陈志华：《外国建筑史（19 世纪末叶以前 第三版）》，中国建筑工业出版社，2004。
[2][日] 芦原义信，尹培桐译：《街道的美学》，百花文艺出版社，2006。

说，这样的空间大小不仅能正常地完成交流功能还可以产生亲密温馨的心理氛围，但对于有着较大尺度的四合院、私家庭园等历来形成的传统环境概念的中国老百姓来说，作为交流空间的10平方米有可能显得局促压抑了些，因此这样的空间大小在心理上感觉并不能很愉悦地完成交流功能。这并不是说心理尺度的衡量标准出现了矛盾，而是由两国不同的环境文化对本国人民潜移默化出了不同的心理尺度所致。

我们的世界是多样化的，有着复杂多样的地域差异、民族文化及传统，由于这些差异所形成的不同审美价值观也会造成心理尺度不完全相同的衡量体系，所以，人们还不能仅从客观事物的形式本身来判别怎样的比例才能产生美的效果。譬如以刚刚的柱子来讲，西方古典柱式的高度与直径之比，显然要比我国传统建筑的柱子小得多，那我们能不能就以此证明，要么是前者过粗，要么是后者过细呢？答案肯定是否定的：都不能。西方古典建筑的石柱和我国传统建筑的木柱，应当各有自己合乎材料特性的比例关系，才能引起人的美感。因此，心理尺度在不同地域、传统及不同文化下，产生的差异也是比较大的，如果脱离了不同审美文化、地域传统以及材料的力学性能而追求一种绝对的、抽象的美的比例，不仅是荒唐的，而且也是永远得不到的。由此可见，良好的心理感受，不单是直觉的简单产物，而且还是符合理性的。[1]

二、方位知觉与地图识别

（一）知觉及方位知觉

通过图例（图5-1-12）我们知道，所谓知觉，事实上是外部刺激作用于感觉器官时人脑对外界整体作出的看法和理解，知觉为我们对外界的感觉信息进行组织和解释，包括获取感官信息、理解信息、筛选信息、组织信息等一系列过程。举个例

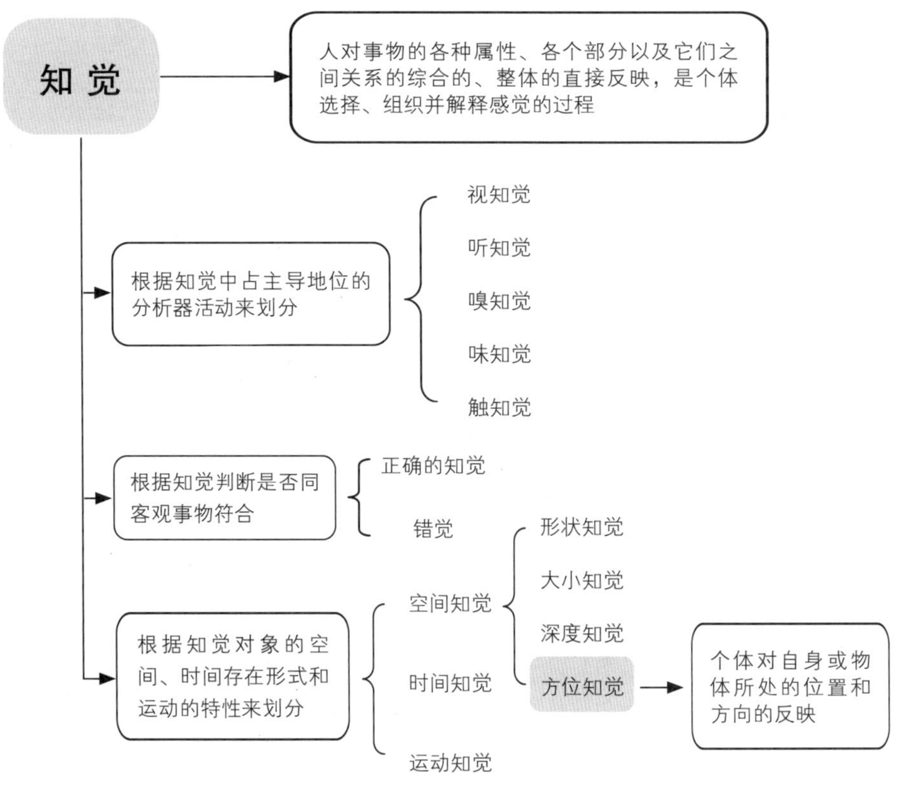

图5-1-12　知觉的组成

[1] 彭一刚：《建筑空间组合论（第二版）》，中国建筑工业出版社，1998。

子，有一个事物，我们通过视觉器官感到它具有方正的形状、多彩的外壳和内部丰富的文字内容，通过嗅觉器官感到它特有的油墨香味，通过手的触摸感到它可翻可合、携带方便，于是，我们把这个事物反映成“书本”。这就是知觉。

那么，知觉同我们通常所说的感觉又有什么区别呢？其实，知觉和感觉一样，都是在头脑中形成的对作用于我们感觉器官客观事物的直观形象的反映。但是，两者的不同则表现在：感觉反映的是客观事物的单个属性，而知觉反映的是客观事物的全局。因此，知觉以感觉为基础，但并非感觉的简单叠加，而是对大量感官信息进行重组及综合加工后所形成的有机整体。

知觉研究的早期理论有赫尔姆霍兹（Hermann von Helmholtz）的无意识推理（unconscious inference）。19世纪60年代，赫尔姆霍兹提出经验（即后天）在知觉中的重要性。他的理论强调智力加工的作用，通过运用对环境的经验和知识，观察者提出关于事物存在方式的假设或推论。因此在这里，知觉演变为一个归纳的过程，是从特殊的影像推断其所表达的一般客体和事件类别。由于这种过程处于人的意识知觉以外，故赫尔姆霍兹把它称为无意识推理。知觉研究的完形理论为形成于20世纪20年代的德国格式塔心理学（前面章节已作相关叙述）和20世纪70年代吉布森（James Gibson）提出的具有非常影响力的生态光学理论。生态光学理论将注意集中在外界刺激的属性而非知觉刺激的机制，认为感知是对环境的一种积极的探索，强调环境对知觉的作用。那么在环境空间中，我们知道三维的立体空间及方位概念对于知觉感受有着重要影响，也即是我们接下来要探讨和学习的与空间概念关联密切的“方位知觉”。

我们了解，为了适应环境，生活在其中的人们经常需要对环境及主客体的空间位置予以定向（图5-1-13）。方位知觉即方向定位，是人们对自身或客观物体在空间的方向和位置关系的知觉，如对东西南北、前后左右、上下等方向的感知。方位知觉是借助一系列参考系或仪器，靠视、听、嗅、动、触摸、平衡等感觉协同活动来实现的。我们知道，由于物体在空间方位中的相对性决定了我们方位知觉的相对性，为此，先确定参照系对于我们确定方位是极其重要的。一般而言，“上下”两个方向以“天”与“地”的位置作为参照，“东西”两个方向以朝阳和落日作为参照，“南北”两个方向以地磁、北极星作为参照，而前后左右则是以知觉主体自身的面背朝向作为定向依据。

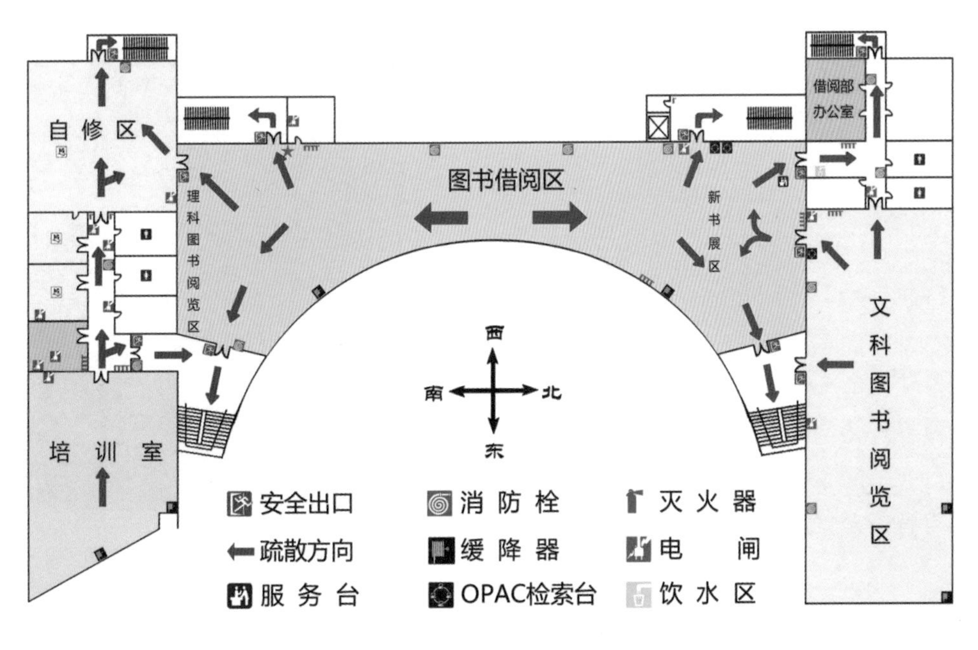

图5-1-13 某图书馆四楼方位图

在环境空间方位中，人一般靠视知觉和听知觉进行方位知觉定位，辅以触摸知觉、动知觉、平衡知觉等其他感觉。而在主体丧失某些知觉的情况下，我们也能进行一定的方向定位。譬如，盲人在熟悉的空间仅通过触摸就能分辨方位，闭眼的聋哑人通过触觉亦能感受风向走势或水流方向等。但是，在完全失去参照系的情况下，人就很难清楚地辨别方向了。

（二）地图识别

1.地图的认知

心理学家托尔曼曾做过一个非常著名的实验，利用老鼠走迷宫的方法，将空间结构的内部表征称为“认知地图”。该理论认为，如同旅行前在头脑中形成一个地图来帮助我们寻找最佳路线一样，当我们在完成某种任务或者解决某个问题的时候，跟这些事件相关联的元素会在头脑中形成清晰的脉络，我们称它为“地图”。心理学家认为，人之所以能识别和理解环境，关键在于能在记忆中重现空间环境的意象。“具体空间环境的意象称‘认知地图’。”[1] 成熟的认知地图不仅仅是某一点到另一点的简单序列，而是一幅更为综合化的空间认知。它与现实地图不一致，是一种知识或经验的无形框架，也是外界环境在人们头脑中的主观反映，具有建立于客观规律性基础上的主观性，它的知识构建能够帮助我们成功解决该框架所能覆盖的任务。

通常地图都使用互成直角的经线和纬线来帮助定位，而英国一项最新研究显示，人类大脑中的“导航系统”使用的却是由正三角形组成的网格（图 5-1-14）。英国伦敦大学学院的研究人员在《自然》杂志上报告说，他们首次确认人类大脑中存在这种利用正三角形网格来帮助定位的“网格细胞”。过去曾有研究发现实验鼠大脑中存在这种细胞。研究人员因此设计了一套虚拟现实系统，请受试者戴上专用设备，“游览”虚拟的山谷草地等景色，同时利用功能磁共振成像技术测量受试者大脑相应区域的活动情况。结果发现，人类大脑中相应细胞的活动同样呈现出明显的正三角形网格模式，并且受试者的空间记忆能力越强，这种模式就越明显。参与研究的卡斯韦尔•巴里说，这些网格细胞为大脑提供了空间认知地图，它们使用了与通常地图中经线和纬线非常相似的方式，所不同的是采用了三角形网格而不是方形网格。网格细胞是大脑中最容易遭受早老性痴呆症等疾病影响的细胞之一，这也可以帮助解释为什么这些疾病的常见症状就是记不住路。[2]

城市认知地图理论对于我们研究社会个体对社会的认识很有启发意义，对理解个体如何认识社会具有触类旁通的价值。环境行为学认为，个体从一处移到另一处的行动，需要借助一定的导向系统，而人的社会化实质上也是一种社会意义上的移动，因而也需要“头脑中的地图”的导向来确保移动的成功。在它的两个维度中，时间维度强调的是社会个体从自然人发展为社会人的目标和程序，而空间维度关注的是社会化行为环境的大致框架和面貌。城市地图的认知是环境意象构成要素概况、要素间的距离和方向信息最为完全的表现形式，综合反映了城市对居民的影响和居民对城市的感知，是人在

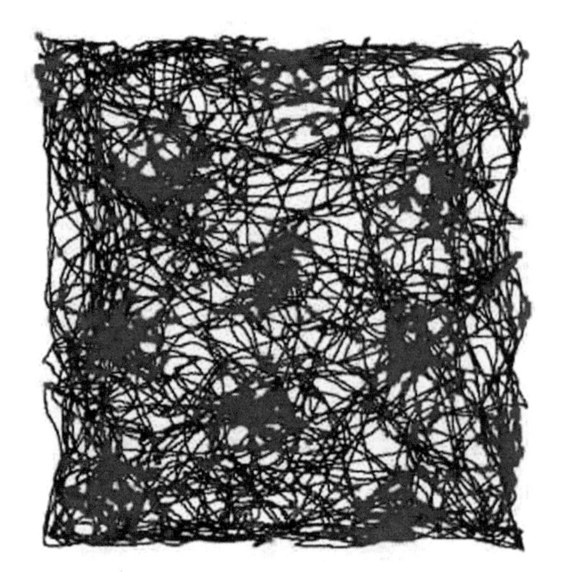

图 5-1-14　人类大脑利用正三角形网格来记路

[1] 林玉莲、胡正凡：《环境心理学》，中国建筑工业出版社，2006。
[2] 来源：中国新闻网，查询日期：2010-01-26。

社会化过程中的程序性反映，是客观与主观的有机统一。作为行为地理学核心研究内容之一，认知地图及其变形是影响人的社会化行为的导向性因素，对城市规划和建设的研究具有重要意义。

2.识别任务

“认知地图”一词是格式塔心理学家托尔曼创造的术语，而凯文•林奇在城市规划中把其明确为“城市意象”，在研究方法与理论建构上都对城市地图的认知、识别的发展起到了重要的推动作用。他在所著的1960年出版的《城市意象》一书中（图5-1-15），阐述了对美国三个城市——波士顿、洛杉矶和新泽西市的城市意象研究[1]，除开创手绘草图作为当前挖掘认知地图的一种主要方法外，还要求被试者对有关城市环境的照片进行实地观察、辨认和识别，找出那些有地标的照片，让居民从二维和三维结合的新角度对特定的城市建筑或道路进行描述，这种对照片或图片进行识别再认的方法被称为识别任务（recognition task）。

林奇采用识别任务的初衷是检验草图法的研究信度，但识别任务与草图法相比，避免了由于被试者绘图能力不同对研究结果的干扰，并且在某种程度上更接近人们的环境认知方式，因此，对不需要

图 5-1-15　城市意象　凯文·林奇　美国

标记距离或方位的认知地图研究具有一定应用性。表现在书里的五个基本要素分别是：路径、边界、节点、地标、街区。

第一，路径（paths）的识别。

路径，即公共流通道路（如街道、公路、林荫小径等），是城市系统中绝对主导元素（图5-1-16）。首先，典型的空间特征、特殊的立面处理对于路径识别具有重要作用；其次就是连续性及方向性，能够满足人们了解道路起点和终点的习惯，而起点和终点都清晰的道路具有更强的可识别性，能够和城市联结成整体；最后就是应该可度量，常见的方法是通过一系列著名的标志物或节点来获得道路的度量感。

第二，边界（edges）的识别。

边界即线性界限（如河流、围墙、海岸线等，图5-1-17），也可以看作除道路以外的线性要素，通常为两个区的边界，相互起界限的参照作用。有些强大的边界不但在视觉上占统治地位，而且形式

图 5-1-16　城市中的道路

图 5-1-17　鸟瞰被苏州河环绕的上海梦清园活水公园

[1][美]凯文·林奇著，方益萍、何晓军译：《城市意象》，华夏出版社，2001。

上也不可穿越，具有强烈的识别性，例如城中的河流。边界有时和道路一样具有方向性，会成为城市中十分有效的导向元素供人们识别。

第三，节点（nodes）的识别。

节点即人们的活动中心或交通连接中心（如十字路口），作为认知地图的核心，它是观察者进行识别任务的战略性焦点。在环境地图识别中，节点首先是连接点、道路的交叉或汇聚点，有时也是区域某种功能或者物质特征的浓缩，比如城市广场（图 5-1-18），是区域的象征。节点虽然无形而模糊，却具有十分重要的地位，有时甚至成为代表一个城市的特色标签。

图 5-1-18　法国著名的凯旋门和星形广场

第四，地标（landmarks）的识别。

在我们生活中最常见的即是当我们讲不出某个具体的地名或街区时，通常都以附近最具识别度的地标作参照加以指明。地标，指具有突出特征的参考点，如牌楼、城市景点、街头雕塑（图 5-1-19）或高大的建筑物等。

图 5-1-19　安放在奥林匹克森林公园中心区的雕塑作品《风中圣火》

地标是观察者的外部识别参考点，通常定义为一个简单的有形物体。因此，要使某种元素被识别为地标有两种方式：其一，使元素在许多地点都能够被看到；其二，通过邻近元素退让或高度等的变化，建立起局部的高差对比。

第五，街区（districts）的识别。

街区，如商业区（图 5-1-20）、大学城、工业园区等，是认知地图中比较大的区域，通过其某些共同特征供人们进行识别。它是观察者能够进入的相对大一些的城市范围，我们通过物质特征识别其

图 5-1-20　成都著名的街区——“耍都”夜景

主题的连续性，包括多种多样的组成部分，比如空间、建筑形式、细部、标志、功能、地形等。另外，除了视觉元素会成为识别区域的基本线索，声音、光照等有时也很重要。不管采用哪些元素，要创造一个易于识别的意象，就需要对线索进行强化，形成主题单元。

3.影响地图识别的因素

第一，熟悉程度。

熟悉程度是影响地图识别的重要因素。一般而言，人们对环境越熟悉，他对地图的识别能力就会越精确和详细，出现的错误会相应变少。熟悉程度对地图识别的影响还体现在地图的识别类型上。阿普尔亚德在委内瑞拉的研究中区分了两种地图识别类型——序列地图和空间地图。研究者发现，老居民的地图识别要比新来者更具有空间性，随着居住时间的增长和对城市环境的熟悉，街区和地标等空间信息要素出现的次数要更多。[1]

环境的熟悉程度除受到居住时间影响外，还受到社会经济地位的影响。一项研究表明，洛杉矶社会经济地位高的人群所熟悉的地区可能比地位低的人群大上千倍，前者往往拥有汽车，有更多的机会外出旅行，而后者则常把自己局限在小圈子里。[2] 实际上，社会经济地位对熟悉程度的影响主要体现在旅行经验上，在委内瑞拉，社会经济地位高的人群居住地区集中，生活配套设施完善，他们的地图识别反而不如为生计到处奔波的低收人群广泛丰富。[3]

第二，性别差异。

男性和女性的地图识别存在许多不同。女性常常以家为中心，这可以从她们画出的家要比男性的范围大一倍中看出端倪。她们更熟悉邻里环境，通常以空间要素来定向，更强调街区和地标。相比起来，男性更熟悉城市，更关心建筑物周围的环境，更留意路径结构。一项研究表明，虽然女性识别的路径比男性少许多，但实际上这些女性知道许多路径的位置，但却没有把它们画出来。[4] 女性更习惯于标记和组织地标，通过确定各组地标之间的距离来组织和表征空间结构，男性则更倾向于建立路径之间的组织框架，通过路径网络来识别空间格局。因此，地图识别的性别差异主要反映的是他们风格上的不同。[5]

第三，年龄差异。

人们识别地图的能力受限于他们认知发展的水平。在学前期，儿童的认知发展水平处于前运算阶段，他们对空间环境建立的表象形象直观，多以自己的观察视角为中心，一般只会注意到一维空间（图 5-1-21）。在大约 7—12 岁，儿童进入到具体运算阶段，他们逐步获得了推理运算能力，但仍需要以具体的事物作为思维加工的对象。在这个时期，儿童能够形成直线、平行、角度等概念，可以理解二维空间和透视关系。在青少年期，其认知发展水平也逐步过渡到形式运算阶段，产生了不受具体事物限制的抽象逻辑思维能力，能够在更抽象的水平上理解环境和空间关系。[6] 到了成人阶段，人们则可以通过初级和次级空间学习两种方式来完成这个过程。因此，从儿童到成人，他们在认知地

图 5-1-21　方位认知教育让儿童从自身前后左右辨别方位

[1]Donald Appleyard，“Styles and Methods of Structuring a City”，Environment and Behavior，1970（2），pp.101 — 117.
[2] 林玉莲、胡正凡：《环境心理学》，中国建筑工业出版社，2006。
[3] 徐磊青、杨公侠：《环境心理学》，同济大学出版社，2002。
[4]Shawn L.Ward, Nora Newcombe, Willis F. Overton , " Turn Left at the Church, or Three Miles North: A Study of Direction Giving and Sex Differences ", Environment and Behavior, 1986(18), pp. 192-213.
[5]Paul A.Bell，Thomas C.Greene，et a1.，Environmental Psychology（5th edition），Belmont CA：Thomson and Wadsworth，2001，P82.
[6] 林玉莲、胡正凡：《环境心理学》，中国建筑工业出版社，2006。

图上的变化绝不仅仅是经验和存储信息量多少的区别，还表现为使用信息的类型以及使用方式的改变。随着年龄的增加，老年人的空间认知能力逐步衰退。当遇到与以前生活环境差别比较大的新环境时，老年人和年轻人的认知地图形成都会受到影响，但老年人受到的影响更大，老年人忽略无关信息的抑制能力下降可能是其中一种原因。[1]

三、物理环境与心理环境

（一）物理环境的概念

物理环境是环境科学的基本组成部分，在环境心理学概念中，物理环境是相对于心理环境而言，主要指除知觉主体（人）外的客观物体存在，包括自然环境及人工环境中的热环境、气环境、光环境、声环境、水环境、绿化环境、材质环境、尺度环境、能源环境、电磁辐射环境等，甚至对于具体研究对象来说，其他人的因素也属于物理环境的范畴。19世纪英国著名护士弗罗伦萨•南丁格尔提出的环境理论虽然是以护理学为基础，但从中我们可以看出物理环境宽泛的内涵。[2]

（二）物理环境的现状、存在问题

在当今生产力飞速发展的环境下，整个世界发生了质的改变，可以说现代人们正享受着高速便捷的多彩生活。而物理环境在高科技、城市化、新能源等因素同自然条件的相互作用下，逐渐呈现一些环境质量恶化的现状，亦引起人们高度关注。那么如何解决环境中一系列问题，营造健康宜人的物理环境呢？这需要我们多方面共同努力。

1.热环境方面

我们已经能明显感觉地球气温的逐年攀升，生活在城市的人到了郊区也能发觉温度的明显变化（一般低于城市中心温度1℃—3℃）。在高度城市化进程中，高强度的生产、经济活动释放出大量环境无法消化的热量，气温升高形成“热岛”与全球“温室效应（图5-1-22）”，风向随地而异，风速减小，空气蒸发能力减弱，温度呈现冷暖两极化趋势，雾日增加，能见度差。人们面对这一系列现象，开始尽量以更健康的生活方式减少热能产生，为环境减负；国家也在鼓励采用不破坏大气环境的循环工程，近期广为倡导的“低碳生活”亦足以证明。

2.气环境方面

短短数百年的人类活动，对环境中的光照和空气也引发较大影响。当前中国大多数城市的空中能见度已大大低于20世纪末。远望城市上空，总觉得不够明亮和清晰，远处的建筑物及景观大多覆盖着一层“烟雾”。究其原因，还是人类活动所致。大气中由于各种成分具有散射和吸收的减弱作用，太阳辐射在大气中的传播因此受到影响，随着人口密集区域基本能源（石油、煤、有色金属等）消耗量的逐年增加，空气中的有害成分越发影响城市气候，导致城市上空的浮尘、杂质和污染气体含量不断递增，因而降低了空气能见度及太阳的有益辐射，削减了全年的日照时数，但同时超负荷的人类生产运作对臭氧层的破坏又加重了有害辐射对环境的危害。（图5-1-23）

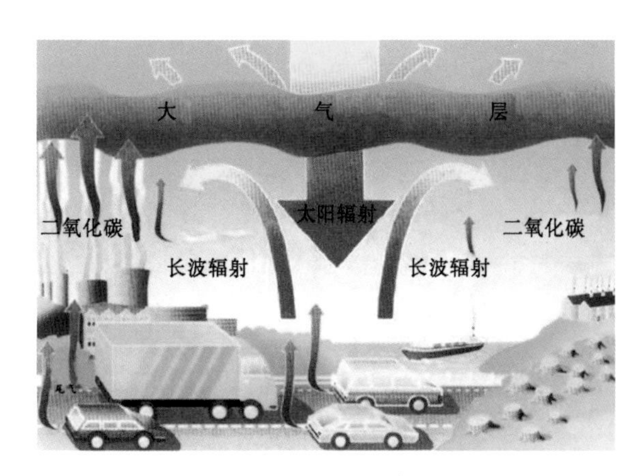

图5-1-22　“温室效应”

[1]Paul A.Bell，Thomas C.Greene，et a1.，Environmental Psychology（5th edition），Belmont CA：Thomson and Wadsworth，2001，pp.83—84.

[2]物理环境是指研究对象周围的自然条件和人工环境的总和，包括物质系统、室内外环境质量、影响健康的疾病因素等。参见牟善芳、李平、赵惠主编：《护理学理论基础》，广东科技出版社，2005。

3.光环境方面

近期国内不仅有因为玻璃幕墙的强光反射影响人们正常生产生活的环保投诉，也有关于教学环境中光线引入不足或不恰当引发青少年视力普遍下降的调查，反映了人们对于光环境中若干问题的重视。“光污染”[1]概念逐渐深入人心，有关专家甚至呼吁，目前在生活环境中普遍存在的视觉环境污染将会成为21世纪直接影响人类健康生活和工作效率的又一无形环境“杀手”。环境中的光污染按照影响的区域可分为三种：一是景观光污染，大多指景观中的高反射材质引起的光污染，如公共区域的人造强光源、强光广告、大面积白色镜面或铝合金装饰及建筑物外墙（玻璃幕墙）等（图5-1-24）；二是室内光污染，譬如室内装修中各种涂料、釉面砖墙、磨光大理石等的反射，黑光灯、旋转灯以及闪烁的不良彩色光源等；三是局部光污染，如激光、书本纸张以及电脑屏幕等产生的光污染。

图5-1-23　墨西哥城大气污染

图5-1-24　光污染

4.声环境方面

人们通常向往陶渊明笔下“世外桃源”的宁静和与世无争，也通过各种人造手段营造音乐、流水、动物鸣叫、生产生活提示音等对于人类身心有益的声环境。但现在人们关注更多的是来自环境中的噪音，其主要来源通常是交通噪音（约占各类城市噪声的4/10）、工业噪音、施工噪音以及社会生活噪音四大类。超过人体承受的噪音污染不仅会对人的机体造成不同程度的生理损害（听力衰退、引发多种疾病），更重要的影响在于在其长期作用下对人的心理影响。（图5-1-25）

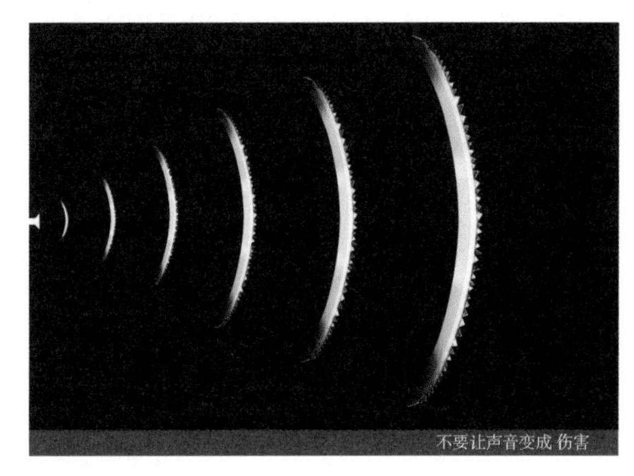

图5-1-25　声污染之《利刃篇》第十四届中国广告节长城奖入围奖平面类

5.水环境方面

水的重要性自然不必多说，而自然界中的水资源量是有限的。20世纪90年代早期，有的学者提出了水资源承载能力的概念并被应用于干旱半干旱地区和城市区。随着经济的快速发展和居住条件、生活要求的提高，人们对水的过度使用及浪费，使得我国水环境恶化已经进入较为严重的局面（图5-1-26），城市污水排放对江河湖海等自然水体的

[1] 正常情况下，人的眼睛由于瞳孔的调节作用，对一定范围内的光辐射都能适应。但光辐射增至一定量时，将会对人的生活和生产环境以及身体健康产生不良影响，这称为光污染。

污染已经达到非常危险的临界点。水环境对于人们来说除了使用功能外还有强大的观赏价值，对水景的开发利用已融入到现代生活中的各个角落，成为我们不可或缺的感官因素，水环境的重要性使得人们不得不重新关注水的保护和循环利用。比如，在室外系统中设立可重复利用的中水系统、雨水收集利用系统，用于水景工程的景观用水系统要进行专门设计并将其纳入中水系统一并考虑。建筑供水设施采用节水节能型，推行节水型器具，规划设计管道直饮水系统等。

图 5-1-26　水污染

6.绿化环境方面

自然界中的绿化及植被是人类最宝贵的财富之一，对于整个生态界的平衡来说举足轻重，现代人还认识到绿化在城市环境中的重要性。工业化进程仍然导致全世界绿化面积面临不同程度的逐渐削减，而且在城市建设中，绿化往往处于“见缝插针”的尴尬境地，对其可行性和合理性考虑较少，后期维护也跟进不足。

7.材质环境方面

现代社会对材质的运用除开不合理的材质选用引起的光污染，还表现在不健康的材质（图 5-1-27）给人们带来的各种疾病。据报道，美国环境保护局的专家们曾经对数个城市的 10 幢新建房屋建筑作抽样检查证实，在现代化房屋建筑内空气含有多达 500 余种的化学物质，比室外要高出许多倍。又据美国微生物学会年会有关论文报道，现代房屋建筑的 2%—3% 有石棉和氡，10% 左右有病毒、细菌等微生物。含有这些有害物质的建筑被称为“病态建筑”，这些有“病”的建筑常常会把自身的“病”传染给房屋的使用者。

图 5-1-27　材料污染

8.尺度环境方面

尺度环境方面的问题主要表现在环境空间尺度拿捏的欠合理性对人们生产生活造成的不便，其根源有空间使用不足、决策失误、社会资源分配不均等原因。

9.能源环境方面

工业革命以来人们把经过数亿年积存下来的煤炭、石油等不可再生能源过度地消耗掉（图 5-1-28），使大气中的二氧化硫、硫化氢、二氧化碳等气体剧

图 5-1-28　能源过度消耗

增。这一行为如不加控制地增长，不仅会大幅削减能源存量直到全球资源变得枯竭，还会使地球变暖，臭氧层被破坏，严重损害我们的物质环境。因此，我们在尽量减少一次性非再生能源耗用的同时，应提倡环保能源（如水电能、核能、太阳能、天然气等）的使用，还应因地制宜，鼓励并大力开发利用如风能、海洋能、地热能、生物能和其他再生能源等绿色能源。

10.电磁辐射环境

继水污染、大气污染、噪声污染之后，各种电磁辐射[1]已成为21世纪的第四大公害。电磁波通过各种仪器如手机、电视、电脑、冰箱、微波炉、医学放射仪器等广泛地存在我们的生活中。电磁波辐射人体后被人体皮肤反射或被人体吸收，容易造成对人体的伤害。

（三）心理环境

心理环境作为一种“对人的心理事件发生实际影响的环境”[2]，无疑是一种以观念形式表现出来的人的内心感受。这是一种在客观环境的作用下，通过主体对客观环境的内化、整合，在一定心理时空表现出来的、对主体心理行为产生实际影响的观念环境。它既是主体对客体的反应，但又不同于客观环境刺激下所出现的心理反映。它是通过主体心理在一定心理时空积淀、扩展而产生的对个体、群体的一种心理影响。[3]

影响主体心理行为的心理环境，是一个由多种心理要素整合而成的极为复杂的心理构成物：有由心理活动内容建构的认知环境、感情环境、意志环境、个性环境，有由主体的种种心态建构的个体心理环境、群体心理环境，还有由社会的不同心理层面建构的民族心理环境、区域心理环境、家庭心理环境、学校心理环境、商店心理环境等。

无论是哪一种心理环境及由这种环境所产生的心理活动，都是一种意识的、观念的活动，而意识的、观念的东西，只能是客观的、物质的东西的产物。正如马克思、恩格斯所说：“意识一开始就是社会的产物，而且只要人们还存在着，它就仍然是这种产物。”[4]心理环境只能是客观环境的产物，是由不以人的意志为转移的客观存在决定的。

（四）物理环境与心理环境的关系及相互作用

“心理环境”是德国心理学家K.勒温（K.Lewin）提出的拓扑心理学中的一个基本概念。为了区别于客观环境，勒温给心理环境冠以一个“准”字，叫准环境。这是一个由准物理的事实、准社会的事实、准概念的事实三类准事实组成的（心理）环境。不管是否是人意识到的事件，只要它们成为心理的实在，都可以影响人的行为。就以准物理事实而言，勒温说：“一个儿童和一个成人的环境，由物理学家看来，虽全相一致，或大致相同，但其相应的心理情境可根本相异。……即就同一个人而言，在不同的情形之中，例如饥或饱，其物理上相同的环境，在心理上也可相异。”[5]这里，勒温把物理环境与心理环境的关系及差异阐述得很清楚。同一物理环境中的儿童与成人在心理上的差异以及个体在不同情境中心理的差异，并不是来自客观的物理环境，而是来自当时对个体发生实际影响的心理环境。

客观物理环境的层次、质量不同，对主体心理环境的影响亦不同。社会物质生产、社会历史基础、由社会生活各方面组成的社会生活环境，则是主体心理、心理环境发展变化的基础。人们常说“哭有哭相，笑有笑样”。个体的哭笑所表现出来的心态和由这种心态显示的心理环境，就不纯粹受先天因素的影响，也有社会力量的制约，带有长期社会熏陶的文化模式烙印。正是这种社会环境的制约作用，使每个民族形成了自己独具一格的民族心理，并由这种心理建构了这一民族特有的心理环

[1] 电磁能量以波的形式由震源向四周传播的过程叫电磁辐射。
[2] 朱智贤：《心理学大词典》，北京师范大学出版社，1989，第763页。
[3] 苏世同：《心理环境论》，《吉首大学学报》社科版1998年第4期，第10页。
[4]《马克思恩格斯全集》第23卷，人民出版社，1972，第202页。
[5] 杨清：《现代西方心理学主要派别》，辽宁人民出版社，1980，第310-311页。

境；不同地区的地域文化孕育出不同地域文化心理，建构了具有地域文化特色的心理环境；而反映一定社会政治、经济、文化、历史的社会心理，则建构了具有现实影响力的心理环境。

当然，将物理环境转化为具有观念性的心理环境，是一个极其复杂的客体与主体、生理与心理相互作用、相互转换的过程。客观事物作用于人脑，经过大脑的分析、综合的加工改造，主动地把客观的东西内化为主观的东西之后，便产生了主体的各种心理活动。这些心理活动在主体心理时空又经历了反映者内部特点的折射、扩展、积累、反馈，就形成了以观念形式表现出来的心理环境。处于一定心理环境中的主体，不断地在改造客观世界与主观世界的实践中，在认识、把握这个客观世界的规律中，实践着从必然王国向自由王国的飞跃。大概，这就是人类之所以成为万物之灵的内在机制。

这一内在机制也告诉我们，由物理环境转化而来的心理环境，当它作为一种心理构成物反作用于客观环境与人们的心态时，实质上仍然是一种外在客观环境要素。它之所以对主体心理行为具有心力作用，并不是它的观念形式，而是它的客观实在性。如在某种新的社会刺激和人们的从众心态契合形成的时尚心理环境中，人们通过仿效、感染的心理连锁反应，迅速地在人群中流动、扩展，产生一种流行（流行服饰、流行发型、流行家具等）的心理行为反应。此时，这种时尚心理环境实际上已成为具有客观实在性的环境。

为此，在探究心理环境与物理环境的辩证关系时，我们不仅要了解物理环境的内在构成及其对心理环境的作用，更要弄清客观环境是怎样反映到人的头脑中来，观念中的环境是怎样形成又如何反作用于客观环境的。只有这样，我们才能更有效地把握客观环境中的心理渗透、同化作用，找出客观环境中促进主体心理行为变化的实在因素，从而更为有效地利用控制这些因素。

因此，遵循心理环境的物理环境设计，就是必须按人体舒适要求及当地气候条件，能进行可持续设计的系统方法。其实质就是合理调节与处理各种影响的物理因素，充分了解人们在生理和心理方面对房屋内外环境的物质和精神需求，使局部环境朝有利于人体舒适方向转化，为人们创造适宜的物理环境。其最终目标是提高建筑功能质量，创造适宜的生活和工作环境。[1]

具体来讲，营造符合心理环境的健康型城市物理环境，就是为人们提供适宜心理健康发展的从事各种活动的“舒适区”（图 5-1-29），使声、光、热等物理环境因子对人的刺激作用调节到人们实际需要或可以容忍的程度。城市物理环境涉及城市经济、社会发展、城市规划、建筑设计等诸多因素，除了政府相关部门的政策法规及管理以外，从心理环境角度出发，重视发挥绿化、水体等自然景观资源的生态环境效益，作为改善和提高城市物理环境质量的骨架和净化体系是切实可行的。城市建筑及地面铺装对城市物理环境也具有重要影响，通过选择良好朝向、增加建筑构配件的保温隔热性能、有效利用太阳能等措施降低建筑能耗，这些对于营造良好的城市物理环境和心理环境都会产生积极的影响。透水性铺装在降低地表温度、缓解城市热岛、涵养地下水源、吸声降噪、减少地面径流、减少炫光及雨水的有效利用等方面具有明显优势，改造传统不透水地面铺装，透水性地面铺装的推广有利于营造宜人的城市物理环境。合理的城市人口、交通规划以及产业布局等系统外部要素对于物理环境和心理环境的良性互动同样起着重要的作用，因而同

图 5-1-29　宜人的城市空间

[1] 李娜：《物理环境对室内外空间的影响》，《科学大众・科学教育》2008 年第 8 期。

时要考虑多个要素与系统外部环境之间存在的动态相关性，在上述要素与周围环境的相互联系和相互作用中认识和改善系统配置，以便充分发挥各要素在整个系统改善方面的功能。

四、环境艺术设计概述

环境艺术设计作为一门新兴的学科，是20世纪工业与商品经济高度发展中，科学、经济和艺术结合的产物，于“二战”后在欧美逐渐受到重视。“环境艺术”是一个较大的范畴，综合性很强，从广义上说，是对我们赖以生存的物质环境（自然环境和人工环境）进行系统性的设计，通过改善和加强原有环境空间场所存在的科学合理性与艺术性，从而提高人类整体的生存空间与环境质量。

从狭义上说，它一步到位地把实用功能和审美功能作为有机的整体统一起来，是有关环境艺术工程的空间规划、艺术构想方案的综合计划，其中包括了环境与设施计划、空间与装饰计划、造型与构造计划、材料与色彩计划、采光与布光计划、使用功能与审美功能的计划等。其表现手法也是多种多样的。著名的环境艺术理论家多伯（Richard P.Dober）解释道，环境设计“作为一种艺术，它比建筑更巨大，比规划更广泛，比工程更富有感情。这是一种爱管闲事的艺术，无所不包的艺术，早已被传统所瞩目的艺术。环境艺术的实践与影响环境的能力，赋予环境视觉上秩序的能力，以及提高、装饰人存在领域的能力是紧密地联系在一起的”[1]。

环境艺术设计的范畴一为自然环境，二为人文环境，它们相互依存又相互影响。理想的环境艺术设计意味着物质与精神两个层面都得到适当的体现。从物质层面上讲，良好的设计意味着安全、舒适、高效、与自然环境和谐，整个环境系统是动态循环的有机体系；从精神层面上讲，良好的环境艺术设计反映着人类文化及美学价值特征的多样性，并能在某种程度上满足公众的情感需求。优秀的设计不但在当时满足和改善了人的生存环境质量，创造出美好的生活环境，而且每一件优秀的作品必然是具有灵性的和有灵魂的，因为它们都能引起人们的共鸣。当皆属于环境艺术设计范畴的一件件建筑设计、景观艺术、室内设计、甚至雕塑艺术品等的设计作品具有了灵魂之后，它们就被赋予了一种生命力。而赐予它们生命的就是其作品背后某种特定文化的表现。例如夕阳残雪中的一座古城、萋萋洲头的一栋建筑、花香幽幽的一厢庭院，甚至小小的一件工艺物品，当它们忽然展现在你的眼前，仿佛有千言万语述说不尽，一段段故事讲述不完，什么风土人情、历史文化、地域文脉……它们会让你领略它们的美，震撼着你的心，唤起你的关注。

中国是一个具有五千年文字记载历史的文明古国，又是一个由56个民族共同组成的大家庭，有着源远流长的中国文化，无不值得我们自豪与骄傲，这些都促使我们从理论和实践中去研究与发掘、继承乃至发扬光大。

中国当代的环境艺术设计是应该具有当代中国的文化特征与时代精神的。这也正如当代著名的中国建筑界前辈、两院院士吴良镛先生所言：“中国一切有抱负的建筑师，应当学习外国的先进东西，但各种学习的最终目的，在于从本国的需要和实际出发进行探索，创造自己的道路。”由他主持设计的北京旧城菊儿胡同改造工程，荣获“世界人居奖”等三个世界大奖，成为被人们推崇的成功范例。又如著名的华裔建筑大师贝聿铭先生设计的北京香山饭店（图5-1-30至图5-1-32），贝氏寻找到了中国文化的基因要素，把它们提炼、整合，并与现代建筑有机融合成为贝氏特有的、独一无二的作品：大面积的白色，一个个很有规律的窗洞，青灰色的磨砖对缝的勒脚、门套、格带和压顶，注重吸收了中国传统建筑文化中民居和园林的设计元素，并融于现代建筑与室内环境设计中，使中国的民族风格与国际化语汇交融，开创了现代建筑与民族文化结合的典范，给人留下了深刻的印象。[2]

[1] 参见《文汇报》2002年4月7日《环境的艺术化与艺术的环境化》——顾孟潮教授在中央电视台《百家讲坛》的讲演。
[2] 蔡伟：《公共环境艺术设计与文化表现》，《艺术与设计》2007年第8期。

在人类社会已经迈向21世纪的今天，人与环境的关系问题已越来越得到人们的重视。同样，从人与环境关系的高度来认识环境的发展与创造，也是近年来环境艺术学认识上的一大进步。

图 5-1-30　香山饭店外景

图 5-1-31　香山饭店内景

由于社会的政治、经济、文化、科学技术以及信息交流有了飞速的发展，人类的生存和行为在范围上已经无限扩大，内容上也极度丰富与深入，环境问题的改善和解决已不仅仅体现在满足人们最基本的生存要求，而成为解决人类生存与行为的全面要求，是提高生活质量、充分满足人们置身环境的生理与心理需要。因此，对环境生存与行为质量的认识程度，以及对环境的美化、科学化、合理化和完善化等的认识程度越来越受到人们的重视。

现代的环境艺术设计更需要对环境进行人性化的处理和赋予科学化的意义，把人们的主观感受渗透到环境中去，使其成为个性和时代性的环境模式，成为能反映新时代精神和物质技术发展的新的历史。

近年来我国一大批有理想的设计师们，立足本民族的文化根基，继承传统，超越传统，在环境艺术设计方面进行了一系列探索实践，创造出一系列具有中国文化特色又有时代精神、风格多样的设计作品来，例如北京人民大会堂香港厅、澳门厅，上海大剧院（图 5-1-33）、上海博物馆、浦东新世界商厦以及武汉佳丽广场等。但是仅仅这些是不够的，作为中国的设计师，更需要了解中国的国情，脚踏实地、实事求是，在继承和发扬中国传统文化精神的基础上，广泛吸收世界上一切优秀、有时代特点的文化成果，“纳百川于一流”，富于创新和开拓精神，才可能使中国的环境艺术设计走向世界与未来。

图 5-1-32　香山饭店大堂丰富的光影变化

图 5-1-33　上海大剧院夜景

第二节　环境设计与行为方式

人为了保存个体和种族延续，就必须适应环境，包括居住环境、学习环境、工作环境、休闲环境等。人不仅能适应环境，还可以通过积极主动的实践和认识去改造环境，使其更能契合人们的身心需求。对于这两方面的要求我们已经分析过，当社会发展到一定程度，生理需求得到基本满足时，人们便开始将关注点越发多地向满足心理需求的方面倾斜。从某种意义上说，心理是检验环境优劣的高级工具，因为人类的心理需求有许多内容，有安全的需要、爱与归属的需要、尊重的需要、私密的需要与社会交往的需要[1]等。所有人工环境的设计无论表现什么样的美感和思想，都应起码满足这些心理需求，否则便会产生不良的后果。如果满足其全部内容有困难，那么应该“把主要精力放在满足置于使用者需要清单的最前列的那个需要上”[2]。如美国一著名建筑大师在为一客户设计别墅时，为了追求丰富的光影效果和通透的视觉表现，整幢别墅墙体采用全玻璃结构，连最私密的卫生间立面处理都不例外，致使业主在使用过程中感觉到个人隐私的极大丧失，别墅看起来虽然像一件完美的艺术品，但实际上并不能称为是成功的作品。由此看来，该建筑师忽略了这样一个事实：人们对住宅的第一需要是私密性而不是视觉享受。

满足了人们的各种心理需求之后，就会有合适的空间行为发生。行为，是人类心理需求的外在表现。也就是说，如果你想为市民设计一个可以悠闲坐卧的草坪，那么，你首先应当要了解能这样“悠闲坐卧”的行为需要一个什么样的空间来满足，是私密的？还是半私密的？还是交往性的？这样在设计时就会特别关注某些问题。但是，同一个人在不同的环境空间往往会有不同的行为偏爱或心理倾向。比如，人们到图书馆（图 5-2-1）喜欢安静地看书，到购物广场又喜欢热闹的商业氛围和名目繁多的购物打折信息，到医疗机构则偏好完备的道路指向系统和便民服务设施，当回到家时又体现出对舒适、私密的需求，这反映出同一主体在使用不同场所时的复杂性和矛盾性。因此在环境设计时，要让我们生活在一个相对符合自己心理需求的生活环境是生态环境研究的重要课题。设计者要根据不同环境中人群的心理诉求，考虑噪音、污染、个人空间、拥挤等环境心理因素，对环境进行划分，把环境的设计和人的心理有机地结合起来，以避免使用时出现矛盾。

一、学习与工作环境设计的心理诉求

（一）学习环境设计的心理诉求

1.物理环境

学习环境中的物理环境是对教学活动的效果发生重大影响的环境因素，主要表现为空气、光线、

图 5-2-1　中国国家图书馆内景

[1] 详见马斯洛的“需要层次理论”。

[2][美] 阿尔伯特 J. 拉特利奇：《大众行为与公园设计》，王求是、高峰译，中国建筑工业出版社，1990。

色彩、温度、声音和建筑材料等。教室里空气新鲜能使人大脑清醒，心情愉快，从而提高教学效率；适当的光线强度是学生学习的必要条件；环境温度适宜不仅是教学设施正常运行与维护的需要，还可以提高学生大脑处理信息和解决问题的能力；声音是提供信息的重要渠道，也是形成特定环境氛围的必要因素；颜色在促进人的智力及延缓疲劳方面扮演着重要角色。

2.各种教学设施

学校的教学设施、设备是学校办学条件的重要组成部分，是开展各学科教学活动的前提条件。基本教学设施一般包括教育场所（教室、报告厅、演播厅等）、学校图书室、实验室、体育场馆、科学教育仪器、多媒体设备、教具、教学材料和网络设施等。教学设施的完备不仅是教学质量的保证，更是学生身心健康的保证。

3.学习环境设计中的心理分析

教室环境布置设计的原则要体现教育性、实用性、安全性、整体性、美观性、创造性、生动性、经济性等原则。教室布置包括教室内布置（图 5-2-2）和教室外布置（图 5-2-3）。教室内布置的内容包括座位摆放、单元重点、作品展示、公布栏、新闻焦点、生活点滴、图书角等。教室外布置包括绿化楼道和柔化楼道，柔化楼道即用学生在日常生活中所熟悉的物品进行造型设计，或直接装点学生作品挂在醒目位置，这样可吸引学生注意力达到布置的效果。

图 5-2-2　教室内布置

图 5-2-3　教室外布置

第一，照明是学习环境的一个重要组成要素。

光照过强或过弱对于读者进行阅读或学习都是不利的，只有光照条件适宜，才有助于改善人们的体验和表现。在学习环境中，可采用透光、反光、散射光来改善光环境，创造最佳的读者视觉环境。另外，窗户也是影响照明条件的一个重要因素，良好的采光能极大提升空间照度，改善阅读环境，同时有效节约能源。

第二，同时考虑读者的听觉环境。

一个安静或伴有轻松舒缓音乐的环境可使读者有一个好的心情，而适宜的听觉环境应注意学习环境的选址、读者的分流与管理这些影响听觉环境的因素。

第三，方位和路标提示应满足读者空间知觉的需求。

学习环境设计要解决的一个重要问题就是帮助读者弄清方位，为读者提供更多的有关学习资料方位的信息。设计只标关键方位，可以减少过于细节的路标指示。一个优秀的学习环境方位设计，应该能让进入该环境的人感到对环境有控制的能力。路标设计的好坏，不仅方便了来者，同时也能使环境中的服务人员从枯燥、乏味的工作中解脱出来。

第四，材料和质地也是需考虑的因素。

此外，学习环境在装饰时要考虑整洁、典雅、自然、和谐，使读者感到在其中读书是一种享受。

（二）工作环境设计的心理诉求

大家都说环境可以改变人，一方面是指人的工作环境，另一方面则是指人的生活环境。如果工作环境让人感到亲切时，它能使你放松、使你自由自在，可以改变你的心情。所以，好的工作环境应该是很随意、很自然、很温馨、视野很通透的。构思一种个性化、人性化、积极向上、新颖而不浮躁、美观而又实用、简洁且满足员工需求的工作环境，确实是很难的事情，这需要企业根据自己的工作性质，从满足企业利益和职工利益的双重需求出发，提出自己的设计要求和策划思路。

很多国内的老板认为，给员工提供过于“人性化”的办公环境会导致员工工作更加懒散，但实际上，给员工足够的信任与尊重，有一个好的办公环境能够留住更多的人才。对于上班族来说，一天中至少有八小时要待在办公室，良好的办公环境能够使人心情愉悦，工作效率提高，于是上班族对于办公环境的关注与期待自然就会多起来。

1.劳动环境设计的心理分析

第一，引起工人对操作间不满的主要原因是室内的温度太热或太冷。对工作场所的温度是否满意与工人能否自己控制温度有关系。如果工人能够自己控制温度的调节，他们会感到比较满意。（图 5-2-4）

图 5-2-4　繁忙而有序的总装车间

第二，噪音的处理也是一个不可忽略的方面。当在一个噪音很强的环境工作时，工人的注意力被分散在工作任务和处理噪音干扰两方面。因此对工作环境的设计要考虑噪音的控制和隔离，对其源头进行处理，或采用不同类型的隔断降低噪音传播。

第三，设备、工具、用具等设施也必须适合职工的生理特点，如适当的操作高度、作业面宽度、作业难度、劳动强度等，使职工能在较为舒适的体位、姿势下作业，减少局部和全身疲劳，避免肌肉、骨骼和器官的损伤。

第四，工作满意度与劳动环境之间有显著关联，在其中起决定作用的主要是安全和舒适等因素，这些因素统称为保健因素。当工人的安全和舒适等基本需要不能得到满足时，就会导致对工作的不满；而当这些基本保健因素得到满足时，工人即使不会非常满意，但也不至于产生不满。工人对工厂环境的满意度还依赖于自我评价的结果，简洁的、令人愉悦的高质量工作环境，可以增加员工的集体荣誉感、自我价值感和在他人心中的地位，能够带来较高的工作满意度。因此，劳动条件、劳动组织和作业环境应适合职工的心理特点，为职工创造身心愉快的外部条件，避免增加精神压力。

2.办公环境设计的心理分析

影响室内办公人员心理感受的因素很多，诸如室内空间的大小和形状，室内采光照明和界面选材等形成的整体光色氛围，人们工作时看到和触及的家具、办公设施的形状、材质、色彩等的视觉感受，以及这些家具设施和办公人员身体各部位接触时的感受等，因此，合适的空间尺度比例、明快和谐的色调以及简洁大方的造型和线脚，常会给办公人员带来愉悦的心理感受。加上一定比例的自然光、室内绿色植物、适当配置木质材质的家具挡板，以及透过窗户映现的天空和自然景色，常给处于室内的人们带来亲切、自然、轻松、犹如人和环境能情意沟通的感受（图 5-2-5）。在这一章节，我们主要探讨的是心理感受对办公环境的诉求。

（1）私密性办公环境的需求。办公室通常分为两种类型，一为封闭式办公室[1]，一为开放式办公室[2]。一般说来，私密性增加，员工的安定感和满意度也随之增加。当工作任务较复杂时，人们更喜欢在有私密性的环境下（封闭式办公室）工作。而开放式办公室相对缺少私密性，噪音大，员工之间容易干扰。

（2）地位象征和领地的需求。办公室是使用者地位的象征。地位高的人通常以封闭式办公室为首选，其特点是空间更大，并占据好的位置，有好的窗户设计和室内设计以及高质量的办公家具和高档装修。这类使用者通常喜欢在工作环境中通过各种陈设来表现他们的支配、统治地位，而桌椅的款式和布置是最常见的手段。

（3）沟通性办公环境的需求。首先我们要知道办公环境中十分重要的三种面对面交流：协作、非正式沟通和激发性沟通。协作是为了协调不同部门或群体间的工作、相互交流信息的一种正式沟通，这种类型的沟通是有计划的，通常是在会议室里进行；非正式沟通一般是在某个场合进行，它的内容包括个体工作方面的有关信息，常发生在走廊或午餐时等；激发性沟通能够促进新观点或创造性思维产生。不同类型的沟通需要不同的工作环境，因此设计中要根据不同组织的需要来确定合适的工作环境设计。

办公环境的设计既要保护个体的私密性，又要便于人们的交往、沟通。方便沟通是办公室设计的核心问题。如果社会密度和空间密度适当，工作任务难度适中，那么开放式办公室更有助于增加人们的合作性和工作满意度。开放式办公室可以灵活布置，其成本低、易清洁，容易培养人际合作和加强相互交流，在完成简单任务时可能比在封闭办公环境中效果更好，并且可以增加同事间的交往，减少上下级间心理上的隔阂，让员工感到工作更容易完成。

图 5-2-5　玩具制造商乐高（LEGO）办公环境

（4）人性化办公环境的需求。人性化办公环境在浅层意义上首先应该自然通风、能够很好地

[1] 又称为传统的间隔式办公室，空间相对封闭。

[2] 亦称为开敞式或大空间办公室，起源于 19 世纪末工业革命后生产集中、企业规模增大背景下的经营管理需要。早年莱特设计的美国拉金大厦（Larkin Building，1904）即属早期的开放式办公室。

采光。决定天然采光系数的窗地面积比应不小于1∶6（侧窗洞口面积与室内地面面积比）；办公室的照度标准[1]为100—200勒克斯，工作面可另加局部照明[2]。当然，现在的不少办公环境在建筑设计上就注意充分利用自然光和自然通风，保证主要工作空间朝南或西南，以争取最大限度地利用自然能源。

其次，房间的面积应该足够大，满足在其中活动的需要。相同面积的房间，形状越规整集中显得越大，明亮的房间也会因为色彩的“浅胀深缩”心理显得更大、更宽敞。从室内每人所需空气容积及办公人员空间心理感受考虑，办公环境净高[3]一般不低2.6米，设置空调（挂式、中央空调）时也不应低于2.4米。

再者，窗体顶端、底端不会让员工待上一会儿就感到疲倦，而在没有窗户的房间，可以使用一些具有窗口元素的设计加以心里缓冲或用自然风景画等来装饰。面积越小的房间，窗户显得越发重要。窗户对保护私密性也很重要。通过窗户投射进来的自然光会给房间增加舒适感，窗户还是气候和时间的重要信息来源。通过窗户与自然界的视觉接触是更重要的，如河南洛阳新区市政府办公大楼就可以在室内较好地观赏对面会展中心湖的大型音乐喷泉（图5-2-6），喷泉景观结合高低起伏的韵律及五光十色的彩灯共同构成美丽壮观的城市景象。

我们亦不能忽视办公环境中绿化对于人们心理的重要性。人都有亲近、回归自然的心理需求，室内植物景观有益于久居于钢筋水泥城市中的人产生归属感，因此早在1963年建于德国的尼诺弗莱克斯（Ninoflax）办公管理大楼即开始采用“景观办公”的构思与布局而在室内引入绿化。同时，良好的温度、湿度控制和噪音隔离等都是使人们能够长时间高效率待在办公室的因素。

当然，从环境设计上考虑的话，首先建筑物在造型上要符合使用者的尺度与比例，创造适合使用的宜人工作空间。其次，我们清楚工作中员工有时是需要交流的，而非正式交流在某种程度上往往比正式交流更有效，它同员工工作满意度有密切关系，因此，周到的办公环境设计会专门留出员工交流的空间，且位置比较明显，不会放置在小角落，大都在比如休息室、餐厅等休息区，因为这些地方是进行沟通的最佳场所，员工可以在进餐、聊天、休息、喝咖啡的空闲中进行比较轻松的交流沟通。再次，不同的设施、陈设等也会影响人的行为和情绪[4]，因此在办公空间设计中融入适当的人情味可能是个很好的办法：一般可以把起居室的家庭气氛引入办公环境，如在休息空间摆放比较具有艺术感的沙发，或装饰某些可以活跃气氛的摆件等；应配备有饮水机、自动贩卖机等设置，让工作者拥有补充体力、保持工作效率的条件；要能让人们可以自由走动，也就是说活动空间要足够大；而休息空间

图5-2-6　河南洛阳会展中心湖大型音乐喷泉

[1] 智能办公室甲、乙、丙级室内水平面照度标准分别不小于750lx、750lx、500lx；（参见上海市《智能建筑标准》DBJ08-47-95）。
[2] 中国建筑科学研究院主编：《民用建筑照明设计标准》，自1991年3月1日施行。
[3] 智能型办公室室内净高之甲、乙、丙级分别不应低于2.7m、2.6m、2.5m（参见上海市《智能建筑标准》DBJ08-47-95）。
[4]［美］马克·乔伊纳：《简单学》，乔晓芳译，重庆出版社，2010。

的座位应该舒适，这样才可以促进职员的沟通、合作以及提高其工作满意度。另外，在建筑设计时考虑员工出行便利也是人性化办公环境设计之一。

（5）高科技办公环境的需求。计算机的出现使传统的办公室发生了翻天覆地的变化。现代化电子办公室的出现，迎合了人们对高科技应用的心理渴求。1996 年 3 月，美国召开的“改变办公室趋势”研讨会从办公设施手段的急剧改变和办公行为模式的变化分析展望了办公方式和办公场所今后可能的发展和变化：充分利用人力资源，重视并加快电脑等办公室内设施、管理机制、信息技术等方面的迅猛发展。其中，智能型[1]现代高科技（High—tech）手段的应用越发成为新的趋势。其实这一变化最早在 1984 年美国康涅狄格州建设的都市办公大楼（City Place Building）方案中就有所体现，该大楼设施由联合技术建筑公司（UTBS）以当时最为先进的技术承建安装室内空调、照明、防灾、垂直交通以及通讯和办公自动化，并以计算机与通讯及控制系统连接。随后日本也相继建成了墅村证券大厦、安田大厦、NEC 总公司大楼等智能型办公建筑环境。今天，面临信息社会、后工业社会的到来，智能型办公环境设计构思的核心，应该是确立“以人为本”的观念，充分运用现代科技手段，并且重视“借景于室外”“设景于室内”，设置有益于和人们沟通的绿化与自然景观，创造既符合人们心理愿望，又具有高科技内涵的安全健康、舒适高效的现代室内办公环境。（图 5-2-7）

二、生活环境设计的心理诉求

“环境幽雅、空气清新，起居生活便捷化，户型、面积设计多样化，社区生活丰富化，体现人文关怀……”居住空间的舒适方便、温馨恬静是当代人生活中追求的重要目标之一。当人们在紧张的工作之余，能感受到居住空间温馨而又赏心悦目的氛围，就可以令心情得到放松，从而获得良好的身心休息。

（一）外部生活环境因素

外部生活环境包括其所处的自然地理环境和人文环境。自然地理环境是指客观存在的自然环境，它是居住者生存的重要环境（图 5-2-8）。良好的自然环境不仅直接影响人的生活质量，也跟我们的心理健康有着密切的关系。因此，从地理环境的角度出发来调节房屋的外部设计，是良好居住条件的关键因素之一。人文环境是居住条件的微观因素，对居住者生活质量有着不可低估的作用。人文环境主要包括人口因素和文化因素。人口因素是指人口的数量和质量水平、人口布局、年龄结构等，文化因素则包括人们在特定的社会中形成的特定习惯、观念、风俗及宗教信仰等。此外，邻居、社区、装修风格、家具配备和物业管理亦衍生和创造出了新的居住文化。

（二）内部生活环境因素

环境心理学家就房屋的颜色、照明、家具摆设、室内景观等内部因素进行研究发现：房间的布局、造型、色彩、材质等应该坚持从整体到局部、功能与形式统一的原则；对于不同的房间，色彩和照明要有区别；房间的通风、采光会影响到人的身心健康。其中，居住空间室内色彩本身的构成是否和谐以及色彩与人的身心状态能否达成和谐是关键。如果室内色彩的构成在客观上显得十分和谐，而且这种和谐又能与居住者的心理诉求相一致，那么，人在居住空间中就会显得安宁和愉悦。（图 5-2-9）

（三）生活环境设计的心理分析

1.适宜的地段

越是都市繁华的中心地带，越是高级公寓的理想选择地。私人住宅和其他房屋相对应的位置十分

[1] 先进的通信系统（AT，Advanced Telecommunication）、办公自动化系统（OA，Office Automation）及建筑自动化系统（BA，Building Automation）统称智能化办公建筑的“3A”系统，它是通过先进的计算机技术、控制技术、通讯技术和图形显示技术来实现的。

图 5-2-7　澳大利亚麦格理（Macquarie）银行大厦中庭及各办公空间

图 5-2-8　美国 Noyack 居住环境设计

图 5-2-9　温馨的家居空间

重要，因为位置决定了人们相互交往的数量和频率，而别墅建在郊外，郊区化可以说是别墅的特点。

2.完整的空间结构、合理的使用功能布局

大都市标准的基本公寓单元应由客厅、卧室、厨房及餐厅、浴厕间、阳台、光线与空间的分隔六大居室元素构成。一个舒适的居住空间，上述的六大元素显然不可或缺。客厅（起居室）是家人团聚、起居、休息、会客、娱乐、视听活动等多种功能的居室，使用频率最高，造型风格、环境氛围方面对家庭成员的心理感受起着主导作用。睡眠、学习要在安静中进行，睡眠又有私密性的要求，满足这些功能的房间应尽可能布置于房间尽端或一角，限制客人视觉和听觉上的侵入，营造一个舒适、温馨、安静的私密空间。厨房应创造洁净明亮、操作方便、通风良好的氛围，在视觉上应给人以井井有条、愉悦明快的感受。而餐厅宜营造亲切、淡雅的家庭用餐氛围，或以鲜艳的色彩搭配起到调动情绪、增进食欲的目的。浴厕间的室内环境应整洁，平面布置要紧凑合理，设备与各管道的连接需牢实可靠，便于检修。阳台是室内外之间的“灰空间”，即过渡空间，需要良好的采光及植被的引入，给人以亲近自然的心理感受。住宅室内各界面以及家具、陈设等材质的选用，应考虑人们会近距离长时间进行视觉感受的特点。木材、棉、麻、藤、竹等天然材料再适当配置室内绿化，始终具有引人的魅力，容易形成亲切自然的室内环境气氛。当然，住宅室内适量的玻璃、金属和高分子类材料，更能彰显时代气息。

3.注意采光

设计一个健康的生活环境必然要注意居室光线的营造。住宅设计要注意充分利用自然光照进行采光，因此我们需要考虑房间的朝向及开窗的位置和大小。在此基础上，亦可通过材料的选用如窗户、落地玻璃加强自然光线的引入。但在自然光照不足的情况下，我们还可以科学地利用非自然光，即人造光源。人造光源相较于自然光的好处在于可以随心所欲地布置光源的位置、方向、色彩及照度，通过营造不同空间氛围来迎合居住空间中不同功能分区的具体光照需求。一间设计优秀的居室总能利用各种光线带给人舒适、宁静的轻松感觉。

4.充分利用色彩

人们一般进入室内空间后得到的最初印象，75% 是关于色彩的感受，然后才会去感知、理解形态。因此在居住空间内部的视觉感受中，室内色彩是最为敏感的一个因素，最能引发人们的各种感觉和联想，也可以很容易地左右人们的情感，对使用者的身体健康有很大影响。成功的色彩搭配可以有效地改善空间环境，使空间显得生动、活泼、充满生机，甚至可以使原本狭小、简陋的居住空间变成令人陶醉的新天地，让人感到舒适安全。同样，不恰当的色彩选择和搭配则可能会带来不和谐甚至是局促不安和压抑感。通常来说，暖色会使人精神振奋、心情愉快、新陈代谢增加，而冷色能抑制与缓和精神紧张，如绿色对人体神经系统、视网膜组织的刺激恰到好处，能使人消除疲劳，改善机体机能，减慢血流，松弛神经，可以在居室内多采用。另外，人口多的家庭居室宜采用冷色调；人口少，比较安静的居室则多采用暖色调。

5.预防噪音污染

居住环境对安静的需求要求我们注意预防噪音污染。具体来讲，一种办法是临近噪音污染源的窗户上可加设隔音隔热的中空双层玻璃或密封窗以及选用具有隔音效果的加厚窗帘，二是在居室周围多种些树木及绿化带以隔离和吸收噪音，三是多选用可以吸收噪音的室内陈设如木制家具等。

6.安全性与隐蔽性

这是一组对应关系的两方面。住宅本身位置的选择关系到安全性：房屋如建在临近街道的地方，虽隐蔽性减少，但安全系数提高；篱笆和花园确实能阻挡外部视线、减少外来干扰（如交通噪音），且隐蔽性增加，但这样的设计也会导致安全性降低。

另外，公共住宅区的大小与犯罪率无关，但建筑物的高度与犯罪率却关系密切。楼层越高，犯罪率也越高。首先，高层公寓居住的人更多，人越多意味着居民之间相互认识和了解的机会越少，就很难辨认混入住宅楼进行犯罪活动的陌生人；其次，高层公寓便于作案，缺乏防御空间。因此，公共住宅的建筑设计要考虑防止犯罪行为的发生，将防范最薄弱的地方设计得更加开阔，将走廊缩短也能减少犯罪率。就室内空间来说，家庭成员占有房间的空间大小，也直接影响到各个成员的隐蔽性和空间需要的满足程度。

7.避免孤独感

住在高层公寓里的居民之间在感情上的交流通常较少，这在很多空巢老人因孤单一人居住而引发的案件中可以得知。对于居住其中数年的普通居民来说，对左邻右舍一无所知的情况并不鲜见。除了现代社会所产生的城市化进程、高犯罪率让人失去安全感等因素外，高层单元住宅及景观的不周全设计也是导致居住区缺乏人情味的因素之一。比如大多数住宅楼都没有给人们提供社交或谈话的场所，也不具备功能齐全的公共参与空间，如果考虑加设一个公共活动区，将会很大程度上促进社区居民的交往行为。

8.无障碍（人性化）设计

生活环境的优化还体现在对弱势（老、幼、残）群体予以照顾和关爱的程度。由于其特殊的生理和心理特点，他们在生活环境的要求上也有其特点。其一，室内外需完备的安全无障碍设施（对台阶、楼梯、低矮无扶手坐凳、蹲式便器、光滑的地面、强烈灯光和嘈杂声音等的避免）；其二，良好的物理性能指标，主要体现在日照、自然通风和采光等方面以及观景良好的隔窗视线等；其三，具备齐全的康复和医疗保障（除临近区域设有大型医疗机构外，住宅内也应针对弱势群体的健康需要设有急救设施等配合治疗的基础医疗站，形成完善的医疗网）。

三、公共环境设计的心理诉求

（一）公共环境设计概念

公共环境设计，即以城市的公共性空间环境场所（如城市街道、城市广场、公园、各类公共设施等以及它们之间的整体关系）为主要设计对象，综合运用现代设计手段，创造“艺术化、人性化、信息化、生态化”的公共空间及信息传情达意的艺术设计行为。从广义上来讲，超过单个个体以上的活动范围及周边环境都是公共环境范畴；从狭义上来讲，公共环境专指供多人使用的公共场所、社交区域及大中型物业的室外环境。（图 5-2-10）

图 5-2-10 城市公共环境空间

（二）公共环境设计现状及问题

城市公共环境是城市整体空间的重要组成部分，它对完善城市功能、调整城市结构、塑造城市形象、增强城市活力、改善城市环境质量、传承历史文化有不可低估的作用。同时，城市公共空间又是城市公共生活的“舞台”，支撑着城市市民的各种行为活动，是整个城市活力的集中体现。[1]

在全球城市化进程加快的大背景下，加速城建步伐的背后亦出现一些值得我们探讨的问题：处于同一公共空间区域内不同位置的人流密度为何竟会出现很大区别？交通堵塞为何总是发生在某些特定位置？假若一个公共环境干净雅致但空荡冷清、无人问津，那这个设计能否说是成功呢？反之，如果某些地段尽管已经很拥挤，造成了片区人流密度超负荷以及交通堵塞，而人们还在蜂拥前去，那么，这样的设计是否有碍城市观瞻？……不难发现，我们只需对周围的公共环境逐一观察，就会发现其中许多暴露的问题存在相似之处。科技与生产力发展到今天，对于环境物质内容的改善已经带来方方面面的便利，“科技威胁论”并不能成立，问题之所以出现，事实上还是与使用科技进行规划设计的决策者有关，没有仔细分析、考虑环境对人们心理造成的影响进而采取相应的应对方法才是其症结所在。

（三）公共环境设计心理因素分析

如果营造一个充满舒适、方便、宜人等心理感受的城市公共环境，单单靠大量树木、草皮、雕塑、座椅等的堆砌就能实现。如果仅以一些硬性指标（建筑密度、容积率、绿化率等）的数据情况就衡量其优劣的话，那谁又能解释：同是公共开敞空间，有些很简单却极受市民欢迎，而有些尽管造价不菲地植树种草、摆雕塑设水景，但还是少有人光顾？如果我们的城市公共环境设计只停留在空间形状、体量、比例、尺度、色彩等形式美学的层面上而忽视了解人的需求、研究人的行为特点、掌握人认知和使用空间规律的话，再华丽的环境营造也不过是只“可远观”的艺术品，其脱离了生活，最终丧失意义。

城市环境的舒适度根本上来自其功能的合理性和空间的有效组织，来自对城市良好人文环境的营造。[2] 例如，在处理“交通堵塞”这类城市通病时，就不会仅仅采用拓宽街道这个简单办法了（而国外很多大城市几十年来正反两方面的经验证明：拓宽道路不仅无法根本解决交通问题，反而会带来很多社会问题）。因为“堵塞”实际上是多方面环境因素的结果，如红绿灯的时间设置及转换、步道空间位置及步行人流导向情况、公共/道路交通设施建设（图 5-2-11）及管理、街面宽度与周边建筑容纳体量的比例关系、沿街零售商业的管理和整治、城市发展规模等，所以，逐步学会“具体问题

图 5-2-11　城市公共交通设施

[1] 杨杨：《城市公共空间互动环境设计研究》，哈尔滨工业大学 2007 年硕士论文。

[2] 胡宝哲：《现代城市环境设计——理论与实践之一》，《北京规划建设》2003 年第 3 期。

具体分析”，就能有效减少环境规划设计上的主观性和盲目性。

现代城市公共环境设计要求我们在满足使用和功能要求的基础规划上，还应从整体和系统的角度出发，研究人的心理与空间的关系，通过人们对公共环境的心理诉求及行为模式统筹安排各种功能设施，合理组织公共空间，才能创造出不仅具有空间形态美感且舒适宜人的城市物质环境。

1.空间功能综合化

我们的生活方式正被日益现代化的城市系统改变着，从心理需求上讲，人们已经不再满足于单一的功能环境，而是更趋向于空间环境能具备综合功能。公共空间形式作为大众的、共享的环境符号，总与各种人群及众多个体的复杂社会行为相互关联，这种多层次的复合关系必然带来多样的行为需求。作为城市公共空间应该通过同时同地提供多种活动支持的方式，全方位地来满足广大市民认知环境、游玩、休憩、交往、娱乐等的综合需求，那么，空间就应该演变为多元化的物质载体，加设与之相配套的各种功能设施，形成统一体（图 5-2-12）。例如现今在很多连体公共区域内大家可以看到这样一番景象：人们“足不出区”就可以观赏表演、购物、品尝美食、喝茶聊天、运动健身，女士们在购物时旁边有供男士休息的吸烟、读报区以及供小孩玩耍的游乐区，家庭成员的多种需求在这样的环境下都得到了满足，也都能体验到自然景观及拥有便捷的交通系统等，于是城市中这样的公共“综合体”越发受到市民欢迎，这是与人们的“就近”与“可选择”心理需求相统一的，因此现代化的城市公共空间的功能定位应具备多位一体的综合指向。

2.社会交往与空间参与性

大家知道人属于群居动物，无法忍受长期的独居生活及与世隔绝。“人的心理不仅有生物性的一面，更重要的还具有社会性的一面。”我们走进城市公共空间中能轻易发现，大多数人在闲暇小憩时都是选择面对人们活动的方向，当座椅背向时，

图 5-2-12 城市公共环境空间

它们要么无人问津，要么被人以一种反向的方式所使用。这又揭示出人们在使用空间时的另一种心理需求——“凑热闹”。由于人天生喜爱凑热闹的心理，处于公共环境中的人及其活动便总能吸引另外一些人，人们通过互动交往获得内心需求的满足，这也成为现今大量的诸如商家促销、明星走秀、新品签售、游行静坐、行为艺术等公共活动能引人入胜、夺人眼球的重要因素。美国著名建筑师波特曼根据人看人特点设计出旅馆中的共享空间，因而受到消费者的大力追捧。由此不难得出，人在公共活动中更需要社会交往，如果设计师们了解到这一心理，就会避免在公共环境中安排冷冷清清的座椅，而通常设计成诸如在活动较多的广场边缘、较宽的通道两侧、步行街两边面对面布置一些座椅[1]，它能促进人际交往，使人们比较方便地聚在一起，迎合了人们的心理需求。

人在同其他个体进行互动的同时，还有跟空间环境进行互动的心理需求，愿意亲近自然是人的又一特性。在公共环境中，人们希望能参与到环境中去，与环境发生关联，成为环境的一部分。但现实状况是，不少设计师的一些公共空间设计并不能很好地行使与人们交流的职责，变成孤立的、空洞的“观赏品”或作为表达设计者某种思想的“艺术象征”。如城市中的很多“水景”设计得很漂亮，

[1] 人们对座位的选择可以表明他们是希望与人交往还是希望自己独处。一个人选择坐在座椅的一边，往往表示他愿意和别人共用一张椅子，也愿意和他人进行交流；肩并肩而坐是最亲密的座位方式，女性比男性更喜欢。而在交谈中，当无法实现面对面交流时，人们才会选择肩并肩的坐法。

但严密的隔离措施往往只能远观而无法亲近；居住区绿地设计虽然花样翻新，也是供人观赏的多，而绿地中几何化的道路却鲜为人用；由大片混凝土地面和少量规整的草坪构成的广场在炎热的夏季像个大热锅，很少有人停留。这些美丽的“艺术品”都是引人深思的反面案例。公共环境的设计是为使用它的大众服务的。不仅要表达美学方面的意义，更要具有适用性，只有满足使用者的心理需要，并对他们的行为模式作出恰当反应的设计才是最佳的设计。[1]

3.个人空间

公共场所按私密梯度进行划分，不仅要为人们提供接触的亲密形态，也应该有不同程度的私密性即个人空间。比如大家可以观察坐在公园和广场长椅上的人，他们之间所保持的距离远超过他们实际座位所需要的尺寸，使得长椅无法物尽其用，而在餐馆找座位的人们都尽量避免靠近入口和走道的位置；在我们的日常交往中，也总是与他人特别是陌生人之间保持一定的距离，不然就不舒服。（图5-2-13）

与此相似的许多例子都表明，每个人周围都有一个“围场”，我们叫它个人空间。正是这个空间的存在，避免我们与他人过分地接近，这反映了人们对某一物质环境占有与控制的要求，当空间范围受到侵犯时，随即便会产生防御性的反应。因此，了解个人空间的特点之后，我们才可能作出较好的设计。在进行公共空间设计之前，一定要事先对使用人群进行观察，再对人们如何使用场地进行某种预测，最后对空间作合理的划分并做上标志。比如关于长凳的使用，阿尔伯特·J. 鲁特里奇发现，如果在长凳上用有色胶布按照椅子尺寸分成等分，人们会不偏不倚地坐在每一个位置上。实质边界似乎可以缩小个人空间的大小。现在许多候车室与候机厅的座椅都是单独的椅子，利用率比长凳要高很多。

个人空间是人类的一种基本心理需要，“可定义为个人或人群有控制自身与他人接近，并决定什么时候、以什么方式、在什么程度上与他人交换信息的需要”[2]。无论时空如何变化，这一“围场”总不会消失，它的大小与个体的社会身份、文化背景及物质环境有关。但无论是大是小，都说明个人

图 5-2-13　城市公共私密空间

[1] 成少伟：《行为与公共环境设计》，《新建筑》1999 年第 1 期。
[2] 胡正凡：《空间使用方式初探》，《建筑师》1986 年第 24 期。

对环境有控制要求，“设计者应当尽量做到不折不扣地支持使用者所希望的他对环境的控制”[1]，以满足其个人空间的心理需求。

4.文化的表现性

我们中国人可能是最早欣赏自然并利用自然的民族，“师法自然”一直是中国传统园林的艺术原则。城市的地域特色既包括自然特色，也包括其文化特色，因此按我们的理解，文化景观也是自然的一个层面，是自然的一种类型。城市公共环境艺术是整体上蕴含了丰富的社会精神内涵的文化形态，作为艺术与城市整体功能联结的纽带，它是社会公共领域文化艺术的开放性平台。这个平台成为政府、公众群体、专家之间进行合作与对话的重要领域。公共艺术的存在，大到公共建筑艺术，城市公共环境的景观艺术的营造，社区或街道形态的美学体现，小到对公共场所的每件设施和一草一木的创意，无不反映着一座城市及其居民对历史、传统、民俗及文化的态度，它缔造着一座城市的形象和气质。[2] 那么城市公共空间理应突出其地方社会特色，即人文特性和历史特性。空间的建设应继承本城市自身的历史文脉，适应地方风情民俗文化，突出环境的地方艺术特色，有利于开展地方特色的民间活动，避免千城一面、似曾相识之感，增强公共环境空间的凝聚力和城市文化魅力。（图 5-2-14）

不同城市的公共环境空间的设计应具有各自的文化特色，才能显出各自的不同风貌，发挥出各自的应有功能。不管是上海的“新天地”、重庆南坪路主体景观改造工程，还是成都的“宽窄巷子”改造，都充满了浓厚的城市文化意蕴，体现出独一无二的城市地域景观特征。但这还远远不够，因为令人担忧的是，现今中国还存在大量极具规模的项目及设计将城市的公共空间同文化形态割裂，这些根据设计师的喜好进行“复制”或“创作”的空间塑造，在技术上是非常容易的，但抹去文化痕迹而去生成一套全新的形式系统是对自然的破坏和对场地文脉的极度不尊重，这样的景观不属于这片土地或这个城市。而从每个城市、每块土地中存在着的大量文化景观特征上生成的设计语言，只有从土地中生长起来的，而非强加于某块土地的，必定才是属于这块土地的和独一无二的。[3]

图 5-2-14　巴黎的城市文化

[1][美] 阿尔伯特 J. 拉特利奇：《大众行为与公园设计》，王求是、高峰译，中国建筑工业出版社，1990。
[2] 蔡伟：《公共环境艺术设计与文化表现》，《艺术与设计》（理论）2007 年第 8 期。
[3]《城市环境设计》杂志对王向荣访谈。

5.景观环境的有序和多元化规划

按照空间的使用功能定位及美学原则的不同，公共空间构成应充分利用各空间形态构成要素，创造出一个分层有序、系统完整、多元规划的视景空间。例如在城市交通绿岛的空间组织中，可以通过对称的轴线手法来设计，把交通干道、绿化、建筑和四周环境等组织成为一个有机的整体系统，形成延伸景观带，让城市环境空间变得井然有序又不失变化，形成错落有致、浑然一体的新型城市公共空间系统，从而在一定程度上把城市置于自然之中，使大自然的质朴与清新延伸到城市之中，同时在较大程度上也改善了城市的小气候；也可以根据街道与建筑之间的空间关系进行组合、渗透、流动和引申形成空间序列，从人的视觉特征出发去创造景物的观赏条件，大量引入乔木、绿化、花卉、草坪、小品、水等环境元素，利用自然高差的植物墙、层层叠落式花坛、喷水等，使景物富有地域性和情趣并产生良好的观赏效果（环境氛围清楚、主次分明），形成公共建筑最为集中地带的绿化步行场地或是主干道与建筑物之间的街道景观场地；还可以根据城市的历史文化，在公共空间环境中引入极具文化象征性的公共艺术小品及一些环境艺术设施（包括柱廊、雕柱、浮雕、壁画、旗帜等艺术作品），借助装饰、色彩及风格形式的变化等手段创造出一种丰富的蕴含多义性的空间环境。[1] 这些类型空间的出现，在一定程度上必定能缓解城市不断恶化的环境状况，也会有效地满足市民对高品质生存空间的需求。（图 5-2-15）。

图 5-2-15　城市公共环境空间

总之，城市公共空间作为一种社会活动场所，是城市环境中最具公共性和活力的开放空间。公共环境空间的亲和度、可达性、文化性、娱乐性及美观性等已经成为设计者的依据和标准，因而也决定了现代城市的公共空间设计向宽容、多元、边缘性和不确定性的方向发展，着重强调人的活动参与性，空间的表现形式将更加多样化和更具丰富性。因此，优秀的公共空间设计应该是可以表达对人性的解读、关注、适应和尊重，从而体现与人的共生、共存和共乐的人性化空间。对生活在都市的现代人来说，构筑具有舒适性、愉悦性、文化性、生态性、可达性的公共空间是他们必要的，也是必然的要求。

[1][美]约翰·O. 西蒙兹：《景观设计学——场地规划与设计手册》，俞孔坚、王志芳、孙鹏译，中国建筑工业出版社，2000。

四、景观与休闲环境的心理诉求

苏东坡曾云："宁可食无肉，不可居无竹。"人类自古以来就十分崇尚、热爱自然，有喜欢接近自然的心理需求，自然环境是人们生活中不可缺少的重要组成部分。随着社会生产力、城市化进程及塑造空间能力的增强，城市的面貌以钢筋水泥建造的"森林"取而代之了真正的森林，人们与大自然的距离越发增大，同时生活节奏越来越快，这引起了城市中人们归属感的丢失以及人情淡漠的心理恐慌。于是，为了让久居城市中的人们身心得到放松，设计师们开始"返璞归真"地将自然中的元素引入到钢筋水泥的硬质环境中来，进一步增设城市休闲型景观，在城市景观与休闲环境中创造良好的心理景观，与建筑和周边环境融为一体，力求满足自然与人类相互和谐、融洽以及人们对高品质休闲空间的心理需求。鉴于景观与休闲环境亦属于城市公共环境的一个分支，其心理诉求我们可以参照上文相关内容，在这里，我们主要以具体类型的休闲景观空间来进行说明。

（一）步行街设计心理分析

街道是人们的主要流动空间，但现在城市中的道路大多均为车辆而修建，而非行人。步行街，顾名思义是为了将空间最大化地方便行人使用，人车完全分离（一般避免有车辆通过），仅为步行人群开放的城市街道。与机动车道不同，步行街是城市景观中跟人接触更密切的景观载体。（图 5-2-16）

图 5-2-16　哈尔滨市中央大街

第一，人们对外出散步的心理需求要求步行街最好建在人流密集的市中心或者生活区，方便人们数分钟就能到达。步行街的噪音不能过大，对机动车的限制也有利于这一要求，但如果有轻快或时尚的背景音乐，会让人们产生愉悦的心情，其步行速度也容易跟音乐节拍相一致。

第二，步行街需要多一些的自然景观元素。植物和水体是影响景观及休闲舒适度的重要因素。在功能方面，树木可给人们提供阴凉，特别在炎热的夏季，树荫处是人们首选的位置，与休息设施相结合的树木和花草，会在心理上给人们带来空间围合感，在短暂歇息之余，还可以观赏景观空间和往来行人的活动，符合人的心理和行为规律，这同样适用于城市广场。水是另一个令人心旷神怡的设计元素，如瀑布、水墙、缓流、水池、喷泉等，以水为主题的设施能给空间带来生气，让人感到温馨。但水不仅仅只供观赏，重要的是人们可以触摸，可以尽情享受亲水的乐趣。遗憾的是，这一点常常被忽视了。由于卫生和安全等原因，很多水景周围都设置了栏杆或其他障碍物，把人和水远远地隔开，这种设计是违背人的心理及行为需求的。[1]

第三，步行街的设计要考虑障碍对人的影响，少设障碍。在步行街人们都有一个相同的习惯，喜欢选择走没有障碍物的捷径，会根据周围人的行走速度来决定自己的步行速度。[2] 在人多、拥挤的地方，步行速度会比平常慢得多。了解这些关于步行街上人们走动的规律或行为习惯，对于更好地了解人们心理诉求有几方面好处：一是可以知道人们通常习惯以怎样的方式穿过购物区，这有助于设计出最理想的购物商场和布置最合理的步行街商店；二是可以让阻挡人们行走的障碍减少到最小，让步行者可以通过最短、最直接的路线到达目的地。

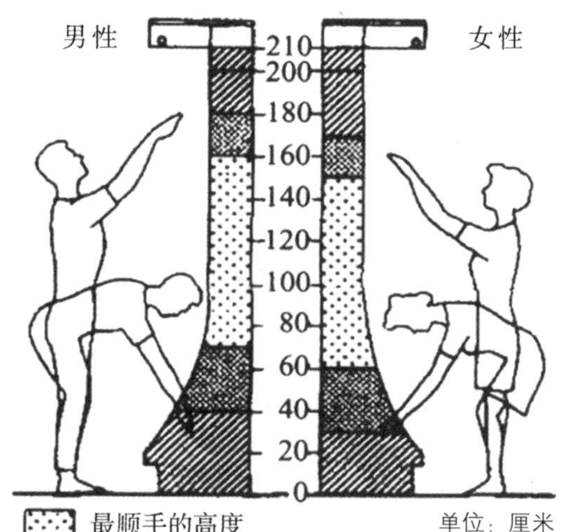

图 5-2-17　商品取放位置的方便程度

（二）购物环境设计心理分析

购物环境是人们日常生活不可缺少的消费场所，在其环境设计上，既要满足商家利益，更要符合顾客消遣的方式。因此，购物场所的人性化设计应该在努力研究、适应顾客心理特点的基础上，提供恰当的心理影响环境和便利的服务体系，使顾客将浏览、选购商品的过程当作心情愉悦的休闲时光。虽然不同消费者会有各种购物行为，但对购物环境的要求却大致相同。

第一，舒适性和美观性。人们进入终端购物，总是比原先预计要买的东西多，这大多是由于购物现场设计与商品刻意摆放的原因。商品陈列（图 5-2-17[3]）如能注意研究消费者购买心理的话，既能美化空间又能促进商品销售。创造美观舒适的购物环境还体现在视觉的愉悦感、身体触觉的舒适感、优雅的声学效果等。购物环境的舒适性和美观性，能提高消费者光顾次数和停留时间，也就为接触商品提供了机会。因此，商品的陈列方式、陈列样品的造型设计、陈列设备、陈列商品的花色等方面，都要与顾客对购物环境的心理诉求相适应。

第二，安全性。商业空间在设计上追求舒适性的前提是保证商业空间在使用上的安全性，国家对公共建筑的室内环境都有明确的必须达到的规范和要求。首先，要考虑设备安装设计的安全性；其次，空间设计中要避免可能对顾客造成伤害的系列问题；最后，设计时应避免顾客心理恐惧和其他不安全的隐患。

第三，便捷性。就近购物、方便快捷、省时省钱，这是消费者的普遍心理。因此，交通便利和人口密集的区域往往作为购物场所“选址”的首要选择。此外，商业空间内部展位摆放及交通线路设计的合理性也决定了购物环境的方便性。如销售频率高、交易零星、选择性不强的商品，其柜组应设在顾客最容易感知的位置，以便于他们购买、节省购买时间；如品种复杂、需要仔细咨询的商品，要针对顾客求实的购买心理，设在售货现场的深处或楼房建筑的上层，以利于顾客在较为安静、顾客相对流量较小的环境中认真仔细地咨询对比挑选。

---

[1] 胡宝哲：《现代城市环境设计——理论与实践之一》，《北京规划建设》2003 年第 3 期。

[2] 普瑞瑟归纳了步行街上各种因素带给步行者的影响，并把这些影响因素称为“摩擦一致模型”。摩擦指步行街上人流的相互阻碍，一致指其他人的行为方式共同带给你的影响，如其他人的步行速度会影响你的步行速度。

[3] 日本建筑学会编：《日本建筑设计资料集成》，北京：中国建筑工业出版社，2003 年。

第四，可选择性。对今天大多女性朋友来说，上街购物已经从单纯的消费行为演变成了必不可少的娱乐休闲行为。从心理上剖析这种购物行为，其实是一种心理需求：她们并不缺少什么，也就是说并没有明确的购物要求，可选择消费或不消费，而更多的是在心理上享受边走边逛这一过程。那么，我们可以进一步推断，顾客的购物无意识如果能受到某种外在刺激物影响而不由自主地对某些商品产生注意，进而让他们没有明确目标或目的的购买行为受刺激物的影响而产生，对刺激购买行为将会有很大意义。因此，在售货现场的布局方面有意识地将应季、潮流等相关联的商品柜组突出设置进而向顾客发出暗示，或者在一定时期内调动柜组的摆放位置或货架上商品的陈列位置，使顾客在重新寻找所需商品时，受到其他商品的吸引，诱导其购买，都会获得较好的效果。另外，“货比三家”是众所周知的道理，也说明了消费者在消费过程中，存在着“兴趣—注意—欲求—选择—比较—决定—购买”的过程，而这一过程的满足则能够促进消费的形成，这说明可选择性的重要。所以良好的购物环境一般把具有连带性消费的商品种类邻近设置、相互衔接、给顾客提供选择与购买商品的便利条件，便于顾客划分产品区域，具有很好的指导意义，并且有利于售货人员集中介绍和推销商品；大型购物环境中更应具备不同类型的多家商店、多方面信息等，以便产生商业聚集效应。

第五，购物环境的标识性。各种形式的展示是人类特有的一种社会化活动，但如果在人们头脑中形成一致的标识、消费及商业氛围印象，会更有助于消费者再次前来光临。在同一个区域，经营同一种商品的商店，只要设计独特的商店标识和门面、富有创意的橱窗和广告、富于新意的购物环境，就可能会给消费者留下深刻的记忆。（图 5-2-18、图 5-2-19）同时，正因为每个商店的独特性、新颖感和可识别性，才形成各商业街丰富的商业氛围。

图 5-2-18　阿联酋购物中心

图 5-2-19　阿联酋迪拜购物中心

专题研究：上海“里弄”空间的前世今生

一、引子

对于2010年的中国民众来说，本年度最吸引眼球的盛事恐怕要数在上海举办的第41届世界博览会了（Expo 2010）。这届由中国举办的世界博览会，以“城市，让生活更美好”（Better City，Better Life）为主题，创造了世界博览会史上最大规模记录。设有五个主题馆，其中城市人馆、城市生命馆和城市星球馆三个展馆因聚合在一起，被称为主题馆群（总建筑面积约12.9万平方米，相当于三个足球场），位于浦东B片区的主题馆建筑内（图5-2-20）。其中，作为最具有上海民间特色的石库门建筑在展馆中得以大胆运用，引发了世界的关注。展馆造型围绕“里弄”“老虎窗”的构思，运用“折纸”手法进行创新，形成二维平面到三维空间的立体建构，而屋顶则模仿了“老虎窗”正面开、背面斜坡的特点，颇显上海传统石库门建筑的独特魅力。这一独特的造型，使得该主题馆成为世博园区里的一大亮点。而上海馆（图5-2-21）亦异曲同工地以石库门造型为主要元素，设计风格简约但气氛浓烈，外观朴素但格调现代，非常符合上海这座城市庄重而不失灵动、历史与现代交融、东西方融合的文化特征。展馆以“永远的新天地”为主题，通过外墙空间、等候空间和内场空间，展示一个更有魅力、更为融合、更加智慧的上海，以表达对“城市，让生活更美好”的上海理解。

“里弄”的建筑空间理念不仅表现在上海本土的展馆设计上，甚至也被其他国家所采用。世博会意大利国家馆（图5-2-22）的设计灵感就来源于被意大利人称之为“上海”的游戏。这个游戏其实就是上海小朋友玩的游戏棒：数根游戏棒通过孩子的小手被随意撒成不同形状的组合。从外观看，整个意大利国家馆如同分裂的马赛克，体现了不同地区的多元文化和谐共处的关系。参观者行走其间，仿佛置身于集上海石库门弄堂与意大利广场为一体的城区。通过世博会的宣传，世界各地游客不禁对“里弄”型建筑及建筑背后的中国传统文化产生越发浓厚的兴趣，国人也通过对“里弄”的重温，再次掀起对于本土民族文化精髓的重视——说到“里弄”，其实就是上海人俗称的“弄堂”，它是由连排的石库门建筑所构成，并与石库门建筑密不可分。

二、“城市屋”“合院”与“石库门”

在过去，不管是皇帝、官商富贾还是平民百姓，都是住在院子里的，院落空间的居住形式为中国人所迷恋，几千年没有太多的变化。近代工业革命使所有被它波及的国家都发生了翻天覆地的变化，社会化大生产使人口急剧地向城市集中，地价飞涨，居住的密度与日俱增。于是，当时的欧洲国家产生一种住屋形式“TOWNHOUSE”，翻译成中文即“城市屋”或“连排住宅”，居住密度介于多层住宅与独立式别墅之间。中国的国门被打开后，“城市屋”伴随着西方文化如潮水般涌进来。19世纪中叶，由于受到了上海小刀会起义和太平天国运动的影响，中国人开始纷纷迁居租界，致使租界的人口急剧增加。在租界的外国人乘机大量修建住宅——建造传统住宅或四合院式房屋，占地多，工期又长，而欧美式样住房造价太高，于是，中西合璧的石库门住宅应运而生。这种建筑按照伦敦工业区的工人住宅样式，又融合了中国传统四合院进制，大量吸收江南民居的特点——以石头做门框，以乌漆实心厚木做门扇，因此得名“石库门”。石库门住宅发展到鼎盛期时，曾占据当时民居的3/4以上，至今还有近30%的上海居民住在有一个多世纪历史的石库门中。

石库门多为砖木结构的二层楼房，坡型屋顶常带有老虎窗，红砖外墙，弄口有中国传统式牌楼。门头做成传统

图 5-2-20　上海世博会主题馆

图 5-2-21　上海世博会上海馆

图 5-2-22　上海世博会意大利国家馆模型

砖雕青瓦顶门楣，门身采用两扇实心黑漆木门，以木轴开转，常配有门环，进出发出的撞击声在古老的石库门弄堂里回响。一般进门就是一小天井，天井后为客厅，之后又是一天井，后天井是灶台和后门，天井和客厅两侧是左右厢房，一楼灶台间上面为“亭子间”，再往上就是出挑的晒台。即使石库门有着江南传统三合院或四合院的形式，但在总体上采用的联排式布局却来源于欧洲，外墙细部有西洋建筑的雕花图案，门上的三角形或圆弧形门头装饰也多为西式图案。20世纪末的城建风潮已毁坏了大量珍贵的石库门住宅，现在的上海也开始注意保存具有历史价值的老建筑，一些具有海派特色的石库门里弄才有幸被作为近代优秀建筑加以整组保存（图5-2-23、图5-2-24）。

三、“里弄”空间与文化

石库门建筑是一种多单元组成的联立式结构。早期的石库门一般由二三十个单元组成，后来的石库门则更是扩大到一百至数百个单元，这些石库门一排排地联体而立，组成了一个庞大的房屋群体。早期的石库门大多叫弄、里，就是我们常说的“里弄”，又叫“弄堂”。其实，“弄”只是有别于街面房子的“胡同”的通称，指石库门建筑的间隙之间形成的一条条的通道。人们常会错以为早期石库门就是上海弄堂的统称，其实，它只是弄堂住宅辉煌时期的一个大家族成员而已。1872年，上海有了第一条叫“兴仁里”的弄堂，从此，上海人开始了弄堂生活。多少年来，成千上万的上海人就是在这些狭窄的弄堂里度过了平凡岁月，并创造了形形色色、风情独具的弄堂文化。（图5-2-25、图5-2-26）

弄堂是上海的一道独特的风景，上海的一位女作家陈丹燕写的一本书叫《上海的风花雪夜》，其中就有一篇专门写上海弄堂的文章——《弄堂里的春光》：“整个上海，有超过一半的住地，是弄堂，绝大多数上海人，是住在各种各样的弄堂里。”

弄堂常用弄、里、坊、村、公寓、别墅等名号，级别逐次提高。后几种又称为新式里弄住宅，出现于20世纪20年代后期的租界内，总体上比石库门更接近欧洲近代住宅的建筑风格，外形别致整齐，装修精致舒适，室外弄道宽敞，楼前庭院葱绿，居住环境优美，已明显优于早期的老式石库门，建筑形式多为混合结构，注重使用功能，配有欧式壁炉、屋顶烟囱、通风口、大卫生间等。上海作家王安忆写的长篇小说《长恨歌》里的一段文字，将上海有代表性的石库门里弄、新式里弄和公寓里弄分别作了精彩的描述：“上海的弄堂是形形种种，声色各异的。那种石库门里弄是上海弄堂里最有权势之气的一种，它们带有一

图 5-2-23　早期石库门建筑

图 5-2-24　装饰华丽的石库门门楣

些深宅大院的遗传，有一副官邸的脸面，它们将森严壁垒全做在一扇门一堵墙上。一旦开进门去，院子是浅的，客堂也是浅的，三步两步便穿过去，一道木楼梯在了头顶。木楼梯是不打弯的，直抵楼上的闺阁，那二楼的临了街的窗户便流露出了风情。上海东区的新式里弄是放下架子的，门是镂空雕花的矮铁门，楼上有探身的窗还不够，还要做出站脚的阳台，为的是好看街市的风景。院里的夹竹桃伸出墙外来，锁不住的春色的样子，但骨子里头却还是防范的。后门的锁是德国造的弹簧锁，底楼的窗是有铁栅栏的，矮铁门上有着尖锐的角。天井是圈在房中央的，一副进得来出不去的样子。西区的公寓弄堂是严加防范的，房间都是成套，一扇门关死，一夫当关万夫莫开的架势。墙是隔音的墙，鸣犬声不相闻的，房子和房子是隔着宽阔地，老死不相见的。但这防范也是民主的防范，欧美风的，保护的是做人的自由，其实是做什么就做什么，谁也拦不住的。”

都说一种空间形式创造一种文化，弄堂是一种典型的上海民居建筑，在“二战”时，有80%的上海人住在里面，至今还有近1/3的申城市民居住在这种典型的地域住宅中，它成了上海人市井生活的背景和舞台。弄堂在用地紧张的上海城市空间中营造的这种既有西式连排住宅形式，又有中国传统的三合院、四合院住宅形式的新式空间，也分明暗含着一种抽象的概念——居住并交往的空间。上海的弄堂是很狭小的，但也锁不住一丝一点对世俗生活的热爱，也正因为小，才显得亲切而平和。中国人有句俗语叫作“远亲不如近邻”，这些习惯用“里”来命名的住址，从中自然会联想到“邻里”“乡里”等人情味十足的词汇，倍感温暖。一个石库门里往往有五六户人家，石库门住宅串联成了弄堂，居住在其中的人们亲如一家，这种亲近感使居住者沉浸在温馨的家园氛围之中，邻里关系极其融洽。夏天，人们一起在天井里乘凉，小孩在弄堂里跳橡皮筋、打弹子、跳房子……人一多，就成了真正的社交场所，虽不高级，但这是市井文化，生活的文化。

建筑是社会生活的镜子，居住建筑尤其这样。上海人的弄堂生活中除了吃饭、洗衣、休闲娱乐等多方面的内容以外，还有一个重要的方面是交易买卖。对于许多上海人来说，弄堂不仅是一块栖息生存的独特天地，而且也是一个买卖物品、了解市面的主要场所。许多小商品的买卖活动都是在弄堂中进行的，它们构成了上海滩上又一种充满市井风情的弄堂习俗形式。

上海是当时我国最大的工业城市，许多印刷所、小书店、小报馆以及小戏院，都开设在弄堂里，更多的弄堂里还有百货、丝绸、五金、药材和各种原料的批发行，服务性行业的旅馆、浴室、饭店、小吃摊点……五花八门，

图 5-2-25　上海新式里弄建筑

图 5-2-26　饱经风霜的上海里弄

应有尽有，社会的形形色色现象，都能从大小弄堂里反映出来，一条条弄堂串出一个海纳百川的上海来。在大型的弄堂里，居民鱼龙混杂、人各有志，接近了就难免会生是非，一不小心就会惹出各种各样的弄堂风波来。因此，它见证了上海人的喜怒哀乐，甚至可以说，它成就了上海人的个性。人们常说上海人善于处世、门槛精，可能与从小就处在这个微妙的小社会里，接受这个小社会关于人际关系的教育有关。近代上海人在这种环境中享受到都市文明的洗礼，磨炼出了精明、能干、奋斗进取的精神。

弄堂这种由相连小弄组成的海派特色住宅群保存到今天，已成为上海作为国际大都市所特有的景观。今天的上海在石库门保护开发探索中不断寻找最恰当的模式，诞生了如新天地（图5-2-27）、田子坊等将石库门居住功能转化为商业功能的石库门商街。遗憾的是，设计师太注重单体建筑造型的独特与新颖，对里弄空间环境的关注远远不够多，对基地周围的环境、城市文脉和空间肌理也不够重视，因此，这种模式并不能算是石库门里弄的保护方式，而更多只是引用了石库门的记忆和符号，用比较时尚、商业的方式改造，本土的建筑与弄堂景观在逐渐消逝，物是人非的弄堂形态已经失语。事实上，丢失的这一部分才是真正属于上海市民必不可少的共享空间，是城市人文环境

图 5-2-27　由上海里弄演变来的商业空间

的重要组成部分，它的品质标志着一个城市的发达程度、文明程度和民主程度。我们需要重拾里弄空间的感情与文脉，继承并发展上海弄堂的住宅精粹，不能让浓缩了上海灵魂的里弄空间，慢慢走出上海人的生活与生命，仅成为历史书上的画面。

小　结

如果说 19 世纪是工业革命的时代，20 世纪是信息革命的时代，那么 21 世纪则是环境革命的时代。景观设计是致力于人类整体生存环境空间及生活质量改善提高的创造性的活动，它涵盖着我们今天赖以生存的城市环境和生活内容。为了让长久居住在城市的人们，真正体验城市环境在物质与精神上带来的愉悦和享受，应加强城市环境的公共性，完善城市公共基础设施和服务功能，充实城市公共生活内容，加强城市综合功能结构的协调完整性，提高人们城市生活的舒适度。所以，对人们心理及行为的深入研究将直接影响设计决策方向的正确性、设计水平的高下和城市环境品质的优劣，理应成为环境景观设计师和城市决策者们共同致力营造和谐完美新城市生活这一方向和目标的理论依据。通过环境艺术设计心理学的理解认识及理论成果的不断积累，我们在面对来自城市各方面的问题与矛盾时才能作出应有的反应，以充满智慧的手段理性而优雅地去消解城市的症结。

思考题

1. 环境对人的认知、情绪及行为等会产生什么样的心理影响？请应用设计心理学理论谈谈认识。

2. 何谓认知地图？包括哪些要素？

3. 拥挤与密度有何区别？

4. 在公共图书馆或学校教室设计中，应该考虑哪些因素以提高读者及学生的学习效果，并在确保舒适感前提下促进注意力集中？

第六章　产品设计心理学

第一节　产品的可行性与可用性设计

第二节　产品的情感性设计

第六章　产品设计心理学

本章概述

本章主要介绍产品设计心理学的基本概念、方法和原则，在此基础上，系统性地探讨产品设计中的可行性与可用性设计和情感性设计两个方面。第一节将从人机交互、界面设计、用户体验等方面探讨如何提高产品的可行性和可用性，以满足用户的实际需求。第二节将从形式、色彩、品牌、包装等角度介绍情感性设计的原则和方法，以增强产品的品牌形象和用户体验。

学习目标

1. 理解产品设计心理学的基本概念、方法和应用价值。
2. 了解产品设计中的可行性与可用性设计的概念和原则，掌握相关方法和技巧。
3. 了解产品设计中的情感性设计的概念和原则，掌握相关方法和技巧。
4. 提高对用户需求和心理反应的认识和理解，增强产品设计的用户体验和品牌形象。
5. 提高产品设计的创新能力和实际应用能力。

设计心理学是工业设计与消费心理学相交叉的一门边缘学科，而产品设计心理学则是其中一个小的分支，同属于应用心理学的研究范畴，它是研究设计与消费者心理匹配度的专题。

产品设计心理学是研究在工业产品设计活动中如何去把握消费者的心理动态，按照消费者的购买行为规律，设计符合市场需求的产品，从而提升产品在市场的消费满意度的一门学科。产品设计心理学的研究对象的侧重点在于设计主体与用户。从设计主体的角度出发，联系设计主体与用户的环节是设计的产品，可见，设计主体担任的角色是介于工程师与消费者的中间人，他的重要职责在于使制造商与用户形成良好的沟通。而对于用户而言，他是设计产品的体验者，能够检验设计主体的设计于现实的适用程度，其中包含了设计的“使用”与“体验”等问题。这也是我们接下来要进一步去深入探讨的一些问题，比如，产品设计的可行性与可用性设计、产品的情感性设计等。

第一节　产品的可行性与可用性设计

著名学者马斯洛曾这样说：“当代心理学因为过于实用主义，所以放弃了一些本来对于它关系重大的领域，众所周知，由于心理学专注于实用效果、技术和方法，而对美、艺术、娱乐……及其他‘无用的’反应和终极体验很少有发言权……”任何一种产品设计的诞生所经历的过程一定不是简单的，需要许多综合因素的参与，作为设计师而言，在产品的设计之初，往往有太多的环节值得关注。

一、产品的可行性设计

关于“可行性”的含义，从狭义上讲，是要使企业现有资源和条件确保生产作业计划的执行。其涉及的领域很宽，包括农业、工业、科技、文化、日常生活等。其在工程质量上的定义为：“可行性指对过程、设计、程序或计划能否在所要求的时间范围内成功完成的确定。”因此，对于产品设计的可行性可以这样理解：一方面是大多数目标用户对其以模拟生产到销售流程的关注，另一个方面是将认知心理学、人机工程学与工业心理学等多学科的基本原理运用于设计师的设计行为之中，从而使最终的产品能够被用户接受认可，产生相应的社会价值。

作为一件产品的可行性，其实施主要表现在该产品的使用功能满足于用户身心需要的程度，而其中最重要的因素在于产品本身质量的优劣。

二、产品定位与目标用户

关于产品定位，专家阿尔·里斯和杰克·特鲁特这样写道：“……在当今市场上的竞争，获得成功的唯一希望就是有选择地把精力集中在一个狭小的目标上，进行市场划分……”进行市场划分的目的，就是把生产或销售的产品针对一定时期、一定范围、一定目标客户，进行有目的的设计、生产、销售，使得商家能在饱和的市场上为自己的产品开辟出特有领地。可见，产品设计本身是促使设计以市场为导向，而不是以产品为导向，根据即时市场或潜在需求进行定位的产品自然会赢得市场，而忽略了市场主导，其产品设计显然不可避免其盲目性。比如，在进行产品定位的时候，我们可以进行这样一些分析：

我们为哪类人设计产品？

这些产品应该包含哪些功能？

产品进入市场的价格是多少？

产品投入使用后的社会反响如何？

我们如何进行产品的进一步开发？

对于设计产品的定位，我们甚至可以将研究领域扩展到产品营销学的范畴。

对于产品而言，用户即是该产品的直接使用者，如果我们将这个范围扩大一些，实际上就是整个艺术设计领域的用户群。当然，就“用户”而言，我们需要特别指出的是，这里所说的产品用户不一定是这件产品的直接购买者，也就是说，产品的使用者并不一定是购买者，所以产品用户是具有一定的泛指性的。比如，办公用品是公司安排固定人员集体采购的，家庭主妇买来的喝水杯子往往是全家人都在使用……在这些情况下，购买者与使用者并不一致，那么相对于购买者而言，产品的外观、价格、包装、品牌会受本人审美能力的影响。因此，如果我们只是选择这类用户作为产品开发的代表，是不具有典型性的，从而无法直接对产品定位。为了突出其典型性，我们应该将用户界定在“目标用户”的范畴，这是因为用户和“目标用户”存在很大的区别。目标用户又称为典型性用户，是指在产品设计开发阶段，生产者或者设计者预期的该产品的使用者。

如果我们对设计的产品没有初期目标用户的划定，产品进入市场后将无法正确定位，那么，其设计出来的产品将是岌岌可危的，自然得不到社会的认可。作为设计师，设计的产品必须明了“为什么而设计”与“为谁设计”的问题，了解设计的可行性与可用性的范围，才能提高产品本身的高性能、兼容性、灵活性等大多数技术指标，以满足“众口难调”的消费群体，进而设计出适宜各类群体使用的产品。

三、产品的可用性设计

关于“可用性”的概念早在20世纪80年代中期就出现了，那时提出了“对用户友好”的口号。在设计学范畴，即人机界面的“可用性”概念同样具有许多定义。

比如：一个产品可以被特定的用户在特定的情境中，高效并且满意地达成特定目标的程度，或者说在规定的条件、规定的时刻、时间区间内处于可执行规定功能状态的能力，即被称为“可用性”。它是产品可靠性、维修性和维修保障性等方面的综合反映。

从心理学角度看，“可用性”的基本含义是：“软件的设计能够使用户把知觉和思维集中在自己的任务上，可以按照自己的行动过程进行操作，不必分心于寻找人机界面的菜单或理解软件结构、人机界面的结构与图标含义，不必分心考虑如何把自己的任务转换成计算机的输入方式和输入过程。”从心理学的角度来理解，“产品设计的可用性”这段话其实更多地向我们传达了高效可用的产品单凭外观就能带给我们提示性，包括它的功能分区及外部的机械性构成，这种功能性是产品本身自然体现出来的，而透露出来某种心理常规性能的功能暗示，能提供便捷高效的使用效果。根据产品可用性的定义，我们可以简要地归纳出关于产品可用性的表现，尤其是在设计上的典型特征，因为只有这样，设计师才能更好地分析与理解用户关于产品的使用及需求方面的信息，并将这些内容运用到自己的设计作品当中，主要反映在以下几个方面的内容。

（一）可用性与产品尺度

1.人与产品尺度

设计的对象是产品，但设计的目的并不是产品，而是为了满足人的需要。产品需要适应于人体各个不同部位的尺度，人才可能产生舒适感。对于产品设计来说，人的尺度通常是指人体各个部分的尺寸、比例、活动范围、用力的力度大小等。通常，人的尺度是通过测量的方式获得的。人机工程学是诸多设计艺术课程的基础课程，其中反映了人造物、人与环境发生关系时的尺度，比如我们日常生活中的很多小工具就是这样，如果我们再把范围扩大到城市中的建筑与街道，同样如此，这些设计无一不受到人体尺度的影响，只有符合人体尺度的产品才是符合产品可用性的产品，同时也是产品可用性设计的必要准则。

当然，我们这里谈的人的尺度与产品可用性之间的关联，远远不止生理上的量度，还有心理方面的一个“尺度”，这是因为人的不同的心理感受，会使产品的尺度受到不同程度的影响。比如说，家居中的餐桌，为了体现家庭成员聚会时的浪漫与温情，往往将桌椅设计得比较小巧，放置在餐厅时才显得合体，着重在于体现家庭成员的亲情，在心理上表现出彼此的关爱与近距离。相反，大型公司的会议用桌，则要设计得大气与豪华，显示公司的财气、上下级之间的距离，在心理上显示出领导者与员工的距离感。家庭餐桌与公司会议桌与人之间的尺度被称为“心理尺度”。从心理学的角度讲，大的广阔的空间尺度能带给人放松、空旷的感受，同时也伴随着孤独与无助感，使情感显得冷漠，小的紧凑的空间尺度能使人感到温馨，同时伴随着拥挤，但使感情显得亲切。

最后，关于人的尺度问题，还涉及设计尺度的极限问题，即设计必须要考虑人与物的极限。人与人之间由于身高体重、个性、成长背景、生活环境、文化背景、国别、行为习惯等多方面存在着或多或少的差异，这就导致了设计工作必须围绕这些差异进行合理的修改与调整，如果设计忽略这些因素，往往会导致设计产品在使用上的不便等不良后果。从人机工程学的角度，就是要多收集关于人与物极限尺度数据方面的知识，在设计中能够更好地运用这些知识。

2.制定设计规则

由于人的差异性，任何一件产品都不可能适合所有人，但是，在设计的过程中总有一些设计规则是通用的，比如人对使用产品本能的反应、习惯等。作为设计产品而言，往往具有一定的继承性，即新的产品会沿袭旧的产品的某些优秀的部分，比如习惯的浏览方式、熟悉的键盘操作模式等，而这些“规则”不是短期形成的，是一个长期的积累过程，设计人员需要自动遵守并模仿，形成默认的“规则”。当然，这些规则也会随着设计的更新而更新。

（二）可用性与产品功能

1.界面的可操作性

作为一件产品，应该拥有让使用者明确使用功能的操作界面，使人能快速学会并掌握产品的使用方法。这种产品的操作性，实际上也就表现出了产品的可用性。在操作界面的设计中应采取简约的设计，配合明确的符号语意说明，以利于用户对产品的顺利操作。

2.使用的容错功能

在产品使用的过程中，往往会犯这样或那样的错误，这些错误有的是操作过程中不小心造成的失误，而有的却是产品设计上存在着缺陷。针对这种情况，很有可能是设计师对产品使用信息了解不够，或在功能设计上考虑不周造成的设计不良。因此，我们把在设计中出现的关于产品功能操作中的错误归为设计的容错性，也就是说，产品在设计的同时要充分考虑容错性，尽量使产品符合用户的各类使用习惯。

3.灵活的兼容功能

设计产品在保证功能正常发挥的同时，应尽量简约，而不是越复杂越好。在设计中考虑周全固然重要，但还应充分考虑设计产品与用户使用之间的灵活度，从而满足用户多样化的需要与使用习惯上的可调节性。比如，在设计中应注重人体与环境之间的兼容性，体现空间分割的合理性与可调试性，满足不同用户的需求。同样是一把椅子，如果能根据人的身高去调节高度，那么它的适用范围会更广。再如对于很多电子产品的电池使用问题，如今，大多数产品不需要配备原厂的电池也可正常使用。设计的兼容性除了保证价格的低廉外，还为产品提供了更广泛的适用范围，确保了很多电子产品在不同的硬件与软件环境下都能正常使用，为生活带来了便捷。

总之，可用性设计就是以提高产品的可用性为设计的核心理念，同时，也是指导设计师对产品的综合性能进行分析的重要检测指标，最终的设计成品需要得到大多数目标用户群体的检验，这样才能体现其产品的“可用性设计”是否成功。因此我们对产品的“可用性设计”需要考虑以下几个方面的内容：

第一，可用性设计不仅涵盖了界面的功能设计，同时也影响着整个产品系统的技术水平，是设计的可用性的重要检测指标。

第二，可用性设计是通过人这个特殊的检测群体去反映的一种设计，因此，对于使用者，即目标用户，必须通过他们去操作该设计产品的各种任务，才可能最后形成该产品完整的评价体系，否则，可用性设计是不健全的。

第三，设计可用性在具体运用时，需要考虑包括一切非正常或环境因素造成的产品可用性性能的降低，比如温度、用户的注意力、紧急情况等具体情况下的该产品的操作性，只有这样，才能尽可能避免产品设计的“客观缺陷”。也就是说，只有将以上几点综合考虑以后设计的产品，其可用性的设计才是具有更高性价比的设计。

第二节　产品的情感性设计

一、设计产品的情感体验

产品的情感性设计即强调以产品为中心的情感体验的设计，艺术设计属于实用的艺术，同时也是艺术的设计。从我们祖先制作第一件工艺品开始，我们就能体会到这件“工艺品”带来的实用性。比如，一件取水用的陶瓶，从其造型与功能上我们能够了解其使用目的的单纯性，而其造型与纹样的审美性，则是后来学者扩大范围研究的结果。可见，一件原始艺术品带给人的质朴的情感体验，其功利性是很小的。对于这些艺术品的设计者而言，他们创作或者设计这些艺术品的情感体验在产品的设计之初是被淡化的；对于研究者而言，这种体验是随着研究的深入而不断得到强化的。现代产品设计，其情感化的体验是产品首要传达的信息，比如，室内陈设设计中如何体现温馨与舒适感，在工业产品设计中如何体现速度性与功能感等。正如设计师哈特穆斯所说："我相信顾客购买的不仅仅是商品本身，他们购买的是令人愉悦的形式、体验和自我认同。"

通过对不同时期设计作品情感体验的比较，我们不难看出，带有淳朴艺术情感的艺术品与强调功利性的产品设计，两类情感是不同的：前者以带给人情感性体验为主要目的，这种体验在制作过程中已经产生了，这类情感设计是观者在关注作品的过程中产生的一种心理活动；而现代产品的情感设计是着重将设计放在人们使用产品时情绪及情感产生的规律性及心理原理的运用上。

那么，对于产品的情感设计，我们应从哪些方面着手去理解呢？首先，对于一件设计产品，就产品本身而言，应注重产品的情感内涵。"每一件被我们称之为艺术设计的作品必然有其内容与形式的高度统一。每一件作品中线条和色彩以一种特殊的方式组合在一起，一定的形式和形式之间的关系激起了我们的审美情感。"这种具有审美情感、有意味的艺术作品本身具有的艺术价值，被设计师激发出来，其作品是具有"情感性"的设计作品，我们称之为情感设计。从营销心理学的角度而言，顾客购买艺术品的过程，实际就是参与设计师赋予艺术品优雅的线条感和出色的造型特质的心理体验的共鸣过程。这种情感的体验从某种意义上说是带有纯粹的功利与目的性的。

其次，对于设计产品而言，设计师应注重艺术作品的功能性。功能性是设计作品最本质的属性之一，设计师带给大家的不仅仅是单纯的艺术作品，更在产品的功能性上，而这种功能性能使人们在使用过程中（包括在各种不同的环境），与产品之间发生微妙变化从而产生综合情感。这种综合情感具有动态与随机性、随境性，因此，我们在观赏一件作品或同一用户使用同一工具，在不同的环境下其情感体验是不同的，而这种不同的情感体验在心理学的层面同样会呈现不同的个体差异。

随着社会的不断发展、人们生活质量的提高，产品被赋予的功能不断增多，人们对产品精神层次的需求也不断增长。产品设计实际已经把注意力更多地放到产品的情感性方面，更加注重产品本身的情感特征和用户的情感与心理反应上。因此产品除了满足使用的物质功能以外，其精神功能也越发突出。这些产品的情感不仅影响着我们的购买决策，而且也影响着购买后拥有该产品以及使用它时的愉悦感觉。产品设计和产品使用方法在不同方面对人们心情、感觉、情绪产生影响，看似简单的产品也能引起人复杂的情感。例如，对于设计漂亮的产品，人们有强烈的拥有愿望，一旦拥有了漂亮的东西会觉得很高兴，然而，对于一些功能界面存在设计障碍的产品，在使用时就会有一些疑惑、困扰等。因此，不同的产品其设计水平的高低不仅取决于它运用的材质、使用的加工工艺，更重要的在于其产品本身传达给用户的情感体验。

（一）情感体验的分类

总的来说，设计作品带给用户的情感体验是复杂的，但通常会经历一些由产品本身到用户自身的心理过程，而这个过程我们可以这样作一个划分：首先是设计产品自身的特征对用户形成的情感影响，这些特征包含产品的造型组合因素，也就是直接被用户的感官部分接受的，比如温暖感、寒冷感等体验，这部分是纯生理的感受；其次是这些造型因素与现实的环境、人的知识阅历、性格修养等之间发生关联，产生新的有意无意的联想，激发用户的情感体验，这部分由于受到很多因素的影响，所以每个人获得的情感体验有所不同；最后是设计产品对设计师而言，需要传达出更深层次的象征意义，属于一种抽象的情感体验，这个阶段通常没有恒定的评价标准，通常在设计时会运用特定符号或抽象的造型元素，主要是为了表达一些特定的象征意味的情感。这部分情感对用户来说，不一定都能完全解读设计师的用意，往往在购买产品的时候会理解一部分，而剩下的部分需要具备了破解设计师的符号语言的能力后，才能达到与设计师一致的情感体验。

以下我们就从设计的角度来分析产品带给我们的不同情感体验。

1.形状的情感体验

在各类设计作品中，孤立的点、线、面、体往往很难激发人们对艺术品的情绪或情感，当然，除了那些包含抽象设计元素的作品，因为那些作品本身就要强调激发观者的抽象体验。从这些基本的设计元素出发，我们分别从点、线、面等方面一一进行解读，分析它们带给了我们哪些不同的情感体验。

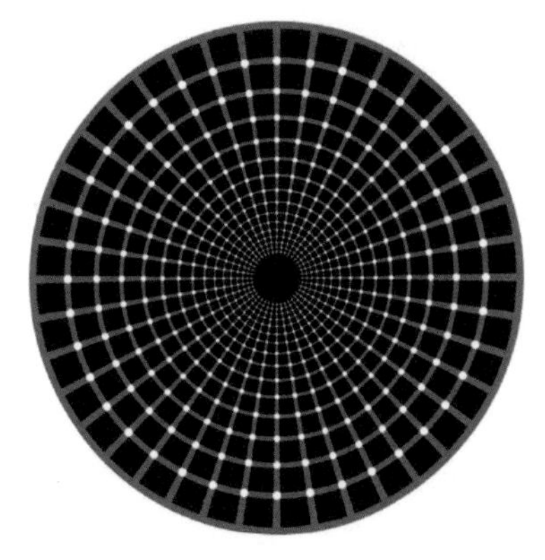

图 6-2-1　点的发射　朝花艺术宝库

点是最基本的视觉要素，一般只有位置没有大小，我们可以把点理解为线的端头或线的交叉点。在一般艺术表现中，点通常有轻快、跳跃的情感倾向。连续且大小交替变化的点，还具有很强的节奏与运动感，具有明确的视觉特征与心理效应。在设计应用中，点可以单独使用，也可以是点与点按照不同方式的组合。两个以上的点，可以有不同的组合关系，如发射（图 6-2-1）、平行式重复（图 6-2-2）、大小对比（图 6-2-3）、左右均衡式（图 6-2-4）等组合方式，各有各的视觉感受。点往往因具有视觉聚焦的心理效应而成为注意中心，所以，在设计艺术中常是设计的关键所在，能起到“画龙点睛”或视觉重心的作用。在产品造型设计中按键的设计，室内环境设计中台灯、顶灯的设计，服装设计中项链、耳环的设计等，无不发挥了点的四两拨千斤的重要作用，常常具有提神与振奋的心理刺激，引起情绪兴奋。

图 6-2-2　点的平行式重复　朝花艺术宝库

图 6-2-3　点的大小对比　朝花艺术宝库

线作为一种最常用的设计语言，可以理解为点连续运动的轨迹，理论上只有长度而没有宽度。但在现实中，线往往具有宽度，也有位置和方向。由于线可能是点循着特定方向进行或单向或双向的复制延伸，显示其具有一维空间特性，与点相比，它具有了分量感和空间感。与点的应用需要强调位置和聚集不同，线的应用更强调方向与类型，不同类型的线产生不同的心理效应。康定斯基在分析直线的感觉时讲到有三类典型直线，即水平线、垂直线与对角线。他认为，水平线具有冷感，表现寒冷与平坦的心理基调。垂直线挺拔、高扬，是“表现无限的暖和运动的最简洁的形态”，给人以生长与

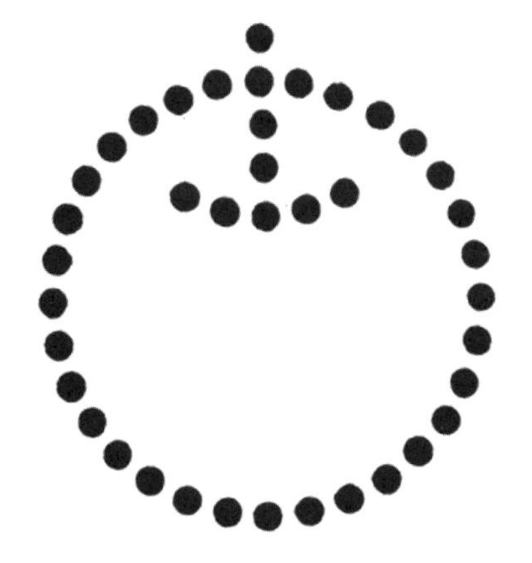

图 6-2-4　点的左右均衡　朝花艺术宝库

生命力的情感体验。除此之外，是对角线，它们的冷暖无法达到一种心理上的均衡。水平直线容易使人联想到地平线或海天边际线；倾斜线给人以不安定的视感，当然也因此而成为画面中的活动和变化因素，常常起到产生和增强动感的作用。曲线的基本属性是柔软、舒缓、流动的感觉，而自由曲线最能体现曲线的属性，往往成为形态设计的亮点。罗伯特•史密斯的大地艺术《螺旋形的防波堤》（图6-2-5），其螺旋形曲线，带给所有观看的人一种富有生机的动感心理效应。

面可以视为线的二维拓展轨迹，理论上具有无限延展的长度、宽度，而没有三维厚度，即一般特定平面所呈现的只能是其二维表面，不能显示其三维截断面。在生活经验中，面往往是一个相对的概念，事实上，面可以在三维空间里进行弯曲、折叠和翻转。面还具有丰富的形状变化（这种情况下，面已经具有了三维属性），比如方形、圆形、三角形等也有空间起伏的变化，如球面、卷曲面、弯折面等。与线相比，面具有较强的覆盖性，因此在设计中，面的使用数量不宜太多，而应更注重自身的变化。

与点相比，面是较大的设计元素，点强调位置关系，面强调形状和面积。就视觉特征的大小而言，点和面之间没有绝对的区分，点可以是缩小的面，面可以是扩大的点。

人们最熟悉的是方、圆和三角形等基本的几何形面。三角形可以视为一条直线的两次折叠，或者是三个点的连接而成，它具有方向性。正立的三角形给人以稳定感，而三角形倒立，则会给人制造出强烈的晃动感。三角形如果是倾斜的，还会给人制造出紧张和不安定的感觉，甚至移动感。

图 6-2-5　螺旋形的防波堤　罗伯特·史密斯　美国

在所有的平面图形中，圆形似乎是最完美的平面形状，比较突出的心理效应是祥和、宁静，同时又极富有孕育感。圆形在中国传统文化中具有团圆、圆满、圆融的象征意义，在心理上使人产生平稳、安详、适意的情绪。

方形或许是一根直线在二维空间弯折三次的闭合形状，形成相互垂直的两组平行边线，二者相互制约，水平边可能显得寒冷与节制感，垂直边则显得温暖与紧张，且具有动感。

立体形态一般是产品设计的主要任务。立体是现象世界中最常见，也是最现实存在的基本形式。它可能是面的合围而成，或者是点、线的膨胀结果，具有较强的体量感、充实感和厚重感，会占据一定空间。它既可以是规则形态，也可以是不规则形态，既可以是几何形态，也可以是有机形态。其通常是内部充实，有特定外形，带给人的心理效应也更复杂。比如，同样质量的立体，我们既可以把它处理成感觉轻快的形态，也可将其加工成感觉沉重的形态，关键在于你如何去把握好立体的视觉效果与其心理效应之间的关系。

特定形体可以通过变形、叠加、切割等方法，以达到造型的目的，多个形体则可以通过相互嵌入、贯穿、插接以及间隔排列的方法来创造更为复杂的形体。最常见形体可分为几何体与非几何体。几何体一般包括正方体、长方体、圆柱体与球体等，非几何体主要包含两类，一类是抽象的形体，一类是具象的形体。具象的形体一般是对自然的模仿与变形，即有自然范本的有机形体，带来的情感体验与所模仿的对象带给人的情感体验是一致的，比如现代设计中大多数仿生形体的作品，意在唤起人的真实感和亲切感。

2.色彩的情感体验

伟大的艺术理论家约翰内斯·伊顿在《色彩艺术》中曾这样说：“在眼睛和头脑开始的光学、电磁学和化学作用，常常是连同心理学领域的作用平行并进的。色彩经验的这种反响可传达到最深处的神经中枢，因而影响到精神和感情体验的主要领域。”可见，人对色彩的情感体验首先来自对色彩的物理属性直观的心理感受，比如对色彩三属性的色调、明度及色相之间的关系。除此之外，其属性还可能由于质感、肌理、背景等因素的影响带给人不同的感觉，从而产生不同的情感体验。

根据色彩带给人心理上的不同温度感，可将色彩分为冷色与暖色，冷色包含青色、蓝色等颜色，暖色则包含红色、黄色、橙色等色。冷色能带给人宁静、安详，甚至是消极的感受，暖色则给人带来积极、刺激与轻松的感觉。

人的感觉器官会对不同的色彩产生温暖或寒冷的感觉，这种感觉差异主要是靠色相特征来实现。一方面是自然界温度变化的色彩表现，如阳光、火焰、月色、冰雪等色彩差异；另一方面是人类长期生活经验和印象的积累，感觉器官对自然现象的感受以及产生的心理变化之间下意识的联系，导致如同条件反射一样。视觉与触觉的感受，通过神经传递到大脑而产生各种心理变化，视觉变成了触觉的先导，看到红橙色光都会联想到火焰、太阳，心理上会产生温暖和愉悦感，看到蓝色，同样会产生寒冷、清凉的感受。伊顿把冷暖色用一些相对应的情感名词来表示，如暖色为不透明、刺激、日光、浓密、土质感、重的、干燥等，冷色为透明、镇静、阴影、稀薄、空气感、遥远、轻的、潮湿等。

依据人的色彩心理效应，通常把色相环上的红、橙、黄系列定为暖色系，其中橙色是最暖的色彩；把绿、青、蓝系列定为冷色系，蓝青色为最冷的色彩。橙色与蓝色是补色对比中冷暖差异最强的色彩关系。孟赛尔色彩体系与奥斯特瓦德色彩体系中色彩越是靠近色立体上部越冷，越靠近下部越暖。

色彩的直接性心理效应来自色彩的物理光刺激，对人的生理发生直接性的影响。心理学家发现，在红色环境中，人的脉搏会加快，血压有所升高，情绪有所升高，而处在蓝色环境中，脉搏会减缓，情绪也较沉静。有的科学家发现，颜色能影响脑电波，红色的反应是警觉，对蓝色的反应是放松。红、橙、黄色使人联想到火焰与初升的太阳，蓝绿色使人联想到天空、大海、树木，给人以寒冷的情感体验。（图 6-2-6）

冷色与暖色是依据心理错觉对色彩的物理性分类，对于颜色的物质性印象，大致由冷暖两个色系产生。红、橙、黄色的光本身有温暖感，照射到任何上面都会有温暖感。紫、蓝、绿色光有寒冷的感觉，夏日我们关掉白炽灯，打开荧光灯，就会有一种凉爽的感觉。颜料也是如此，如在冷饮的包装上使用冷色调，视觉上会引起人们对这些食物冰冷的感觉；冬日把窗帘换成暖色，就会增加室内的温暖感。以上的冷暖感觉并非来自物理上的真实温度，而是与我们的视觉经验与心理联想有关。冷色与暖色还会带来一些其他感受，如重量感、湿度感等。比如，暖色偏重，冷色偏轻，暖色有密度的感觉，冷色有稀薄的感觉。两者相比：冷色有透明感，暖色透明感较弱；冷色显得湿润，暖色显得干燥；冷色有退远的感觉，暖色有迫切感。这些感觉是受我们心理作用而产生的主观印象，属于一种心理错觉。除去冷暖系具有明显的心理区别外，色彩的明度与纯度也会引起对物理印象的错觉。颜色的重量感主要取决于色彩的明度，暗色给人以重的感觉，明色给人以轻的感觉。纯度与明度的变化，还可以给人色彩软或硬的印象，如淡的亮色给人柔软的感觉，暗的纯色则有强硬的感觉。

图 6-2-6　红黄给人以温暖感，蓝绿给人以寒冷感

古埃及的装饰壁画，颜色装饰典雅、豪华富贵。古罗马的色彩艺术浑厚温和，显得丰富灿烂，中世纪的拜占庭带有浓厚的宗教意识，神秘的色彩玻璃画就是这一时期的代表作（图 6-2-7）。印象派大师莫奈《日出·印象》以牛顿的色彩理论为依据，采取在室外阳光下直接用色彩描绘实景的色彩写生方法，是色彩运用的典型例子。色彩、线块面等同样能传达各种思想情感。作为几何抽象的开拓者蒙德里安，主张运用艺术色彩语言的抽象与单纯化，创作出了代表作《红黄蓝构图》（图 6-2-8），成为色彩作品的经典之作。

图 6-2-7　玻璃镶嵌画　拜占庭

图 6-2-8　红黄蓝构图　蒙德里安　荷兰

色彩本身没有灵魂，它是一种物理现象，但人们却能感受到色彩的情感，这是因为人们积累了许多视觉经验，一旦知觉经验与外来的色彩刺激发生一定的呼应时，就会在人的心理上引出某种情绪。无论有色彩的色还是无色彩的色，都有自己的表情特征。每一种色相，当它的纯度或明度发生变化，或者处于不同的搭配时，颜色的表情也就随之改变了。如红色是热烈冲动的色彩，在蓝色底上像燃烧的火焰，在橙色底上却暗淡了；橙色象征着秋天，是一种富足、快乐而幸福的颜色；黄色有金色的光芒，象征着权力与财富，最不能掺入黑色与白色，否则它的光辉会消失；绿色优雅而美丽，无论掺入黄色还是蓝色依然很好看，黄色绿单纯年轻，蓝色绿清秀豁达，含灰的绿宁静而平和；蓝是永恒的象征；紫色给人以神秘感等。正如马克思所说的那样："色彩的感觉是一般美感中最大众化的形式。"

3.材质的情感体验

对设计产品的材料而言，其本身是没有情感的，它的情感来源于该产品制作时选择的材质对人们心理产生的感受。不同的材质带给人不同的感觉，同时还会带来不同的联想，这种联想就是心理学范畴里的情感反应。

（1）材料的固有属性感。任何材料都有自己的属性。设计材料的特性包括固有特性、力学特性、热性能、电磁性能、防腐性能等。这其中牵涉到了材料的密度、强度、弹性、耐磨性、导电性、磁性等各个方面的多种特性。了解它们是设计师进行设计的前提，同时也是产品能够成功实现其功能的保证。而且很多设计就是利用了材料的某种特性，比如法国设计师马萨德设计的一个"TOHOT"盐和胡椒摇罐（图 6-2-9）。在这个产品中主要就是运用到了产品材料本身的特性或者零部件的特性——磁铁的磁性和它产生的瞬时的固定连接性。

材料的感觉特性往往和人的感觉系统联系起来，这是因为材料的感觉特性会对人产生一定的生理刺激，人对产品材料作出的反应，是由人的知觉系统从材料的表面特征得出的信息，同时也是人对材料感觉特性产生的生理与心理活动。这种材料的感觉是建立在人的生理基础上的，是人们通过感觉器官从产品材料上获得的综合印象。通过视觉和触觉，我们可以感受到很多材料的特性，不论它是透明还是不透明，柔软还是坚硬。材料的触觉特性是通过人的手和皮肤触及材料而感知材料的表面特性，是人们感知和体验材料的主要感受。

由此，设计师在设计相关的产品时，就会有意识地避开事物对人的潜在危害，使用户能够更安全、更方便地使用产品。比如日本的一款叫作“TAG CUP”的杯子，曾获得日本的优良设计奖，它具有良好的隔热性，可以防止手被烫伤，在隔热层的设计同时也考虑到了成人与儿童握杯的高度。这件作品可以充分说明产品在满足功能的前提下赋予人美好的情感体验。（图 6-2-10）

（2）不同材料表达的情感。材料的不同是因为材料本身结构和组织的不同。不同材料包含的肌

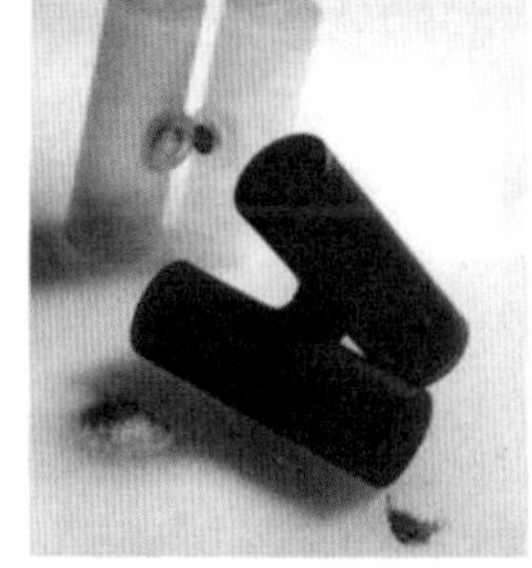

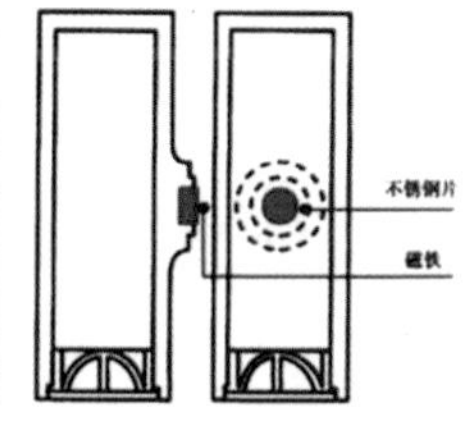

图 6-2-9　“TOHOT”盐和胡椒摇罐　马萨德　法国

图 6-2-10　日本　“TAG CUP”杯子

理、纹路、色彩及光泽、透明度等方面的表现力是不同的。具体来说，不同材料的材质体现出来的情感体验也是不同的，我们列举下面的几种材质来加以说明。

①金属。人类利用金属的历史已有两千年之久，到 18 世纪中叶以后，才开始对金属进行科学研究。日常生活中，经常谈到或使用金属材料，因为它们在国民经济中具有重要意义。在现代人类的生活中，如果没有金属及金属材料，那将是不可想象的。人们常把金属材料的生产和应用作为衡量一个国家工业水平的标志。金属材料也是最重要、应用最广泛的工业造型材料。因此，产品造型设计师应该掌握常用金属的一些基本知识，正确选用金属材料，使工业产品造型设计满足实用、经济和美观的基本要求。

金属具有良好的反射能力、光泽及不透明性。金属中的自由电子能吸收并辐射出大部分投射到金属表面的光能，所以洁净的金属表面有良好的反射能力，不透明，并呈现出各种金属所特有的颜色和光泽，给人以富丽堂皇的质感效果。若金属材料经过各种机械加工，如车削、刮研等，将会产生各种花纹，像美丽的旋光、螺旋形光环、条状肌理、鱼鳞花等表面装饰效果。（图 6-2-11）

工业上将金属材料分为两大类：一是黑色金属，一是有色金属。黑色金属又称钢铁材料，一般以铁为主；其他金属由于有着不同的色泽而被称为有色金属，如金、银、铜，其中金、银显得华丽、富贵，铝、钛白色雅致、含蓄，青铜则显得凝重冷峻。

金属被做成各种装饰摆件、装饰用品、礼仪宗教用品及各种劳动用品、生活用品、建筑材料等。金属也会给人带来不同的情感体验——金制作首饰的华贵感。（图 6-2-12）

除了来源于本身的材料质感外，在进行金属用品设计的过程中所运用的装饰方式与相搭配的其他材料，也能体现不同的情感。

金属材料的表面装饰也称作金属材料的表面被覆处理。表面被覆处理层是一种膜。按照金属表面被覆装饰材料的方法不同，可分为镀层被覆装饰、

图 6-2-11　古代的铜鼎

图 6-2-12　首饰——贵重金属的华美体现

有机涂层被覆装饰，还有以陶瓷为主体的搪瓷和景泰蓝等被覆装饰。按照被覆层的透明程度不同，可分为透明表面被覆和不透明表面被覆等。无论制品表面采用何种装饰技术，都是为了达到保护和美化制品表面的目的，有时还可使制品表面产生特殊功能。

例如，镀层装饰技术能在制品表面形成具有金属特性的镀层，这是一种较典型的表面装饰技术。金属镀层不仅能提高制品的耐蚀性和耐磨性，而且能够增强制品表面的色彩、光泽和肌理的装饰效果，因此能保护和美化表面。由于有优异的镀层，设计作品的品位和档次往往因此得到提高。很多不锈钢产品，表面处理如镜面一样光滑，显得简洁而精密，很富有理性的技术美感。涂层装饰技术使制品表面形成以有机物为主体的涂层，并干燥成膜的工艺，称为涂装技术。这是一种简单而又经济可行的表面装饰方法，在工业设计中称为涂装。涂装的目的在于：一是起保护作用，防止制品表面受腐蚀、被划伤，提高制品的耐久性；二是起装饰作用，将制品表面装饰成涂层所需要的色彩、光泽和肌理，使制品外观在视觉感受上成为美观悦目的制品。

现在的很多设计作品，虽然保留了金属的外壳，却在使用此种方法时去除了金属的光泽，使金属具有了多元化的色彩，从而改变了金属单一的情感表现。公元前 3 世纪在埃及已有了在铜器表面加工的搪瓷技术，此后作为工艺技术被继承下来，发展为景泰蓝工艺。这种技术在工业制品上得到应用，被称为搪瓷。搪瓷和景泰蓝是用玻璃质材料在金属制品表面形成一被覆层，然后在 800 度左右的温度下进行一定时间的烧制而成。铁、铜、铝、不锈钢以及金、银都可覆搪瓷和景泰蓝，通过搪瓷的制品具有坚固性和耐腐蚀性，并具有优良的装饰性，不足之处是受到冲击、急剧温度变化时容易剥落。

设计师如果对金属材料的属性及加工方式足够了解，就会在作品的创作上施展自由空间，同时使设计师在运用现代高科技的过程中，享受制作的无限可能性带来的创作愉悦。

② 玻璃。玻璃是一种通过融合几种无机物而得到的产物，其中的主要成分是二氧化硅。不同的玻璃具有不同的化学与物理属性。在玻璃制作工艺中，可通过适当的化学结构的调节，制作成风格种类各异的艺术作品（图 6-2-13）。不同种类与形态的玻璃应用于人类生活的很多领域，如建筑材料、食品包装、实验仪器、化工照明和光学器材等。

玻璃如同金属一样，在高温熔化后进行一些模具的加工处理，可以塑造成各种形态，除此之外，还可以在玻璃的表面进行花纹、图案的处理。可以说，玻璃具有很强的可塑性与装饰美的能力。

总的来说，玻璃能体现出与众不同的材质情感。其中，最值得一提的就是其流动光滑感，这是因为玻璃作品的质感有很大一部分来源于光源的塑造，比如反射、折射、透光等，使玻璃在使用观赏的过程中充满神秘、浪漫的情感，同时反射出周围的迷人灯光，制造出光怪陆离的感受。玻璃在高温下处于一种熔融状态，如喷发的岩浆一样红艳，显示出美妙的自然形态与色泽。

一般的玻璃接触后，会给皮肤带来冰冷、透明、易碎轻薄的感觉，在接触时总显得脆弱。在建筑设计中，玻璃常常作为隔断与装饰台面。无论是透明还是半透明的玻璃，常常能使室内与室外的光线与景物达到映衬与补充。在灯具中使用的玻璃，又能在提供光源的基础上，通过减弱或加强光照度而烘托出别样温馨的家的感觉。在工艺装饰品中，人们喜欢将玻璃制作成盛装溶液的容器，比如酒杯、香水瓶等，制造出浪漫、奢侈的柔性美。

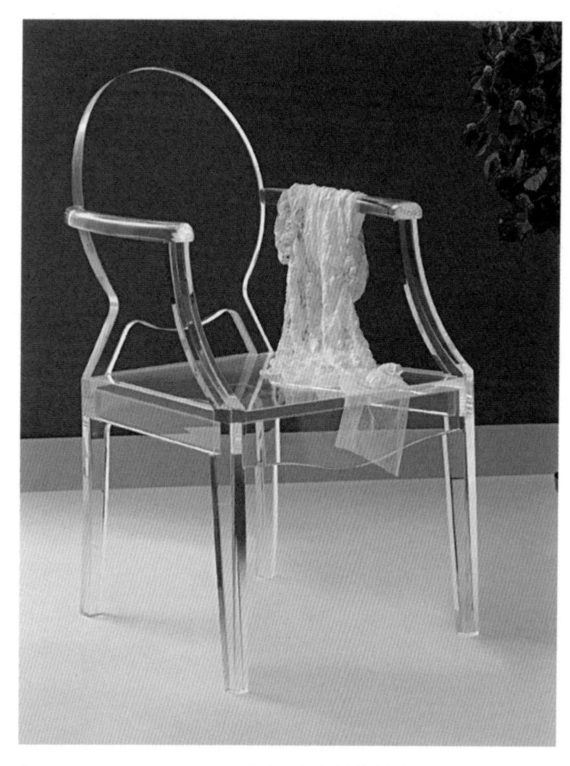

图 6-2-13　有机玻璃制作的凳子

图 6-2-14　塑料热固材料可以通过模具批量生产

③ 塑料。塑料是以天然或合成树脂为主要成分，加入填料、增塑剂、润滑剂、固化剂等添加剂，经一定温度和压力塑制成型，且成型后在常温或一定温度范围内能保持其形状不变的材料，塑料热固材料可以通过模具达到批量化生产。（图 6-2-14）

塑料的分类方法较多，按其热性能可分为热塑性塑料和热固性塑料两类。前一类塑料的高分子具有线型和支链型结构，加热时能软化流动或熔化，冷却后定型，且这一过程可重复，但加热温度不得超过该塑料的分解温度。后一类塑料的高分子在加工后，由于形成体型结构，制品定型后，再加热也不软化或熔化，温度太高时该塑料发生焦化分解，所以不能回收进行重复再加工。

塑料按应用又可分为通用塑料、工程塑料和功能塑料三种。

随着塑料工业的飞速发展，塑料的品种和牌号越来越多，塑料已成为重要的基础材料之一。这是因为塑料的原料广泛、性能优良、易加工成型、价廉物美，所以它不仅广泛应用于人们的生活之中，还广泛用于电子、仪器仪表、家用电器、农业、轻工业、建筑业、汽车、化工、医药、轻纺、包装行业、国防等领域。

塑料与其他材料相比，质地是比较轻盈的，在一定的力度及温度下会发生变形，因此，塑料一般情况下不能作为过度承重的材质，反而应该体现其柔软、温和与灵巧感。同时，塑料的可塑性也使其具有很强的模仿性，比如塑料模仿的木材、皮革、金属感的工业产品，常常因为其成本低廉而广泛使用。但同样由于塑料的不易消解性，尤其在环保学者的口中被否定，随着科技的高速发展，目前已出现了符合环保要求的可降解塑料。

④ 木材。木材是一种优良的造型材料。自古至今，它一直是最常用的传统材料，随着工业生产的发展和加工技术的进步，木材将得到更广泛的应用，成为现代化经济建设的重要物质之一。木材作为天然资源在自然界蓄积量大、分布广、取材方便，并具有质轻而坚韧、富有弹性、色泽悦目、纹理美观、易于加工成型等综合特性。为达到产品造型设计要求，保证产品的质量，科学合理地选用木材是至关重要的。不同的产品造型设计和同一产品的不同部件对木材的天然特性和物理力学性质的要求是不同的。一般来说，选用的木材都应具有美丽悦目的自然纹理，材质结构细致，易切削加工，易胶合、着色及涂饰，受气候影响变化小，抗腐性能好等特性，选用木材的主要物理力学性质要符合产品造型设计和质量要求。

随着人们生活水平的提高，对木制品的表面质量要求越来越高，单纯依靠林木自身天然纹理色泽，已不能满足人们的需要，而且木材还存在许多缺陷，优质木材也越来越少，因此，需要对木制品表面进行装饰，以增加木制品表面的美观效果，同时提高木制品的使用性能，延长使用寿命。

木材的种类繁多，从视觉上能带来触感柔和、温暖的家庭装饰氛围，所以，很多木材被运用于室内用品。同时，根据不同木材本身的色彩属性，带来或华贵、或朴实的真实感，使得木材在家具领域被广泛运用。（图 6-2-15）

木材制品的表面装饰主要通过表面覆贴和表面涂饰两种方式来实现。木材涂饰的最终目的是封闭木材的表面以防止潮气和便于清洁，同时提供更丰富的表面色泽与纹理，比如用于室内用品上油、打蜡、清漆、装饰等。木材由于其成型时间周期性较长以及大量的珍贵树种的消失，在产品制造中，已经被很多其他材料所替代，但在外观上完全保留木材本身的质感。木材是人类最早应用于艺术设计的材料之一，木材具有的天然、独特的质地与构造，以及纹理与色泽都能给人带来回归自然，返璞归真的感觉。

⑤ 陶瓷。陶瓷也称为无机非金属材料，是人类生活和生产中不可缺少的重要材料之一。我国的陶瓷历史悠久，从大量的考古出土陶瓷文物考证方面，充分证实了我国陶瓷发展史的辉煌成就和对人类文明史的巨大贡献。随着人类社会的进步和科学技术的飞速发展，陶瓷材料的开发、应用与生产已不局限于传统的日用陶瓷、建筑陶瓷、电瓷等陶瓷材料及制品，一些具有优异特性的用于国防、尖端技术及国民经济各部门的新型陶瓷得到了飞速发展，成为现代工程材料的重要支柱之一。

陶瓷制品表面装饰的目的是美化制品的外观，有些制品通过表面装饰达到调整其表面色彩、光洁度、亮度等，有些制品通过表面装饰改善其表面性质，如硬度、渗水、绝缘或导电等。陶瓷制品的表面加工主要是使其表面平滑、光亮、美观、表面粗糙化和加工成某一需要的外观造型。除此之外，对陶瓷进行机械加工主要是研磨和抛光，能形成各种特质的工艺装饰品（图 6-2-16）。陶瓷表面施釉处理是古陶瓷器制作工艺技术的一种，是指在成型的陶瓷坯体表面施以釉浆的工艺方法。釉层通常很薄，施釉前的坯体应进行清洁处理，釉料的热膨

图 6-2-15　木材在家具设计方面的表现

图 6-2-16 陶瓷制作的具有现代感的装饰作品

胀系数、弹性、抗张强度等应与瓷体相适应。施釉操作应保证釉层均匀形成在瓷体上且具有玻璃光滑表面。施釉的方法较多，生产中常用的有浸、喷、滚、浇、涂刷等方法。根据制品的性能和要求可采用适当的施釉工艺。根据瓷件表面专使的需要可选用不同的釉料，还可饰以不同美术图案的彩饰。

在大多数传统风格的装饰品中，陶或瓷都被大量用于古代著名窑场工艺品的仿制，来作为现代家居的装饰品与工艺品，它们往往带给人们包括形、声、质、色等诸多方面的情感体验。同时大多数的陶器、瓷器能表现坚硬、细腻、纯净的质感，伴随着不易变形与光滑、防水性等，被大量运用于日用器皿与卫生洁具，在设计领域中涵盖了广阔的艺术空间。

（二）情感体验对设计的影响

情感体验是产品设计的内涵理念得到升华的有效方式，总的来说可以经历产品的物—使用中的情—使用后的意这三个阶段。一件产品，在设计之初，一定首先要满足产品对用户的感官刺激，增强产品感知度，而用户的情感体验越充实证明设计越成功，从设计的角度来说就越具有体验的价值。注重产品的情感化设计，最直接有效的方法就是增加产品设计的感官要素，增强用户对产品交流的心理感觉。除此之外，设计师还必须从视觉、触觉、味觉、听觉和嗅觉等方面进行细致的分析，突出产品的感官特征，使其容易被“感知”，创造良好的情感体验。比如，在产品听觉的情感体验中，对于汽车的设计方面，可以增强对开门声音的使用体验，哪些细节的设计对于这种声音的改变有着重大影响，也正是设计师首先要考虑的问题。再者，对于产品设计的视觉体验方面，比如显示器从超平到纯平再到等离子，其中用户不同的情感体验直接影响用户对产品设计的评价。

在大多数产品需求上，人们一般首先要求物理或者生理需求的满足，然后再要求心理需求的满足。随着人们对产品的要求越来越高，产品设计中的情感要素的比重将会越来越大，与此同时，产品的附加价值也越来越高，现实生活中大量的富有情趣设计的产品的出现也是设计发展的必然趋势。产品设计是科学与艺术、技术与人性的结合，充满人性的情感因素能使产品更富于美感和活力，从而成为人与设计和谐亲近的纽带。产品设计是从实用和美学的观点出发，在科学技术、社会、经济、文化、艺术、资源、价值观等约束下，通过市场交流提供服务的一种积极活动。现代产品设计涵盖的方面非常广泛，从复杂的军工航天器材，到家用厨具设施，可以说，我们的生活处处充满了设计。产品设计的最终目的着眼于解决人造物与人之间的关系问题，使物能在最大的限度之内满足人的生理和心理需求，从而为人类创造良好的、安全的、舒适美观的生存环境与空间。而以情感设计为核心的产品造型设计之路，必将是将传统设计对人的生理和安全等低层次的需求的关注，扩大到对用户的自尊及自我价值实现等高层次的精神需求的思考上去。

二、情感设计

分析了产品的情感因素对设计产品的影响以及对于设计不同产品产生的不同情感后，作为设计师，我们如何将想要向用户表达的情感因素组织到我们的设计中，从而更好地实现这种情感体验呢？与此同时，设计师又如何在产品设计中更好地把握这些情感因素，从而设计开发出满足目标用户的生理及心理需求的产品呢？总的来说，应从情感与设计之间存在的联系入手。

（一）情感与设计

1.设计以用户为中心的产品

为了让用户成功地使用产品，设计产品必须从用户如何正确使用产品的思维模式出发，也就是说设计师的设计产品思维模式需要和用户使用产品的思维模式一致，这样设计师才能通过产品来与用户交谈，用户才能真正体会到设计师想要通过产品向其传达的情感寓意。因此，设计师在开始进行创意设计前应该充分了解用户，包括用户的年龄层次、文化背景、审美情趣、时代观念、心理需求等，综合并分析这些设计以外的因素，同时，还应充分了解用户的使用环境，以便设计出的产品能够真正融入用户的生活和使用环境之中。在设计的过程中，尽量请使用者参与进来，在不同的设计阶段对产品设计进行评估，这样可以使设计的中心一直围绕目标用户，使产品能更加贴近用户的需求。

2.重组与利用产品构成要素

作为一名出色的设计师，要善于总结和归纳设计元素对用户心理影响的基本要素，善于思考与分析，这样，在设计的同时就可以做到得心应手。

（1）精致感的塑造。自然的零件之间的过渡、精细的表面处理和肌理、和谐的色彩搭配。细微的局部处理能对产品整体带来巨大的影响，同时也能给用户心理上带来微妙的感受。

（2）安全感的塑造。浑然饱满的造型、精细的工艺、沉稳的色泽及合理的尺寸。

（3）女性感的塑造。柔和的曲线造型、细腻的表面处理、艳丽柔和的色彩。

（4）男性感的塑造。直线感造型、简洁的表面处理、冷色系色彩。

（5）其他丰富感觉的塑造。柔和的曲线造型、晶莹 / 毛茸茸的质感、跳跃丰富的色彩，往往能塑造可爱柔和的感觉；简洁的造型、细腻光滑的质感、柔和的色彩，总能塑造轻盈的感觉；直线感造型、较粗糙质地、冷色系色彩则能塑造厚重、坚实的感觉；形体不作过多的变化，冷色系色彩往往带来素朴的感觉。

通过以上影响用户心理的设计要素的总结，作为设计师来说，有必要通过产品的造型、色彩、肌理等构成要素的合理组合，传达和激发使用者的生活经验或行为习惯，使产品与人的生理、心理等因素相适应，以求得人—环境—产品三者关系的协调，得以实现产品设计的意义。

3.产品情感因素的描述与评估

设计师在进行产品设计时，除了考虑产品的功能性，同时还需要注重设计产品与用户性格、气质之间的关系。如同在给某人挑衣服一样，除了适合这个人的身材条件，还需要考虑这件衣服是否适合这个人的气质。设计同样如此，只有功能与性质综合的产品才具有长久的生命力。比如，产品在外观、肌理、触觉上给人的感觉是一种美的体验，使用者就会有好的情绪和感受。现代产品一般给人传递两种信息：一种是理性的信息，如常提到的产品功能、材料、工艺等；另一种是感性信息，如产品的造型、色彩、使用方式等。前者是产品存在的基础，而后者则更多地与产品形态相关。

对于产品的情感反应的描述方式及评估的标准，目前没有一个既定的、统一的模式。这些感受可以从人们的反应，包括行为、表现、心理、主观情感等方面来进行综合比较与思考，从而建立全面而深入的产品描述与评估体系。

（二）情感设计与运用

随着经济的发达和生活质量的提高，人们对物品的消费已经从对物品的功能满足转变为对物品意象的心理满足，注重风格差异和精神享受。也就是说，人们对物品的占有不只是物质上和财富的或地位上的炫耀，设计产品已逐渐成为赋予生活以情感价值的媒介，消费者更多的是根据感性和意向来选择那些能引起情感反应的物品。在当下消费社会，产品中承载着消费者的情感诉求，消费者通过作为符号的物品来表征自己的个性、情感和群体归属等价值属性。由此，设计在消费社会越来越追求一种无目的性的、不可预料的和无法准确测定的抒情和情感价值，注重把技术的物质奇迹和人性的情感需求平衡起来，以实现设计的高情感表达。

1.情感设计在设计材质上的表现

情感设计在设计材质上的表现是多种多样的，以服装设计为例，面料的选择与情感的表达是联系得非常紧密的。凭借对服装美学的深度理解以及对自然环保理念的执着追求，在北京国际时装周T台上，设计师李小燕在设计服装的材质上选择了纯棉。她设计出来的服装其实从本质上是想为大家抒发她内心想表达的一切与自然有关的感受。与其说她将情感赋予了材质，不如说她将对大自然的爱融入服装设计之中，将作品灵感与材质的情感表现完美结合，传达了艺术与现实看似并无关联的梦幻中的美。其实即使再绚丽的服装如没有这种澎湃的设计情感作支撑，作品的内涵也是苍白无力的。

李小燕设计服装有二十多年，在不断地创新探索，在布料之间寻找创作对象的本质内容，用以支撑她的思考、延续她的创作。她认为，服装灵感只要有源，采用任何方式来表达，都将超越服装本身的价值。而在这中间，她将全部的情感诉求表达在了纯棉的时尚性的设计上了。纯棉材质天然的质感和亲切感容易满足人体结构功能对服饰的要求，那就是材质本身具有自由、舒适、适合排汗、容易清洗的特征。不管是合体的经典婉约还是宽松的随性休闲，都能将那份真实与自然体现得淋漓尽致。李小燕在设计中表达出来的这种智慧，让她在设计中实现了现代艺术家梦寐以求的境界——纯情的表达，从设计的角度讲，即是产品情感性设计的表达。纯棉表达了清新、典雅、纯净的自然元素，最大限度地还原了本质才是时尚的真谛，充分阐释了人与自然和谐的设计风格。（图6-2-17）。

通过设计师对纯棉材料的运用以及材料本身转变成作品后需要传递的情感，李小燕是这样去认识和分析材料的：天然纤维的面料有许多自身的弱点，对于如纯棉易皱、纯毛难洗、真丝易损等材质本身的弱点，设计师应通过逆向思维来看待。她认为这些缺点其实应该是特点，在设计中有意去表现这份“天然”皱褶，实际上是在传达不完美之中的纯天然的完美境界。

设计师将传统的棉用日本最先进的制作工艺，通过棉线条粗细变化和虚实交错手法，织成平纹、立绣、烧花、抽纱、部分半透明的雪纺、麻等多种质感效果，使纯棉质地的面料千变万化。设计师精挑细选时装面料的材质，除了显现出对穿着者的诚挚关怀外，另一个方面也体现出设计师对时尚潮流方向的定位与分析。她认为作为设计师有责任去挖掘服饰的个性时尚语言，只有颠覆传统的意向，在设计理念上作全面的思考，比如版型细节、搭配组合、气质表现等多方面综合，才能激发纯棉穿着者内蕴之独特魅力。可见，设计与情感表现本来就是合二为一的，而在这中间，材料的选择是至关重要的环节。

2.情感设计在用户体验上的表现

“用户的情感体验指用户在欣赏、购买、使用、保存物品过程中获得的心理愉悦感受或情感反应。用户对于不同物品的情感反应是有区别的，或者说是有层次上的区别：有的只是浅显、感性的情感反应，而有的则是深层、复杂的情感反应。用户

图6-2-17　李小燕作品《态度》

的情感体验可以分为感性层、意义层和叙述层三个层次。用户的感性层情感体验是用户对物品的最基本、最直接的情感反应。”

乔希·乌尔索的作品善于用材质来营造一种体验式情感。这种材料的体验感最明显地体现在他的作品“specter”椅上。在实体的架构上，椅子被披上了一块织布（图 6-2-18），这种柔与刚的处理让人们忽略了所谓的结构。乔希·乌尔索也将这种设计方式用于桌子和灯具等产品设计。

布匹与皮革给人的感觉是柔软舒适的，在情感上能传递出一种放松与愉悦，而材料以体验为主的设计在上述案例中是突破了传统的思维，外观蒙蔽了你对座椅真实材料的判断，当你产生追问织布之下材质的欲望的时候，可能因为它所唤起的舒适体验而使你忽略或放弃追问。设计材料的美感体验往往靠对比手法来实现，比如，多种材料运用平面与立体、大与小、简与繁、粗与细等对比手法产生烘托、互补的作用，不同的材质同样给人以不同的视觉与心里的感受。

在设计过程中，要注意在材料内在结构和内在美的基础上去选材，重点在于材质相互之间的合理搭配而形成的设计作品质感上的和谐。正如乔希·乌尔索的作品一样以设计材质的替换，从视觉上完成了体验者从心理到生理的过渡，将这种用户的感性情感体验把握得很是到位。

由此可见，情感体验在设计中的运用是非常广泛的，这些情感的体验，一般来自物品的外观造型所带来的浅层、表面的审美愉悦，并且具有本能化的直观特点。当人们把这些具有感情表征的元素融入物品的设计当中时，就会使物品也具有相应的情感特质，从而使人们获得不同的情感体验。（图 6-2-19）

三、品牌设计问题

（一）品牌设计的含义

关于品牌设计的定义有很多，不同的人有不同的理解。狭义的品牌设计主要指品牌名称、标志、包装等方面的设计，相当于企业视觉识别系统的设计；广义的解释一般包括企业形象设计（CI）、战略设计、产品设计等，内容比较宽泛。可见，品牌设计并不是漫无目的胡乱设计，而要遵循科学原则、直观原则、营销原则、情感原则、创新原则等。

品牌设计是在企业自身正确定位的基础之上，基于正确品牌定义下的视觉沟通，它是一个协助企业发展的形象实体，不仅协助企业正确地把握品牌方向，而且能够使人们正确地、快速地对企业形象进行有效深刻的记忆。品牌设计来源于最初的企业品牌战略顾问和策划顾问，他们对企业进行战略整合以后，通过形象表现出来，后来慢慢地形成了专业的品牌设计团体，进而对企业品牌形象设计进行有效的规划。

品牌设计一般要经过四个阶段。第一，调查研究。指品牌设计人员对企业的品牌状况进行情报搜集，并在此基础上分析研究，摸清品牌的知名度、信誉度、美誉度、忠诚度、市场占有率等具体情况，找出品牌系统中存在的问题以及形成问题的原因。第二，制订计划。主要是确定目标、设计方案、编排内容、评估预算等，一般要形成书面文件。第三，定位设计。就是对品牌目标进行定位和

图 6-2-18　室内家具设计

图 6-2-19　室内装饰用品设计

具体设计。例如，对于美誉度低的品牌，品牌设计应定位在提高美誉度方面；对于知名度低的品牌，品牌设计应定位在提高知名度方面。第四，效果评估。品牌设计方案实施之后，还必须对品牌和品牌推广的效果进行评估。

（二）设计的品牌沟通

所谓品牌沟通是指设计师团队的品牌战略在实施过程中，通过完整和详尽的方案设计和策划，运用各种各样的媒体和宣传、促销等方式，把企业的品牌理念、企业文化等内容向市场大众以及企业内部人员等各个方面进行文化和意识渗透，并通过市场反馈获取相应的市场信息，由此再进行新一轮的策划、宣传等一系列循环的沟通过程。对于设计师来说，策划完整可行的品牌战略对企业发展壮大起了路标的作用，是企业对内、对外沟通的桥梁。同时，对于设计团队来说，建立和实施品牌战略是一个复杂且漫长的过程，这其中的关键在于如何结合企业自身的特点和实力，运用适当的品牌沟通策略和市场及广大消费者等各方面进行充分和适当的交流和沟通。只要沟通策略制定得当、实施得力，那么，企业就可以运用最少的资金达到最大的效益。

（三）设计品牌沟通的策略

1.设计品牌的合理定位

设计品牌沟通的最初阶段是对该品牌的定位。所谓品牌定位就是准备让自己的目标消费群体怎样看待该品牌和感受品牌，通过定位使消费者感受品牌不同于竞争者的一种方式。

我们可以通过人口特征、使用习惯以及需求心理等方面来进行目标消费者群体定位，通过人口特征区分目标消费群体，为品牌的媒体传播确定消费群体的基本面，确定传播的大方向，通过使用习惯确定目标消费群体行为的共性及需求动机的共同点，为品牌的内涵设计打下基础。对于任何一个企业来说，产品进入市场的最终目的是追求产品利益的最大化，所谓的商品情感利益是不考虑的。随着人民生活水平的提高、物质的丰富，产品同质化现象越来越普遍，企业为了竞争、为了生存开始进行消费群体的需求心理的调查研究，并根据结果，针对不同的消费者的需求特征在产品上附着不同的情感利益，以获得消费者心理上的认同和青睐。

2.增进在消费者眼中的信任度

在现代商品社会，由于市场空间广阔，竞争者众多，再加上消费者消费时间、知识、经验的有限性，产品在市场的优越性如何体现？是质量的卓越、设计的精美，还是服务的更加完善？其实拥有这些条件都还不够，最重要的是产品要长期拥有市场，需要取得消费者的长期信任，而这些信任建立在产品进入市场后良好的市场表现、表达方式和强有力的广告宣传。一件产品要被广大消费者所了解并树立起良好的独特形象，绝不是一件易事。

增进在消费者心目中的长期信任度，需要新产品上市前设计策划公司做很多关于企业背景、文化服务宗旨、产品的核心竞争力等方面细微而全面的分析，如广告的投放时间、媒体的借助方式、宣传方式、促销形式等，深入了解目标群体对产品的看法，寄情于此类产品的深层需求。只有经历了如上繁复的过程，才能找出目标消费群体与品牌的最佳接触与共识，设计出适当的产品，树立强大而精致的品牌形象；只有这样的产品在传播给目标消费群体的同时，才能被消费者信任并取得认同。

3.企业与消费者的镜面服务

什么叫作镜面服务？镜面服务实际上就是让消费群体与被策划的品牌公司 / 企业，保持换位思考的姿势。一件产品不管它设计得有多么完美，始终要接受市场的检验，换位的目的在于让企业与消费者保持同样的心态。企业设计出的产品在进入市场前需要得到企业自身的认可，而作为消费者在购买产品前，需要像企业一样检验外观、质量及售后服务的完善。买与卖只是短暂的行为，却要形成长期的服务保障。所以，一件产品要树立自身的品牌，营销策略的完善是非常重要的，服务与口碑其实就是最好的战略与策略，二者的完善对于提升产品的价值，进而将产品整体价值提供给用户是至关重要的。

面对面的顾客服务能够为顾客营造愉快的消费体验，让顾客感受到自己购买的产品物有所值，进而感受到物超所值的体验过程。关注品牌的终端接触点，顾客在消费体验过程中有机会面对面地接触每一个品牌讯息。顾客在有意无意间和这些接触点发生着亲密接触。只要品牌在每个接触点上为消费者提供镜面服务，就会让消费者感到与他们距离最近。

广州有一家药店在设计自己的销售策略的时候，为顾客设想的地方就很多。首先是药店内开架式的货架上摆满了琳琅满目的药品；空间里回荡着优雅的乐曲；各销售区域都站着仪表端庄、毕恭毕敬的售货员。当顾客反映一种药物某个区域没有时，相邻的另一个销售区的售货员立即主动应答为顾客指路；当顾客拿着几包药品继续浏览时，售货员已为顾客拿来了购物篮；当顾客需要的另一种药品需要到仓库取货时，开朗乐观的售货员给顾客继续介绍同效的其他药品；选购完药品后，顾客到收银台结账，收银员麻利地结清了账目，旁边的装袋员也同时为顾客装好了购物袋。这时保安员轻柔地询问顾客是否需要叫车，并根据需要叫来出租车，并为顾客打开车门……该药店在整个销售过程中使用的策略就是服务至上，让顾客感受到星级宾馆般的服务。热情周到的服务使顾客产生亲近感，愿意再次光顾。而这样的服务对于其产品的销售业绩的影响可想而知。

四、用户出错问题

优秀的设计是设计人员与用户之间的一种交流，用户的需求应当始终贯穿在整个设计过程中。但这并不是说产品的易用性可以凌驾于其他因素之上，所有伟大的设计，都是在艺术美、可靠性、安全性、易用性、成本和性能之间寻求平衡与和谐。对于设计产品而言，设计的人为出错与用户操作产品时的无意失误，都会降低产品的满意度。如何设计出避免用户出错的产品同样是一个值得设计师深入思考的问题。针对这些问题，我们将用户出错的问题分以下几个方面进行研究，为我们的设计提供更多的参考。

（一）出错的分类

用户出错可分为有意识与无意识行为，是由于人对所从事的任务考虑不周，或者是设计策略缺陷的出错行为。比如有些因仪器信号的错误发送而造成不良后果，是由于操作人员对情况的错误判断而造成的。用户的出错有可能是用户有意识的行为，也可能是无意出错。总的来说，出错的类型主要分为以下几种。

1.选取性失误

如果两个不同的动作在最初阶段完全相同，其中一个动作你不熟悉，但却非常熟悉另一个动作，就容易出现选取性失误，而且通常都是不熟悉的动作被熟悉的动作所“选择”。例如你正拿着手机玩游戏，这个时候手机收到一条短信，你心里想着去阅读它的内容，手指该去按“打开阅读”却不小心按成了“删除”，这样的误操作在我们的生活中比比皆是。作为设计师来说，我们应该设计更合理的用户界面，更利操作，从而避免用户出错的可能性，避免“选取性失误”的发生。

2.描述性失误

假设本来预定要做的动作和其他动作很相似，如果预定动作在人们的头脑中有着完整精确的描述，人们就不会失误，否则人们就会把它与其他动作相混淆。针对这样的用户出错，在设计作品中我们应尽量做到图标语言性符号的合理设计，避免产生图形设计的混乱。

3.记述性失误

这种错误的产生主要发生在用户对操作行为的主体非常熟悉，但在进行操作的过程中不够专心或过于心急而造成的。比如你正在烹饪，厨房里两个相似的调味瓶的盖子同时打开，很有可能在进行炒菜的同时将两个瓶盖盖错。在设计时，具有特征属性的产品更有利于用户避免此类错误的发生。

4.联想性失误

如果外界信息可以引发某种动作，那么内在的毗邻和联想同样能做到这一点。由于一些观念和想法产生的联想也会引起失误，比如，你正在全神贯注地思考一个问题，忽然被人打断思维，这时你很有可能把正在思考的问题通过表达的方式说出来，出现思维上的联想性失误，如果此时的用户正在进行操作，很可能引起界面的误操作，这都是他在思考的联想性后续产生的不良影响。

5.遗忘目的造成的失误

这种失误是由于激发目标的机制已经衰退，说得通俗一点就是迷茫，比如你正在查询某条信息，突然被页面弹出的广告吸引，点开广告，广告再有链接，等你点到最后的时候，有时候一瞬间遗忘了你最初要查询的信息内容。

6.功能状态失误

在使用多功能物品过程中，因适合于用某一状态的操作在其他状态下则会产生不同的效果。这种失误常发生在一项设备有多种功能或者一种控制功能可能实现几种功能的情况下。

（二）避免用户出错的设计

从上面分析的用户出错的类型来看，出错常常表现在对信息了解不够充分、界面设计考虑不够周全、操作者判断失误以及对问题的解决方式估计不足造成的，而这些错误常常伴随着严重的后果或损失，所以，作为设计师来说，我们在设计产品的过程中，应尽量做到周密的设计与预测。当然，由于操作者的失误往往无法避免，设计师在设计中则要充分考虑这些因素，尽可能地减少用户的损失。

作为设计人员，应在设计过程中保证用户能够随时看出哪些是可行的操作，尤其是在产品的界面功能键的设计中，标识与色彩一定要有区别。注意产品的可视性，包括系统的概念模型、可供选择的操作和操作的结果，比如对于一些功能结果相反的键一定要有重要的区别设计。在用户意图和所需操作之间、操作与结果之间、可见信息与对系统状态的评估之间建立自然匹配关系。

（三）避免用户设计出错的原则

1.可视性原则

所谓可视性，即用户一看便知物品的状态和可能的操作方法，保持操作界面的整洁与简洁非常重要。比如用声音增强可视性，要想合理利用声音，必须了解声音与所要传达的信息之间的自然关系。如果有声音，即使人的注意力集中在别处，也可以听见，但声音常常会起到干扰作用。

2.正确指令匹配的原则

所谓正确的匹配，是指设计师在进行设计的过程中，可操作性的界面功能与结果要保持正确的指令设计，通过设计合理的匹配，用户可以判定操作与结果、控制器与其功能、系统状态和可视部分之间的关系，自然匹配可以减轻记忆负担。

3.反馈及时的原则

所谓的反馈原则，即是用户能接收到有关操作结果的完整、持续的反馈信息。用户的每一项操作必须得到立即的、明显的反馈，如果用户看不到任何反馈，结果可能使用户无故进行多余的步骤，或者用户记不清楚已经完成了哪一步，没有操作性提示，很难进行下一步有效的操作，一旦错误发生，很难纠正。

4.考虑“人为差错”原则

作为设计师，不妨和用户换位思考，在设计产品的同时去设想用户试图要做的每一项操作；支持用户的操作，要让用户发现差错可能造成的负面影响，并在设计产品的过程中尽量避免此类差错，并使用户能够比较容易地取消错误操作；还要有意增加那些无法逆转的操作的难度。只有将“人为差错”的可能性降到最低，才能尽可能地避免用户出错。

专题研究：案例分析与作业点评

对于大多数设计师而言，设计出具有典型操作功能界面与符合市场潮流的产品才是最有价值的，设计最主要的功能是创造需求。如今的时代是一个需求多元化的时代，过去人们的物质需求很容易通过批量化生产得到满足，随着时代的飞速进步我们不得不承认，设计是在创造各种多元化需求的过程，我们周围不乏优秀的创意作品。看来，科技的力量正在不断强大并一刻不停地改变我们的生活。我们从当今优秀工业产品设计中可窥见一斑。

一、经典设计案例分析与借鉴

案例1：电子餐具设计

从设计的角度来说，该套餐具具备了流线设计的外观（图6-2-20），符合人机工程学的一般原理，能够利用科技的力量量化食物各类成分，充分体现了科技改变生活的理念。从心理学的角度来说，由于其功能性的优势，能帮助就餐者形成积极正面的就餐动机，使就餐者具备良好的情绪，形成良性感觉反馈，从而促进身心的良好健康发展。最重要的是，在提倡绿色环保个性化饮食的今天，有利于减轻其由于过度饮食导致肥胖的心理负担。

这套电子餐具在普通的刀、叉和勺子上整合了许多实用的功能。叉子内置有成分分析器，只要将其插入食物，就可以实时地显示出食物中的脂肪、蛋白质和糖的含量。勺子可以用来称量食物的重量，而刀子则可以用来测量温度。用这样一组餐具吃饭，就可以更好地量化我们的饮食，以养成更为健康的饮食习惯。

案例2：儿童激光遥控车

很多人都喜欢玩遥控车，但是还有一部分人虽然想玩遥控车，却觉得传统的遥控器太过复杂，毕竟在遥控器上通过上下左右的按键来控制遥控车不够直观。那么有没有更加直观的方式呢？来看看这款激光引导的遥控车吧（图6-2-21），它的操作非常简单，只需要用激光发射器对准目标位置，遥控车就能够探测到这一位置并自动行驶到该位置，非常易于操作。玩具市场的调查表明，遥控类玩具比同类其他玩具的销售业绩要好，但同样面临着遥控天线容易损坏与失灵的问题，儿童天生的好奇与好动对遥控器的有线设计构成了威胁，而该类激光遥控产品最大的优点在于克服了大多数遥控器天线容易损坏的缺点，更适合适龄儿童的使用。

案例3：嘉兰图Arcci手机

近年来，嘉兰图的设计师们从老年人的生活状态和生活态度出发来重新审视手机，力求在设计的过程中能够传达更多的人文关怀。因此，在为老人设计手机时，不仅要考虑老年人的生理需求，更应该照顾老年人精神层面的追求。“构筑老年人和年轻人共融共乐且充满人文关怀的和谐社会”是Arcci品牌的使命。（图6-2-22）

据了解，为了确保研发的新产品能够真正做到简单易用，嘉兰图专门成立了老年人产品研究中心，一边查阅老年人生理、心理、行为习惯等多方面资料，一边深入老年大学、养老院、公园等老年人聚集场所，通过行为观察和

图 6-2-20　电子餐具　Alex Schulz

图 6-2-21　儿童激光遥控车　Richardsolo

图 6-2-22 “Arcci”系列手机 嘉兰图

访谈的形式深入调研老年人对手机的需求，这些研究为老人产品的开发提供了详实可靠的依据。“Arcci手机以易用为理念，只保留打电话、发短信等基本功能，并且采用简化的菜单结构，减少用户操作的步骤，力争让用户不看说明书就能很快上手。手机采用大按键、大字体，让老年人看得更清楚。”为弥补老人视力不足等因素，手机采用视觉、听觉、触觉多维度交互，通过语音提示老人操作。同时，手机还加入了语音彩信功能，可以轻松录制30秒语音短信，这样老年人就不用为短信输入文字而发愁。另外，独出心裁的收音机和手电功能，对老人非常实用。无论从功能上还是设计外观上，“Arcci”系列手机均打破传统手机的固有形态，对常规手机的要素进行打散并重新组合，成为革命性的产品。

“Arcci”通过无差异的设计语言来重新定义老人手机，让科技归于平实，使其散发优雅的气质，以体现老年人的高品位以及个性，成为老年人在众人面前敢于摆弄甚至炫耀的装饰品。

案例4：“keyngo”无线优盘系统

U盘的产生为快速高效传递数据起到了很好的桥梁作用。传统样式的U盘设计多采取有线设计，同样存在着一些不足，比如病毒的携带与传播。而“keyngo”无线优盘系统的设计则有效避免了这一不足，成为数据连接新的时尚。该系统在使用优盘前，无须插入电脑，与无线鼠标的使用方法类似，可以通过一个无线扩展坞与电脑之间进行无线传输。这样一来，你只要把优盘放在口袋里，不需要拿出来也能与电脑进行数据传输了。该设计更符合人性化的特点，节约了使用空间，同时也避免因病毒感染导致的电脑系统瘫痪，成为新型时尚的数码用品。（图6-2-23）

案例5：“Meysam Movahedi”拉线插座设计

如今，在大多数的房屋水电的线路设计图中，安装设计人员总是力求将各类电器的开关与插座设计得合理方便，但常常在使用部分电器的时候，遇到附带的电线不够长的尴尬，“Meysam Movahedi”拉线插座设计有效地

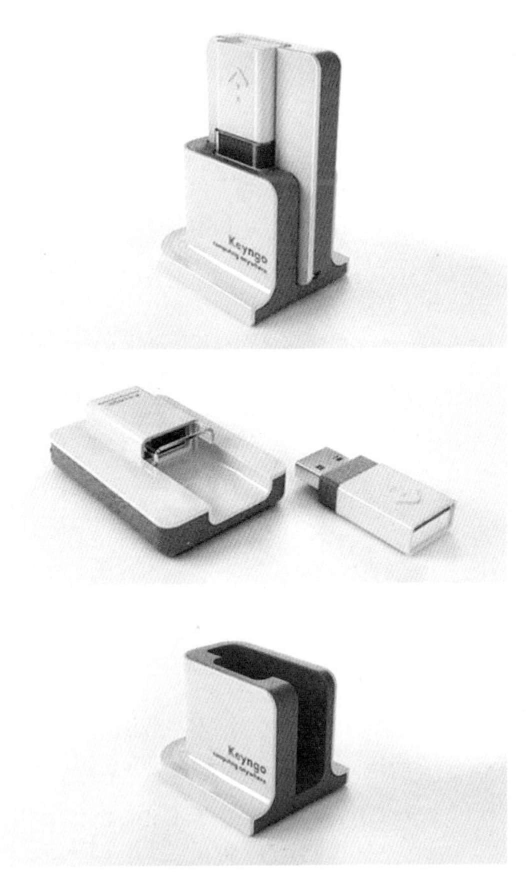

图 6-2-23 “keyngo”无线优盘系统 keyngo

解决了这一问题。这款拉线插座并不会“固执”地待在墙上，若是您有需要，只要按住插座两边的按钮，即可将插座拔出来（图6-2-24）。墙内还留有1.5米的电源线，所以，您可以轻松地将其拖拽到电器边上，方便电器接通电源。使用完毕之后，您只要轻拽电源线，内里的机关便会起作用，自动将电源线往回卷，不会让它们散在外边，弄乱房间，符合现代人快捷高效的生活方式。

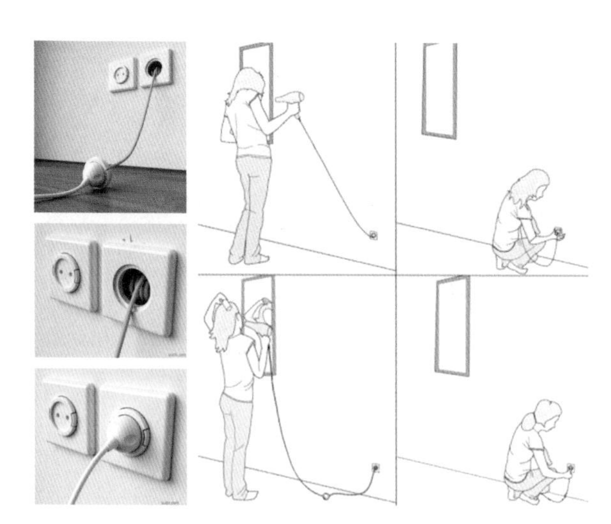
图 6-2-24 “Meysam Movahedi”拉线插座设计 Meysam Movahedi

案例6：创意类产品设计

在现代设计中，创意产品设计异军突起，成为引领现代设计的潮流，它们使用的材料简单易得，运用的色彩图案造型元素大胆、夸张，形成了强烈的视觉感受，体现出年轻设计师对设计的狂热，同时也反映出他们对现实社会怀旧、环保、渴望回归、希望被关注的心理需求。

（1）创意产品设计001-1（图6-2-25）

设计者：Lulu

尺　寸：15cm

设计说明：这个形象名阿牙牙，长了尖尖的角和锋利的牙齿，永远张着的血盆大口想吃掉什么呢？也许是令人讨厌的家伙，也许是不愉快的回忆。作品体现出的张扬与夸张正好反映出现代人快捷紧张的都市生活——人的心可以是快乐的，也可以是孤独的，反映出他们渴望被关注的心理需求。

图 6-2-25 创意产品设计 001-1

（2）创意产品设计001-2（图6-2-26）

设计者：刘昱

尺　寸：4cm × 4cm

采取设计PP棉、人造毛等材质，质地舒适，造型活泼可爱，色彩运用简单明快，能为玩赏者提供幸福、温暖、新颖、个性的心理感受。

图 6-2-26 创意产品设计 001-2

（3）创意产品设计001-3（图6-2-27）

设计者：沸青社团队

尺　寸：S、M、L

考虑到大部分女生在冬季的手都是冰冰的，所以特意为她们设计了这种暖手器。它还可以做枕头和抱枕。作品的新意是非常突出的，无论是色彩还是造型已经颠覆了传统暖手器图案的单一与无趣，而作品所体现出来的人文关怀更体现出了现代设计师更优秀的素质。

图 6-2-27 创意产品设计 001-3

（4）创意产品设计001-4（图6-2-28）

设计者：赵茜、林丽

尺　寸：4.5 cm × 1 cm × 18 cm

运用不织布、皮革、亚克力等材质制作的大眼睛扎辫绳，体现出了女性使用者喜欢简约个性的需求，同时也包含了创新产品的新颖独特的设计风格。

图 6-2-28　创意产品设计 001-4

（5）创意产品设计001-5（图6-2-29）

设计者：无须思考团队

尺　寸：4cm × 4cm

一次参观恭亲王府的经历使作者受到启发，希望把恐怖的东西设计得可爱一些。夸张概括的造型与色彩为作品增添了不少亮点。

图 6-2-29　创意产品设计 001-5

（6）创意产品设计002-1（图6-2-30）

设计者：廖丹武

尺　寸：14cm × 12cm

运用ABS工程塑料，整个设计体现得最多的元素就是各个大小形态不一的圆，除了可以插笔以外还能收纳很多其他办公用品，并且可以储存硬币。无论是摆在家里还是办公桌上，它都是一棵永不凋零的绿色植物，显示出一道美丽的风景线。该作品的设计风格清新自然，体现出对大自然的关怀与热爱。

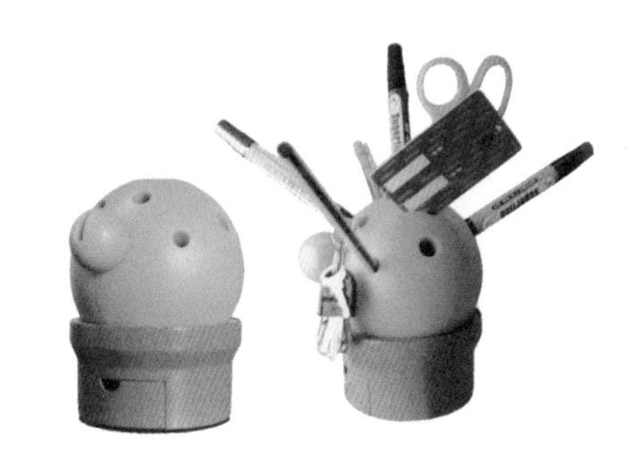

图 6-2-30　创意产品设计 002-1

（7）创意产品设计002-2（图6-2-31）

设计者：SSYS. Creative Dept

尺　寸：14cm × 8cm × 8cm

小盆栽一物多用，不仅可以装餐具，还可以作为一个很好的装饰盆栽，让餐台充满生气。产品采取的设计元素展现了现代设计师大胆、简约的设计风格，同时也体现出现代人对家居生活情趣化个性的心理需求。

图 6-2-31　创意产品设计 002-2

（8）创意产品设计003-1（图6-2-32）

设计者：目子古小家

尺　寸：益力多、养乐多瓶子

此物可做小花瓶或小笔筒，也可做摆设，收纳小物。随意丢弃的瓶子，利用一点小心思，既可以美化空间，也可以满足大众对环境保护的心理需要。

图 6-2-32　创意产品设计 003-1

（9）创意产品设计003-2、003-3（图6-2-33、图6-2-34）

设计者：目子古小家

尺　寸：日用纸巾内筒的大小

作品可做小摆设，也可以作为笔筒。用剩的纸筒其实是很好的创作材料，稍作修饰，变废为宝，独一无二。原材料的独特性体现出设计者对环保理念的重视，同时也体现出年轻一代对居家装饰的多元化心理满足感。

图 6-2-33　创意产品设计 003-2

图 6-2-34　创意产品设计 003-3

（10）创意产品设计003-4（图6-2-35）

设计者：张美丽

尺　寸：2.5cm × 2.5cm

作品的原材料选取纽扣作为设计元素，展现出了个性张扬的风格，同时由于纽扣元素的放大处理，细节中的小变化，能显示出平时常见物品被改变后的新体验，能带来愉悦与轻松的心理感受。

图 6-2-35　创意产品设计 003-4

（11）创意产品设计003-5（图6-2-36）

设计者：王莉凌、于嘉

尺　寸：定制

手绘冰棍挂饰，一套六款，选用六种老北京传统特色小吃为设计元素，手工制作而成，体现出环保设计概念越来越受重视。作品同时传达出对传统文化的关怀。

图 6-2-36　创意产品设计 003-5

（12）创意产品设计003-6、003-7（图6-2-37、图6-2-38）

设计者：Fd设计团队

尺　寸：14cm × 7cm × 35cm

作品通过酒瓶再利用，运用切割手法，并与节能的LED灯光的完美结合，创造出梦幻的灯光效果，能为居室空间提供浪漫温情的情感氛围。

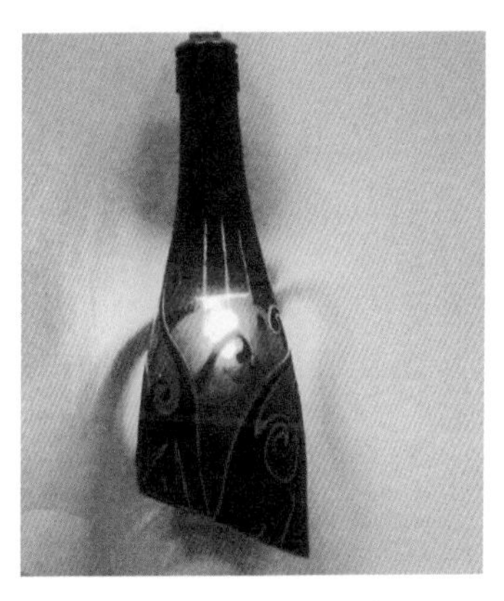

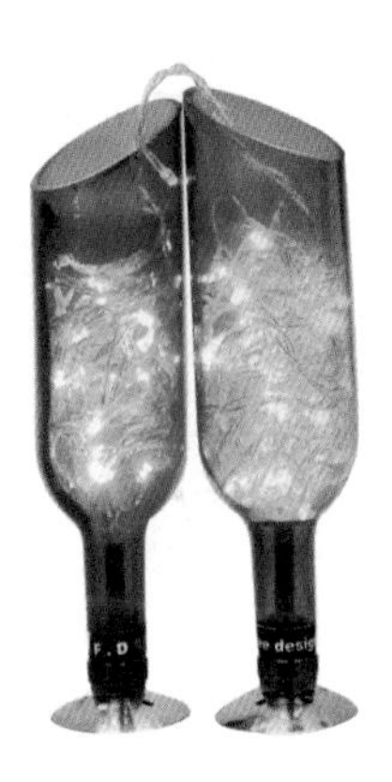

图 6-2-37　创意产品设计 003-6 图 6-2-38　创意产品设计 003-7

（13）创意产品设计004-1（图6-2-39）

设计者：蔡凯

尺　寸：4.8cm × 1000cm

该产品灵感来源于童年时候与异性同桌霸占空间时候用到的“三八线”，可运用到现代办公环境中，能使紧张的氛围得到缓解。同时产品属于特定时代的产物，相信对于同时代的人来说，该产品会给予更多怀旧情绪的释放。

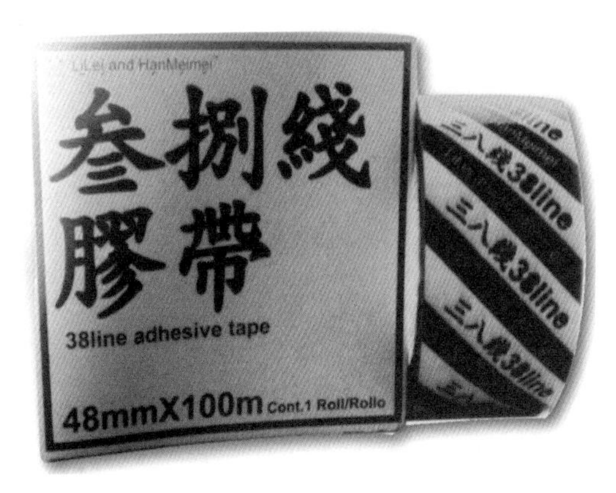

图 6-2-39　创意产品设计 004-1

（14）创意产品设计004-2（图6-2-40）

设计者：蔡凯

尺　寸：21cm × 29.7cm

作品LiLei and Han Meimei贴纸，表情来自初中英语教科书知名主角Lilei同学。将每个人都教育成同样的表情，是应试教育的威力。作者要表达的情感同时也是对年少时光的怀念，体现出时代的记忆。

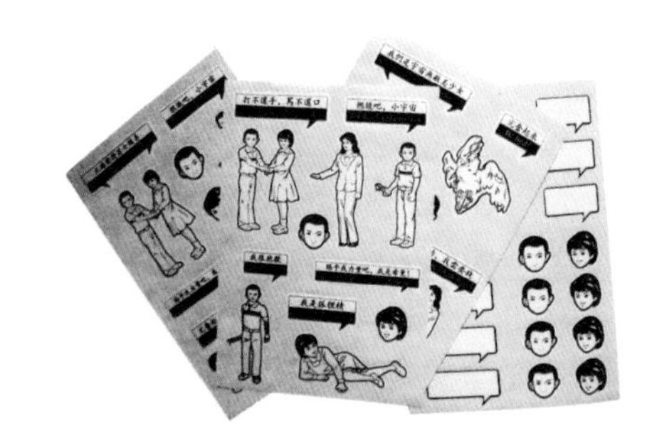

图 6-2-40　创意产品设计 004-2

（15）创意产品设计005-1、005-2、005-3（图6-2-41至图6-2-43）

设计者：陈立、Lili Chen

尺　寸：身高25—32厘米，展臂10—12厘米

运用纯棉袜作为制作原料，并辅以PP棉填充，利用袜子自然的花纹恰当地辅以各种线形刻画出五官。作品显得充满童趣，新颖有意味，能带来暖暖的肤感，也释放出紧张的都市生活对舒缓情绪的需求。

图 6-2-41　创意产品设计 005-1

图 6-2-42　创意产品设计 005-2

图 6-2-43　创意产品设计 005-3

（16）创意产品设计006-1、006-2（图6-2-44、图6-2-45）

设计者：孔孔惟

尺　寸：尺码35、36、37、38

在帆布鞋面进行绘画设计本身并不稀奇，难的是设计者对整个鞋面的满构图设计，每个空隙都填上了丰富艳丽的色彩。鞋不再只具有单纯的穿着功能，而是体现出更多的装饰美感，能为穿着者带来非同一般的心理愉悦。

图 6-2-44　创意产品设计 006-1

图 6-2-45　创意产品设计 006-2

二、学生作业点评

工业产品的设计过程是一个复杂有趣并充满挑战的过程，同时也是从细微处解决生活、工作中实际问题的过程。在课程的实践阶段，我们将学习探索过程与教学实践过程有效结合起来，让学生作品通过项目主题的形式展示出来，并在完成的始末由专业指导教师提供设计指导，从草图、效果再到模型，实现突破课堂的大胆尝试。通过这种训练，学生在学习阶段掌握诸多设计演练的实际技能。

以下展示的点评作品是工业设计专业大三同学的部分作品。本次设计的主题是针对日用品展开的。在本次作业中我们主要围绕产品的实用功能，以产品改良设计为宗旨，体现学生在创作过程中的创新思想。所有的产品设计均按照实用、美学、象征、生态、展示等功能进行评分。

评量标准（各项功能分别为5★）如下。

1. 实用功能：评价内容包括产品的操作方法、应用的范围、运输及存放等。

2. 美学功能：评价内容包括产品的外观、工程比例、色彩及形式等。

3. 象征功能：评价内容包括产品的语言是否符合目标使用群体的特征，以及是否能传达设计主题功能等方面。

4. 生态功能：评价内容包括产品的设计、关于其动力能源、材料及环境保护等方面。

（一）梦幻齿轮灯

1. 产品简介

该款灯在结构方面，齿轮运行开关与灯的开关是分开独立的两个。钟表齿轮是一直运行的，而灯可以随时开关。在钟表运行方面，两个齿轮运行是使用电力发动机来运行。灯与钟表的齿轮结合是产品设计中的一个重点，也是个难点。（图6-2-46）

灯是贯穿在齿轮的中轴里，灯的连接电线是直接和钟表的发动机放置在一起的，后面的支架齿轮是可以按使用者的个人爱好，随意扭动出自己喜爱的造型，在造型扭动的同时，大齿轮和小齿轮始终可以接缝在一起，这样，钟表转动的功能继续存在。灯是可以取下的，在不想使用照明这一功能时，后面的支架可以看成是自己亲手做的独一性的艺术品。灯的开关设置在底座右边，因为据调查，大部分人的食指灵活度是大于拇指灵活程度的，所以将开关设置在右边，有利于使用者的开关。

在材料使用上，灯罩是半透明的亚克力灯罩，半透明的灯罩可以增加照明的亮度，同时获得柔和的光线，亚克力材料还具有轻便、透明度易把握、不易碎、耐高温的特点。灯泡采用不伤眼的护眼灯，这样的灯不会频闪。支架是采用磨砂金属结构，灯泡电线是固定在金属构架里面的，同时在表面涂抹一层绝缘漆，这样既有美观时尚的现代感，同时还兼备可靠的安全性能。

产品功能性方面，灯的开关可以调节灯的明暗程度，以便将灯放置在不同的场合产生不同的照明效果。比如，在客厅中，灯的亮度一般是处于最亮的时候，而在书房中，灯的亮度就要根据人所需来定，在卧室中，灯一般采用比较柔和的光线。灯的明暗度取决于使用者的不同照明需要与不同的情感需求。

2. 综合点评

这款齿轮灯是专为夜间照明设计的一款照明灯，产品

图 6-2-46　梦幻齿轮灯　魏丽安

造型的原型来源于钟表的齿轮。该灯在使用上功能开关设计合理，目标群体的使用范围较广，材料使用符合夜间照明的要求，同时，产品也具有一定的美观性，在造型与功能上实现了一定的创新。作品还应在外观设计上注意一些细节，以求达到更完美的效果。

实用功能：★★★★

美学功能：★★★

象征功能：★★★

生态功能：★★★

（二）时尚苹果椅

1. 产品简介

这两款产品是以苹果为原型设计的一套仿生设计——“苹果”椅系列。产品使用简单，美观方便，具有时代感。从原创的角度出发，运用形态创新、品牌创新的原理来完成具有品牌竞争力的“苹果”系列产品设计。“苹果”的外曲线很柔美，整体感很强，苹果在中国的传统文化中代表的是平安、吉祥的意思，有很好的象征意义。

吧台椅，主要以苹果核为原型设计的一款酒吧椅子（图6-2-47），高度在100厘米左右。可分上、中、下三个结构，上下结构相互衬托，突出苹果的型。上部分的凹面正好适合人坐的高度；中间苹果核凸出的部分正好作为脚踏；脚踏以下有个转动的部位，椅子可以任意地转动。

单人沙发椅，抽取的是苹果外形设计的一款单人沙发椅（图6-2-48）。苹果凹的部分作为扶手，节约了空间；靠背在腰以上，是款小型的沙发椅。该沙发椅可以放置于酒吧的大厅区使用，也可以作为时尚家居。该款沙发曲线的外形使其具有浪漫的时尚感，同时也符合现代家居简洁大气的现代风格。

在色彩使用方面：两款设计的色彩均采用苹果的本色——红、青、黄。红——时尚，具有现代感；青——充满生命力；黄——鲜艳、夺目。色彩的使用使本产品的个性更鲜明。

在材料使用方面：吧台椅上部分用的是塑料，中下部分是金属材质，下部分喷上与上部分一样的色彩。沙发椅用了沙发布艺和藤编——冬暖夏凉，使作品的视觉感受与使用效果非常独特，同时两款设计的材质都能带给人舒适的心理感受。

2. 综合点评

这两款“苹果”椅的构思比较独特，选取的材料较为合理，使用的目标群体定位准确，不足之处在于：作为吧台的转椅，在踏脚处的设计不够巧妙与美观，同时凳面的弧度应进一步结合人机工程的原理稍做调整，以更能显示舒适度；沙发椅在款式上还可以进行一些挖掘，以求更具特色。

实用功能：★★★

美学功能：★★★

象征功能：★★★★

生态功能：★★★

（三）Water Computer

1. 产品简介

Water Computer三面以及侧面均采用波浪的线形设计（图6-2-49），左右波浪的两个弧形侧面作为产品的整个机身的支撑，波浪弧度与桌面形成的空间解决了笔记本机身的散热问题，用于数据交换的USB插孔等则设计于该波浪弧度凸起的侧面部分。

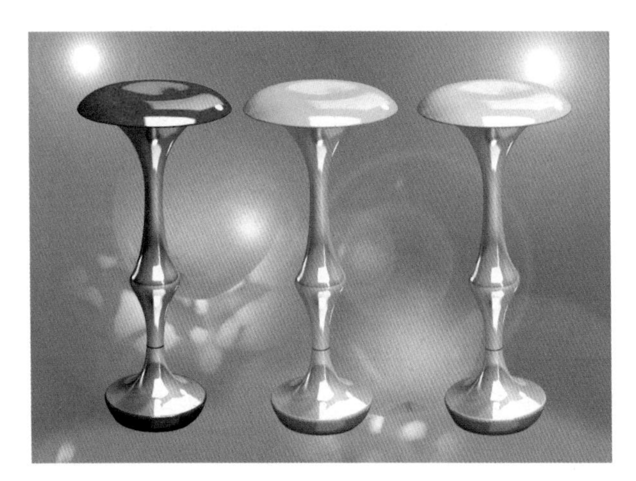

图 6-2-47　吧台椅效果图　梅雪娇

图 6-2-48　单人沙发效果图　梅雪娇

该款Water Computer键盘的设计，采用了普通的键盘分区的理念，让人们在使用的过程中更方便。同时，键盘采用可离体式设计，人们可以将键盘脱离机身进行操控。Water Computer对于人们手腕关节所放的位置，采用特殊的柔软材质，让皮肤接触后更舒适，符合人机工程学的原理。在屏幕显示方面，Water Computer采用旋转式屏幕设计，屏幕可以根据用户的需要进行伸缩调节，用户能主动控制笔记本的高度与角度，解决了传统笔记本固定高度对颈椎带来不适的问题，满足了不同高度的使用人群观看屏幕的需求。另外，在笔记本的侧面还设计有一插缝便于鼠标垫的放置。

在材料使用方面，该款笔记本采用的是轻质PVC的透明材质，这种透明材质的选择符合波浪的流线型外形，在使用的过程中具有光感与时尚感。

在色彩运用方面，选择透明多色荧光设计，色彩的多样性符合现代多元化的需求，同时具有时尚现代与清新的视觉感，为用户带来愉悦的情感享受。

2. 综合点评

这款Water Computer设计将多种先进技术结合起来，结构新颖独特，同时利用波浪的弧度兼容了数据插孔与鼠标垫的便携等问题，符合人机工程学的要求。色彩的选择大胆、活跃，从心理学的角度更容易使人精神愉悦与放松。不足之处在于对材料的使用还可以进行更多元化的尝试，以达到美观实用的综合功能。

实用功能：★★★★

美学功能：★★★★

象征功能：★★★

生态功能：★★★

（四）简易收放椅——Stitching Life

1. 产品简介

这是一款组合式的家具设计（图6-2-50），两把座椅通过颠倒组合在一起，吻合的座椅再和桌子组合在一起，解决了传统意义的桌椅摆放浪费空间的问题。在简易收放组合中变成了一个整体，成为本产品设计的最大亮点。该产品的外形时尚，无论是放在室内还是户外都能散发出它的独特魅力。除此之外，其功能性的优势在于两把椅子的倒置空间形成一个便携整体，便于户外运送与室内收纳。空间设计与运用达到合理高效。

在产品色彩运用中，合理利用多色及纯色搭配，趣味与活跃性符合现代人的审美需求，同时也可以提升它在同类产品中的竞争力。产品座椅部分采取了皮革设计，透气，经磨也耐用，同时能保持人体的舒适度。配套的小桌子的材料选择了磨砂的塑料材质。因为塑料很轻便于搬运，而且磨砂很容易打理，也不会在搬运的时候划破。座椅的支撑结构也是运用的塑料材质，不同于桌子使用的材质，它是经过喷漆后完成的，表面很光滑，显示了一定的舒适与美观。

2. 综合点评

这款简易收放椅，构思巧妙，产品的材质与色彩选择都比较合理，同时也能满足户外与室内使用的多元功能。不足之处在于凳面与靠背之间的弧度设计得不是特别合理，应从人机工程学的角度进行考虑与分析。

实用功能：★★★

美学功能：★★★★

象征功能：★★★

生态功能：★★★★

图 6-2-49　Water Computer 设计效果图　聂婷

图 6-2-50　简易收放椅设计效果图　袁野

（五）青花瓷高跟鞋设计

1. 产品简介

青花瓷高跟鞋灵感来源于中国礼服之一的旗袍与传统布鞋，将中国传统的装饰图案元素与时尚相结合，设计出搭配旗袍的具有中国特色的时尚女鞋（图6-2-51）。青花瓷曾一度成为东方中国的代名词，深受世界人民的喜爱，在现代设计中更是频频出现它的身影。青色，幽靓明净、素洁雅致、娇而不艳，古人曾对青花瓷作过这样评价：“以青为贵，彩品次之。”“五彩过于华丽，殊鲜逸气，而青花则较五彩俊逸。”青花不过是青白两色，但这一青一白间却蕴含了很深的象征和寓意。这种色彩观是在中国传统文化哲学思想以及审美观念的影响下形成的，作为一种象征手段不断加以延伸，拓展了它的内在性质，从而形成了我们民族特有的“尚蓝情结”。青花瓷带给观者的是扑面而来的简净雅逸之气。一青一白的搭配透射出简洁纯净、高雅飘逸的艺术魅力。在当今这样一种浮躁的社会风气下，青花瓷高跟鞋设计犹如一股清泉，为穿着女性驱走了夏日骄阳，带给她们一缕清新与惬意。

2. 综合点评

这款青花瓷高跟鞋设计将中国传统图案与新潮女鞋的设计结合起来，结构与工艺彰显出独特的古典韵味，同时运用传统色彩符号为女鞋提供了更深度的文化内涵美。独特之处在于该女鞋运用旗袍与布鞋共有的盘扣作为装饰，使鞋子本身体现了中国特色。外形上突破了传统布鞋的拘谨与古板单调，融入了现代设计，形成了古典与现代时尚的完美结合。搭配旗袍也显得整体美观，体现了中国女性的高贵和典雅。

造型体现古典与现代的结合，色彩的选择考究合理，从心理学的角度能给穿着女性传递中国传统文化情结。该鞋与中国传统服饰——旗袍搭配更能相得益彰，为千变万化的女鞋注入一缕新鲜的尝试与体验，增加了更丰富的文化内蕴。

实用功能：★★★★★

美学功能：★★★★★

象征功能：★★★★

生态功能：★★★

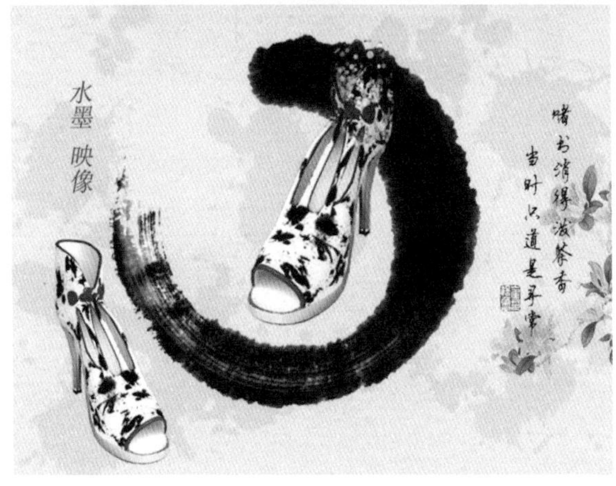

图 6-2-51　青花瓷高跟鞋设计　王倩

（六）运动鞋改良设计

1. 产品简介

随着竞技体育的不断发展和变化，体育装备也随着人们的需求不断发生着变化，一双品质良好的运动鞋必须符合运动中的力学、生物学、人体工程学、运动生理学、卫生学等方面的诸多要求，只有在设计和制造中充分考虑运动鞋的特性，才能和其他的鞋类有所区分。本款运动鞋的改良设计通过对传统运动鞋中存在的问题进行了深入思考与分析（图6-2-52），主要表现在以下两个方面。一在材质与造型运用方面，通过改变现有鞋面材质和版型，进行整体造型，多运用复合材料与透气材料，充分满足运动鞋的排汗与透气要求。二在鞋的制作工艺方面，在鞋钉和鞋底的结构上进行创新。鞋钉可以收回到鞋内部，体现运动鞋的特性，同时在材料上选用高强度REP材料作为鞋钉材料和连接处的材料，在鞋子后部设计出一个可以托起鞋跟的装置。该款运动鞋通过对以上两个部分的改良，使鞋更符合运动技能的需求，同时更大程度地满足运动员对足部舒适性等多项要求。

2. 综合点评

这款运动鞋改良设计从人机工程学的角度进行了多方面的设计改良。从外部形态来看，采取了内敛的黑色、灰色与醒目的红色搭配，附以带运动感的斜线及渐变图案，具有较强运动视觉感，从内部结构来看，该款运动鞋分别从排汗、减震、保护等角度充分考虑了鞋的舒适性，不失为运动鞋改良设计中的一个很好的案例。

实用功能：★★★★★

美学功能：★★★★

象征功能：★★★

生态功能：★★★★

（七）景区导航器设计

1. 产品简介

“墨语”青城山旅游景区导航器将连绵起伏的山脉，引入“墨语”的外观，让人思绪活跃，给人无尽的遐想。设计者借取起伏跌宕的山川形态，表达对大自然的热爱之情。凭借“问道青城山”的文化宣传内涵，融入道家文化中的“八卦元素”，“墨语”有了灵魂与主题，赋予导航

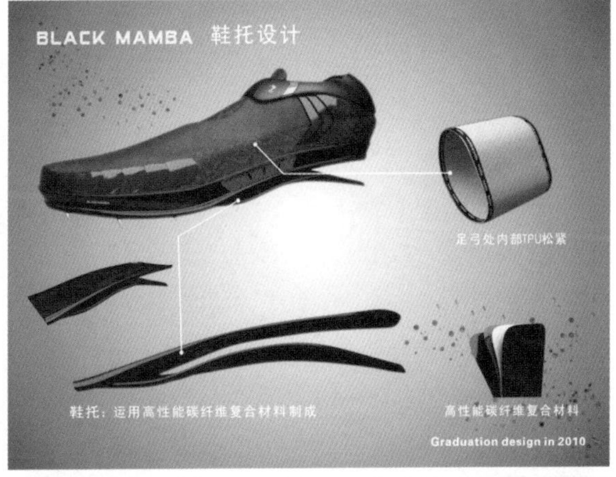

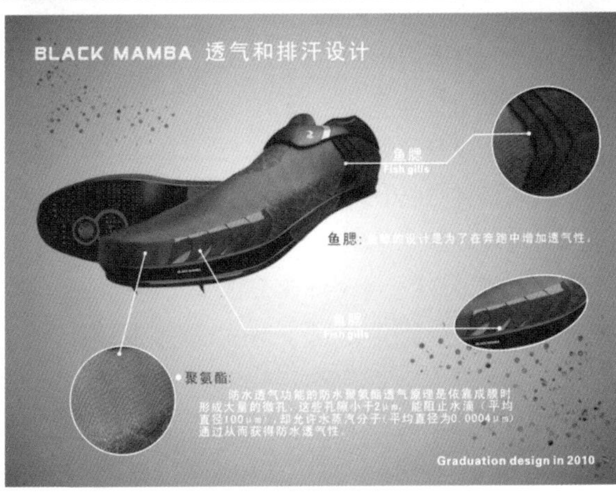

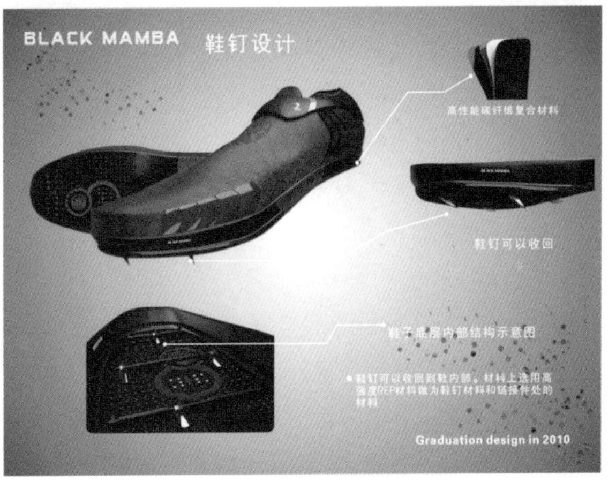

图 6-2-52　运动鞋改良设计　石海翔

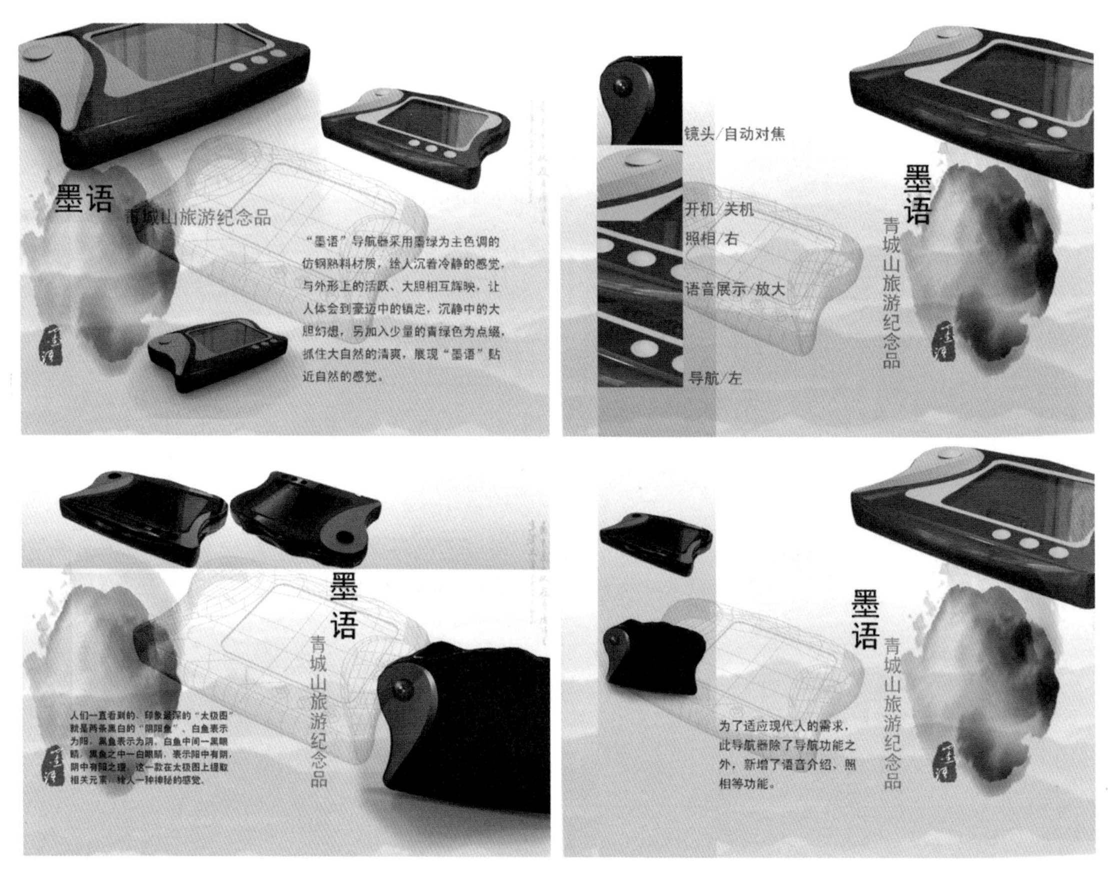

图 6-2-53　墨语·景区导航器设计　刘学锋

器以该景区的独立气质。该导航器采用墨绿色为主色调（图6-2-53），采取仿金属材质，给人沉着冷静的感觉，结合外形上的活跃，二者的大胆设计相互辉映，让人们体会到豪迈中的镇定，沉静中的迷幻。此外，在外观色彩中加入的少量亮绿，为整体产品的墨绿色调起到了更好的点缀，同时，又突出了大自然的清爽与灵动，更接近自然天性。

该款导航器除了具备一般导航器的功能之外，新增加了语音介绍及一次性照相等趣味功能，能为景区带来更深入文化内涵的了解与诠释，同时也能为游客增加更多的游行乐趣，使其具有更高的收藏价值。多功能的人性设计为该款导航器增加了不少的人气，一定会为新潮玩家提供非比寻常的心动体验。

2. 综合点评

这款青城山景区导航器将道家"八卦"的文化元素巧妙运用到设计的旅游产品中，既能充分体现出景区的特色，同时又能更大范围地将这种文化进行有形的宣传。外观设计上运用了墨绿与新绿的结合，沉静中不乏灵动，视觉上达到舒缓使用者观看时的疲劳感。产品的新意在于在传统导航器的功能基础上新增了照相及语音提示、景点介绍等功能，能为初次到访的游客提供更直观的信息提示及服务，增加了游览旅游景区时的乐趣。同时，其人性设计为深度开发景区增加了更丰富的旅游品牌文化的附加值。

实用功能：★★★★

美学功能：★★★

象征功能：★★★★

生态功能：★★★★

（八）光影投射笔记本设计

1. 产品简介

本设计灵感来源于变色龙和投影仪（图6-2-54）。笔记本的整机材质选用一种抗压、耐磨、低碳、可根据环境和用户心情改变机身颜色的一种复合型材质。当本机电力不足的时候，在任何颜色下都会自动切换到红色机身，其闪烁功能主动提示用户充电。对于笔记本的显示屏，为了去掉压抑的感觉，将屏幕放到了全屏，以便在观看的时候，让它与空间有一个结合，使我们的视线更加宽松。因为采用的是投射式，所以不用担心屏幕会被划伤，它的原理就像一本书的关合一样。屏幕后部还有一个隐形内

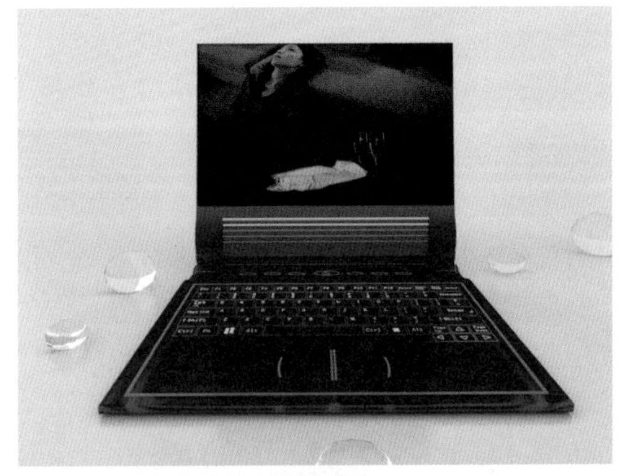

图 6-2-54　光影投射笔记本　宋健

投射的显示屏，这个隐形的显示屏可以通过用户的需要来显示。键盘的设计也是一个隐形的投影仪，表面就是一个平面，在通电之后一个感应式键盘投射出来。这个设计是便于用户在夜间操作时更方便地找到键位所在，同时也解决了键盘难以清理的烦恼。该款笔记本的另一创新之处在于，它去掉了传统的摄像头装置，用扫描仪器的原理进行图像采集和扫描，效果更真实，为我们的生活和工作带来了更多的方便。小操作台面的设计把鼠标与键盘融合在一起，就像一个隐形的鼠标在我们的笔记本上面，中间为滚动条，两边来控制桌面鼠标的移动。

2. 综合点评

该款光影投射笔记本，最大的设计亮点在于其多色的光影变化及附加的投影功能，能更大程度地为商务及教学提供方便。在外观设计上采用了夜光功能，在弱光条件下显示出更明显的优势，具有很强的市场性。另一方面，投影及感应键盘功能最大限度地简化了笔记本与更多数据线连接的烦琐，为提供高性能、便捷的信息交流平台与空间提供了可能。在外观设计上还应进一步突破常规笔记本的传统样式，融入更多新潮的设计元素。

实用功能：★★★★★

美学功能：★★★

象征功能：★★★★

生态功能：★★★★

小　结

伴随着科技时代的来临，如何设计功能美与造型美两者统一的新一代科技产品，是当今设计的关键与核心。伴随着高节奏的生活、工作方式，如何高效率地掌握与操作符合现代人理念的科技产品，设计师同样面临着很大的挑战。产品的功能设计要根据消费者对产品的生理需要，力求使产品的便利性、使用的科学性和相应的价值观统一。设计操作便捷、简易及功能集中化的产品成为时代的新宠。相反，容易引起人们误操作的产品，在导致设计复杂性的同时，确实也为我们的生活带来了很多的不便。事实上，作为设计师一定要充分了解市场需求的前沿，才有可能避免陷入科技发展而导致的产品设计的误区。

思考题

1. 如何理解产品的可行性和可用性？

2. 产品的情感性设计包含哪些方面的内容？

3. 作为设计师，如何避免“用户出错”问题的产生？

第七章　设计与消费者心理

第七章　设计与消费者心理

本章概述

本章主要介绍设计与消费者心理的关系，探讨消费者心理对产品设计的影响，以及如何设计满足消费者需求的产品。第一节将介绍设计与消费者心理的基本概念和联系，探究消费者心理对产品设计的影响与制约。第二节将从市场调研、用户画像、情感营销等多个角度，深入分析消费者心理，并将心理学知识与设计实践相结合，探究如何利用消费者心理原理进行产品设计。

学习目标

1. 了解设计与消费者心理的关系，掌握消费者心理对产品设计的影响。
2. 了解市场调研与用户画像等研究方法，学会分析消费者心理。
3. 了解情感营销的原则和方法，掌握运用情感营销手段进行产品设计的技巧。
4. 加深对消费者需求和心理反应的认识和理解，以创造更符合消费者需求的产品。
5. 提高对市场和竞争环境的理解，增强对消费者心理的敏感度和洞察能力。

消费者的心理活动过程是指消费者在购买行为中从感知商品到最终购买商品之间，心理发生发展的全过程。人的心理过程可具体分为认识过程、情感过程和意志过程，它们之间具有密切的内在联系，既相互依赖，又相互制约，从而构成消费者完整的心理活动过程。

设计与消费者心理有着密切联系。人的心理现象是多种多样的，归纳起来可分为心理过程（认识、情感和意志）和个性心理（个性的心理倾向性和个性的心理特征）两大类。人在任何时候产生的心理活动，都是这两类心理现象中的若干部分参与，结合成整体的心理活动，同时也是这两类心理现象相互联系、相互作用的结果。因此，在设计产品前就要了解、掌握影响消费者购买行为的心理活动，只有了解、掌握消费者的心理特点，并与之相适应，方可达到最佳的设计效果。

第一节　设计与消费者心理

消费者的心理过程和心理状态能体现出他们的个性心理特征，而个性心理特征反过来影响和制约消费者的消费行为。影响消费者心理有各种社会因素和自然因素，如消费流行的影响，设计应如何满足时尚消费的需求，在消费行为过程中如何处理消费者与营销人员的公共沟通、达成消费购买决策等，这些都是设计者应该研究的内容。

一、设计与消费者沟通技巧

（一）设计应关注产品对消费者意识的影响

消费者的意识是具有整体性特点的，这种意识是受刺激物的影响才可能产生的，而刺激物的影响又总带有一定的整体性，从而使消费者的意识具有整体性的特点，并影响着消费者的购买行为。作为一件设计产品，首先就要适应消费者意识的整体性这一特点，把具有连带性消费的商品种类进行连带开发与设计，使设计商品与之相邻近的设计商品形成相互衔接、相互影响的效果，这样才能给消费者提供更多选择与购买的便利条件，有利于实现商品的销售。

（二）设计应分析和把握消费者的无意注意

注意是人的认识心理活动过程的一种特征，是人对所认识事物的指向和集中。注意现象不是一种独立心理过程，人们无论在知觉、记忆或思维时都会表现出注意的特征。从心理学研究分析，一件设计作品要想使消费者注意并能理解、领会，形成巩固的记忆，是和作用于人的眼、耳感觉器官的设计产品中的文字、色彩、图形以及声音等条件的新奇性特征分不开的。

人们的视觉认知活动，不是被动接受客观刺激物的刺激作用，而是在客观刺激物和人的主观内部心理因素相互作用下进行的。比如，商品包装的文、图、色及造型形态，对消费者来说，都是一种“视觉元素”的刺激物，而这些刺激物必须具备一定的新奇形象特征才能引起消费者的注意。

一般来说，消费者的注意可分为有意注意与无意注意两类。消费者的无意注意，是指消费者没有明确目标或目的，因受到外在刺激物的影响而不由自主地对某些设计产品产生的注意。这种注意，不需要人付出意志的努力，对刺激消费者购买行为有很大意义。设计人员有必要使自己设计的作品，无论是视觉方面，还是功能方面，都能从设计的角度向消费者发出暗示，引起消费者的无意注意，刺激其产生购买冲动，诱导其购买。一件设计产品达成销售目的的原因往往很简单，或许仅仅是消费者感觉它的外观色彩很吸引他。

（三）设计应注重消费者的情感与联想

对于一件设计产品来说，设计师对包装做到醒目并不太困难，但要做到与众不同，又能体现出商品文化内涵和诉求点，是设计过程中最为关键的。在产品设计的诸要素中，色彩对消费者的冲击力最强。比如，商品包装所使用的色彩，会使消费者产生联想，诱发各种情感，使购买心理发生变化。但使用色彩来激发人的情感时应遵循一定的规律。心理学研究学者认为，在进行食品包装的设计时，不要用或少用蓝、绿色彩，而用橙色、橘红色则使人联想到丰收、成熟，从而引起顾客的食欲，促成购买的行动。就像在我们的现实生活中，消费者购买补品，大多会对大面积暖色调的商品包装感到满意，而对洗洁用品则对冷色调包装感兴趣。这既是商品主观原因又是消费者情感联想的作用。可见，注重消费者情感与联想特点，更有利于消费者理解并接受产品。

（四）设计应具有让消费者“过目不忘”的记忆功能

心理学认为记忆是人对过去经历过的事物的重现。记忆是心理认识过程的重要环节，基本过程包括识记、保持、回忆和再认。其中，识记和保持是前提，回忆和再认是结果。只有识记、保持牢固，回忆和再认才能实现。可见，对于设计环节来说，要想让消费者记住，就必须体现商品鲜明个性，在设计过程中注重简洁明了的文、图、形象。更重要的是，设计同时还要反映产品的文化特色和现代消费时尚，才能让消费者永久记忆。

（五）设计应充分考虑消费者的特点和购买规律

消费者群体类别的差异，往往会对商品的购买行为形成一定的影响，对于年老的消费者与年轻的消费者，他们的审美需求包括产品外观及功能等诸多方面是存在很大差异的。针对不同的消费群体，设计人员需要充分考虑产品使用人的特点和购买规律，只有这样，对于市场来说，他们的设计产品才是“有的放矢”，也正因为如此，设计产品在市场才会获得更多的认可度，从而获得消费者的青睐。

消费者心理活动是极其微妙的，也是难以琢磨的，人们往往凭自己的印象购买商品，而忽略了设计对消费者的重要影响。设计产品同时也离不开设计师与消费群体的沟通，而两者交流的中间环节则是设计产品。设计产品与消费者的沟通成功与否，不在于两者之间的交流沟通的内容，而在于交流沟通的方式。一个设计师必须了解市场，研究设计形式因素和分析消费者的各种心理，只有这样才能准确地摸索到包装设计与消费者心理活动的规律，从而提高产品的设计效果，促使消费者产生购买商品的行动，最终赢得设计市场。

二、设计、消费与时尚

（一）设计与消费

设计与消费之间是密切联系的，尤其是在现代生活中，它们的联系更广泛。设计离不开消费，从整个消费群体来说，不同的群体要求不同的设计产品，这是在设计之初就有了基本划分。与此同时，设计还能体现出一个国家的设计水准与国际设计水准之间的差异性。相反，现代消费同样离不开设计，作为设计人员来说，单纯追求设计的价值而忽略消费者的认同是不行的，同样，设计又不能一味地去迎合消费者的需求而忽略了设计的其他社会作用。

设计与消费之间的关系既是相互联系又是相互影响的，消费市场对设计来说起着基本的引导作用，同时设计的多重社会功能又影响着消费市场。作为设计师来说，不论他探求设计的起源、发展，还是设计规律和特性，最终都是为了自己的设计作品获得现代消费市场更多的认可度。设计与消费是一个不断演变的过程，都是随着社会的政治、经济、文化的发展而发展，随着市场和消费需求的变化而变化的。对于消费市场而言，现代设计发展的一个趋向是越来越彰显消费者的个性，所以，对于设计人员来说，设计的思路要从消费群体、使用范围、文化修养、地域差异、民族因素等多方面出发，才可能构思出适应消费市场的设计作品。

（二）设计与时尚

所谓时尚，又指流行，英文为 fashion，是指在一定时期内社会上或一个群体中普遍流传的某种生活规格或样式，它代表了某种生活方式和行为。由于众多人的相互影响，迅速普及到日常生活的各个领域。它是一种社会现象，也是一种历史现象和心理现象。而时尚又常常与消费市场有着非常紧密的联系，时尚消费是在消费活动中出现的大众对某种物质或非物质对象的追随和模仿，是人们对于消费活动的时尚张扬。它既是一种消费行为，也是一种流行的生活方式，是以物质文化的形式而流通的消费文化，因为，它的载体不仅是物质的，更多的是有深刻文化内涵的东西。

时尚是思想上、精神上的一种享受，它不仅体现了个人的消费爱好，更主要的是体现了一个人的价值观念和审美心理等内在的东西。在消费活动中追求时尚是社会进步的一种表现。

设计是一种符号组合式的创意，其最直观的表现方式就是视觉感受。从某个程度来说，设计与时尚都反映了人的某种审美需求。基于时尚的审美需求让我们不断否定陈旧的设计，在时尚的形成原因中，审美因素往往占据了很重要的位置。也正是基于审美的需要，人们才会选择时尚的设计。同时，时尚也是驱动消费的重大商业元素，可以为市场创造巨大的商业价值。所以，开发创造时尚是优秀设计师必须具备的能力，同样也是其职业追求的目标。设计必须要掌握时尚的特点，才能最终赢得消费者。

总的来说，根据时尚的审美需求，设计师在设计作品的同时要把握以下几点设计的特征。

1.设计时尚的周期性

任何一种设计产品在进入市场后都不是一成不变的，需要经过很多环节的检验，除了吸取市场同类设计产品失败案例的教训外，还要顺应市场消费群体挑剔的眼光，满足其不断更新的实用要求。因此，作为产品的时尚元素需要经历周而复始的考验。在很多大型的设计公司，常常会拥有很多关于时尚流行性研究的机构，他们的工作就是把最潮流的动态归纳成图片表格送报给自己公司的设计部门，以了解最新的市场时尚动态，用以更新设计产品。我们可以从下面的例子获得一些启示。比如，美国通用汽车公司的总裁阿尔佛里德·斯隆，为了和福特汽车公司的“T”型汽车竞争，在1927年成立了一个专门创造时尚设计形式的设计部门，以流行款式来对抗福特的品牌——以流线型为时尚，并且每年改变汽车造型的流行款式。这种风气蔓延到其他产品设计，流线型成为最早流行的时尚风格。斯隆主张在每年的款式和色彩上推陈出新，人为创造时尚，创造流行风格，有计划地废除现有的时尚，这种做法对于企业来说，具有非常大的利益，企业可以仅仅通过造型设计而达到促进销售的目的，创造了一个庞大的市场。除了赢得原有固定的消费群体外，还会有更多的新成员不断加入。除此之外，作为引领服装潮流的前沿设计师同样面临这样的考验——时尚流行元素总是在每年的春季时装发布会上得到全新展示，无论是服装的面料、色彩还是款式。比如，法国时装设计大师克里斯提安·迪奥定期推出时尚款式和流行色彩。迪奥是一个天才的市场营销家，他知道怎样推销自己的设计，如何树立自己的形象，他每六个月就推出一个新的系列，是极为成功的市场运作方法。可见，设计是具有周期性的，没有一个时尚的设计会一直流行下去，而是被新的时尚设计所超越与更新。

2.设计时尚的新奇性

新颖的造型、奇特的功能和迷人的色彩对时尚消费者颇具吸引力，他们求新、求变、求酷，追求个性化，讨厌古板、守旧、乏味，反对一成不变。这就要求我们的设计具有新奇性，反映在消费动机上，则是产品独特造型的追求上。例如，在2003年，屈臣氏瓶装水以时尚外型在中国市场赢得大量年轻消费者的购买和追捧。无独有偶，一向个性独特、追求时尚设计的三星手机，一度成为国内追求新鲜刺激的青年消费群体的喜爱。手机的外观造型、色彩搭配上，无不体现时尚的新动感元素。比如，在手机的颜色上，三星最早向消费者推出珍珠白，这个色彩一度在手机业掀起一股热辣的追捧效应，跟风者比比皆是。同样，作为外观设计，三星最先推出双屏手机。不仅如此，三星还最先倡导“手机也可以作为装饰品”的新理念，赢得了大量消费者。三星手机是进入中国市场的后来者，然而，这个后来者无疑是当时这个市场中最大的成功者。这个数据我们可以从下面官方统计的结果中得到印证。根据世界级品牌评估机构“国际品牌”与国际著名财经杂志《商业周刊》共同实施的“2007年全球100大品牌”调查并公布的2007年世界品牌价值排名100强名单，三星排名第21位，其品牌价值由2001年的52亿美元上升到2007年的168.53亿美元，六年间翻了三倍，这是因为三星设计团队正确地把握了市场的需求，有效运用了时尚元素并顺应了消费者新奇的消费心理。

3.设计时尚的从众性

设计产品流行的款式和色彩大多是通过模仿和从众来实现的，这是人们寻求社会认同感和安全感的表现。因此，流行产品要想有规模效益，就要有相当数量的人使用，才可能产生规模效应。也就是说，要瞄准核心消费群，从而驱动市场销售。2003年中国移动瞄准年轻、时尚一族用户，在全国推广“动感地带M-Zone”便是成功的一例（图7-1-1）。动感地带强调年轻人的自由不羁，以“我的地盘我做主”为口号，并找来当下的流行偶像周杰伦、SHE等代言，深得学生一族的欢迎。而事实证明，动感地带的推出效应远远超过了本身承载的商业动机。在每个新学期的开始，你总会在校园的招生广场上看到写满“M-Zone”标识的宣传销售团队，其深入人心的效果可想而知。而正是学生流动的宣传效应促使了“动感地带”销售的火热。再如，奇瑞

图 7-1-1　M-Zone 在校园的推广活动

QQ 是奇瑞公司深具战略眼光的一款产品。QQ 是一个年轻人耳熟能详，代表网络、时尚、新生活、自由的符号，以它来命名，不但拉近了与年轻消费者的距离，而且为在目标消费群当中的口碑传播奠定了良好的基础。这个名字为在短期内迅速创造高知名度、迅速树立品牌形象立下了汗马功劳。此外，奇瑞 QQ 也设计了富有个性的广告标语，如“年轻人的第一辆车”“秀我本色”等，并选择目标群体关注的报刊媒体、电视、网络、户外、杂志、活动等，将 QQ 的品牌形象、品牌诉求等信息迅速传达给目标消费群体和广大受众。奇瑞的总经理当时告诉记者，奇瑞 2010 年将致力于传播品牌的时尚感。例如，奇瑞 QQme 不仅沿袭了 QQ 系列的各项优点，同时还融入了当今国际时尚的元素。不仅如此，奇瑞还连续举办了六届 QQ 文化节，成就了中国汽车文化史无前例的一场文化营销事件，也是全国第一个以汽车品牌文化为核心内容的汽车文化活动。QQ 以独特的时尚风潮，席卷全国。从 2003 年 5 月低价推出以来到当年底，售出 28000 多台，创造了单一品牌微型轿车销售记录。奇瑞公司还推出了环保排放的 QQ 汽车（图 7-1-2）。

4.设计时尚的时代性

设计产品应关注产品的时代性，时尚产品是社会进步、科技发展的结果，代表着时代的特征。作为某个发展阶段时代特点的产品一般具备以下两个条件：第一，代表了该时代先进科技的最新水平；第二，其使用要足以影响人们的物质和文化生活。在这一点上，苹果公司可谓一直遥遥领先，它的每个产品几乎都是艺术品级的设计精品。1998 年 6 月上市的 iMac，这款拥有半透明、果冻般圆润的蓝色机身的电脑重新定义了个人电脑的外貌，并迅速成为一种时尚象征。推出前，仅靠平面与电视宣传，就有 15 万人预定了 iMac，而在之后三年内，它一共售出了 500 万台。从设计形态学来看，iMac 是一件精美的艺术品，给电脑业和设计界带来了巨大的影响；从色彩设计上看，iMac 鲜艳的色彩使它从众多电脑乳白色的海洋中跳出来，使消费者的心理为之一振，并豁然开朗起来，人们开始试想，原来电脑等高科技产品也可以是五彩斑斓的；从设计心理学的角度来看，iMac 满足了人们深层次的精神文化需求，通过富有隐喻色彩和审美情调的设计，在设计中赋予更多的意义，让使用者心领神会而倍感亲切；而从时代生活方式上来看，iMac 成功地提高了数字化产品与人的亲和力。自 iMac 问世以来，其精美的外形和合理的人机界面设计，使使用者面对电脑这一高科技产品不再那么陌生和恐惧。iMac 界面设计开创了软件操作人性化的先河。淡雅的色调、适中的鼠标移动速度、下拉操作菜单，都非常的科学和富有人情味。而随后于 2001 年推出的 iPad 以及 2007 年推出的 iPhone，也都保持了苹果一贯的设计水准和引领时尚的风格。全新 iMac 重新诠释了苹果标志性的一体化设计（图 7-1-3），将整个电脑系统整合在一个光滑闪亮的专业铝合金机身中，还用户一个干净整洁的桌面。简洁的玻璃盖板精确地连接到铝合金机身上，创造了一种几乎无缝的正面效果。

图 7-1-2　奇瑞公司推出的环保排放的 QQ 汽车

图 7-1-3　全新 iMac 一体机

总之，时尚与消费是消费心理学研究的一个热点和难点。时尚价值一直是消费者追求的基本价值之一，时尚成了企业发展的基本策略，把握时尚规律，可以深化设计产品的内涵。在对未来的时尚消费中，我们的设计师们很有必要系统研究心理学与市场之间的关系，使设计出来的产品更具有理论的支撑，同时也要学会分析时尚的特点，只有把握住消费者的心理，才能设计出适合市场的时尚产品，进而赢得市场。

三、消费者的行为研究与设计决策

（一）消费者的行为研究

消费者的行为研究是对个人或群体认知、选择、购买、使用产品（或服务）以及经验来满足自身愿望与需要这一过程的研究。消费者行为研究能够有效地帮助企业了解消费者行为和需求，为企业制定营销战略，提供科学的决策依据。由于消费者受到个体心理因素以及各种社会、经济、文化等因素的影响，不同类型的消费者的需求和行为是各不相同的，并且是不断变化的，因此，只有建立一套准确和有效的研究方法，才能对消费者行为有一个客观、真实和系统的了解。总的来说，消费者的行为分为认知—选择—购买—使用—经验这几个阶段。

在认知阶段需要明确消费者的需求究竟是什么；在选择阶段是为消费者收集信息，以期在购买阶段做出购买的决策；在商品购买以后是对产品使用情况的跟踪，即对购买行为的完善；最后是经验的积累，主要是关于使用客户的信息、使用情况、维修情况的跟踪服务。这个过程的完成是一个有机的系统，缺少任何一个环节都是不完整的消费者行为过程。

在进行消费者行为研究的同时，我们不得不重点把握消费者的态度对其行为的影响。消费者的态度是消费者对特定对象以一定方式作出反映时所持的较稳定的内部心理倾向。设计在消费的过程中，无论什么样的设计类型——产品设计、包装设计、广告设计或者是具有销售行为的环境设计，其核心都是在向消费者或者说潜在的消费群体进行一定的引导，引导的是对诸如该产品的外观、功能与结构、使用性等各方面产生正面的积极的消费态度，而这种积极态度的产生可能导致积极的行为，消极的态度则可能导致消极的行为，而行为的结果直接受之前态度的影响，相反，不同的行为也可以产生不同消费态度。虽然消费群体的态度与消费群体的行为之间不存在一一对应的关系，但实验表明（行为意向）与相应行为存在高相连。

可见，设计过程是要求产品能唤起消费者积极消费态度的过程。消费者积极的态度对消费者的行为具有直接的影响，优秀并有效的设计能引导消费者从产品的认知、情感、意动等多方面进行交流，从而达到说服消费者购买的目的。

（二）消费者的设计决策

消费者决策过程是一个以特定目标为中心的解决问题的过程。一般意义上的决策，是指为了达到某一预定目标，在两种以上的备选方案中选择最优方案的过程。

在全部的购买行为中，最后也是最重要的环节是消费者的决策。消费群体由于需要，会产生购买的动机，设计师以及营销专家通过适当的说服手段能影响消费者对产品和服务的态度，使其产生对产品、服务积极的评价，这一系列过程的最终目的还是促使消费者做出购买的决策。不同的学者对于消费者的决策方式提出了不同的观点。由于消费者的认知水平的差异，对设计的广告、产品外形、购买环境等诸多因素影响存在着不同的反应。通常，从心理学研究的角度来看，消费者的设计决策可以划分为以下几种类型。

1.说服性决策

说服性决策将消费群体划分成主动型和被动型两种。主动说服即通过广告、文字、图片能对产品正面的信息进行合理判断，得出的结论也容易被消费者接受，如大多数以亲情、友情为主的宣传广告、公益广告等。一般来说，主动性说服通常符合人们的正常逻辑与判断，这类设计决策更容易唤起消费者的购买动机。而被动型说服则是通过上述元素给消费群体罗列出大量依据（以负面居多），从而让消费群体产生一种不得不去完成这类设计决策的心理过程。比如大量的药品广告宣传词等。这类说服性决策往往是以提问—解决的方式，向消费者传达自己的设计决策。对于策划人员来说，设计出来的消费情景一定要符合生活常规与逻辑，允许适当的夸张，但绝不可夸大，否则会给消费群体造成欺骗性的不良后果，从而影响消费决策。

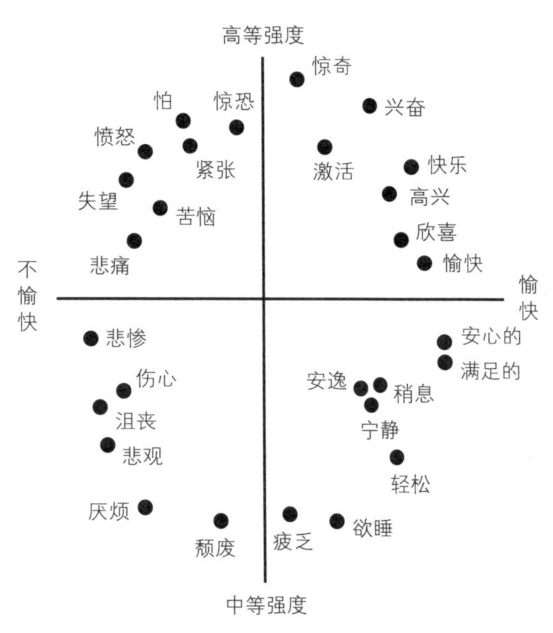

图 7-1-4　罗素的环形情绪分类模式

2.情绪性决策

关于情绪的分类，我国古代名著《礼记》中提出“七情”说，《白虎通》中提出了“六情”。情绪分类的环形模式是罗素 1980 年提出的，他认为情绪可以划分为两个维度：愉快度和强度。愉快度又可以分为愉快与不愉快，强度又可分为中等强度和高等强度。在设计与消费的过程中，情绪性决策将消费群体划分成冲动型和理智型两种（图 7-1-4），右上的区域容易形成冲动型决策，右下则容易产生理智型决策。冲动型决策是一种强烈的、爆发的、为时短促的情绪状态，在这种状态下产生消费行为往往出现意识狭窄的现象，即认识活动的范围大大缩小，理智分析能力受到抑制，自我控制能力减弱，进而做出思考不慎的消费行为，在现实生活中常常表现为冲动型购物，事后往往受到后悔自责的情绪折磨。同样，理智型情绪在消费行为中的表现为判断缓慢，坚持自己独到的见解，善于分析结果，同时在消费结果中表现出自豪与幸福。当然，大多数的消费者往往都存在顾此失彼的情绪控制，在消费过程中，冲动型和理智型的设计决策往往也交替进行。冲动型决策从某种程度上与消费者个人的性格与行为调节和控制的能力有关，而理智型决策是否成熟同样与个人已有的知识水平、阅历经验等有密切的联系。

第二节　消费者心理分析与设计

以消费者为中心，为消费者服务，是企业经营管理的核心。因此，作为设计人员来说，研究并掌握消费者的心理特点并设计与之相适应的设计产品是进入市场最关键的一个环节。而作为消费者来说，在社会生活过程中已经形成了一定的思想或意志倾向，它包括消费者的动机、兴趣、信念以及世界观等构成因素，这些因素决定着一个人对事物的态度和积极性，也决定着一个人的行为方向并起着决定性的动力作用。

消费者的购买行为总是从需求的激发开始的，可以说消费者的需要是消费者行为的最初原动力，而这种原动力与设计商品之间存在着密切的联系。

一、消费者的需要特征与设计引导

消费者需要是消费者个人心里感到的一种愿望，是消费者行为的原动力。消费者的需要只有在消费者本身的有机体组织内对某种事物感到缺乏时才会产生。一般由内在刺激物与外在刺激物而引发。需要一般具有某种目标，如天气热，身体感到热而口渴就需要喝冷饮。人们从感到需要开始到满足需要为止，均由目标引导消费行为前进。

人的需要是无止境的，在同一时间又可能是多种多样的。但所有需要因受条件限制不能都得到满足，这就有必要把人的多种需要进行轻重缓急的排序。为了便于分析，美国著名心理学家马斯洛提出了需要层次的理论，他把需要分为五个层次，分别是生理、安全、社交、尊重、自我实现的需要。在这五个层次的需要中，前两种纯属基本的物质需要，满足这种“需要”需要消耗生活资料；后三种是精神需要，但是这一类的需要同样要消耗一定的生活资料，而且是高等级的生活资料。马斯洛认为，人必须在低一级需要得到满足之后才会向较高一级推进。那么，作为消费者来说，他们的需要具有什么样的特征呢？

（一）消费者的需要特征

1.需要的发展性特征

随着社会经济的发展，人们的需要不论是从层次上还是从内涵和外延方面看都是发展变化的。人们对上述五个层次的需要严格地按照顺序从低级到高级逐步发展。人们只有在低层次的需要得到满足后才可以产生与追求高层次的需要，任何超越与颠倒都是非正常的。现代市场学认为，人们同时存在着对五个层次的需要，只是由于人们所处的环境及具体状况不同，五个层次的需要在他的人生追求中所占的比例不同而已。

2.需要的差别性特征

需要的差别性是指消费者需要的多样性和差异性。由于各个消费者的收入水平、文化程度、职业、性别、年龄、民族和生活习惯的不同，自然会有各式各样的爱好和兴趣，对消费品需要也是千差万别、多种多样的：对同一类商品的各种需要，不同的人需求是不同的；一个人要求某一商品除了具备基本功能外，还要兼有其他附属功能；对不同商品的不同要求，如有的家庭在同一时间内会产生购买彩电、冰箱、空调等多种需要等。

3.需要的联系性和替代性特征

消费需要在有些商品上具有联系性，消费者往往顺便联系购买，如出售皮鞋时，可能附带购买鞋油、鞋刷等。所以，经营有联系的商品，不仅会给消费者带来方便，而且能扩大商品销售额。有些商品有替代性，即某种商品销售量增加，另一种商品销售量减少。如食品中的鸡、鸭、肉、蛋、鱼等，其中某一类销售多了，其他类就减少；皮鞋销售增多，布鞋销售将减少等。这就要求企业及时掌握市场发展趋势，适应消费者购买变化，尽量做到花色品种齐全，多准备代用商品，以利扩大商品流转，更好地满足消费需要。

4.需要的转移性特征

需要的转移性是人们对能满足某个需要的具体商品的购买与消费在群体内、群体间以及时间、地点的转移和扩散规律。具体表现为以下几点。

（1）需要在群体内的转移规律。虽然同一收入层次、同一职业、同一社交圈的购买者大都具有相同或类似的消费内容与消费方式，但同一类型人群内，人们对满足某一需求产品的接受过程是不同的。在一群人中，总有个别人成为同群人的消费“领袖”。这些消费“领袖”往往是一些信息灵、收入高、勇于接受新事物的人。由于他们购买与消费起到了示范作用，引起周围追随者与崇拜者的模仿，于是，一类商品或一种消费便在一个群体内传播与扩散开来。攀比心理与从众心理加快了这种传播与扩散。

（2）需要在社会群体间的转移规律。由于个别人的消费行为与购买行为可以在某个人群内引起争相效仿，因而形成同一人群在某个具体时期内趋向于对同类产品的需求。这种现象按其持续时间的长短被称为“热”“潮”“流行”“时尚”等。而“热”与“时尚”都有从高收入层向低收入层、由高社会地位层向低社会地位层蔓延的现象。

（3）需要的时空转移规律。这里是指在更大的时空范围内转移的规律。由于历史、地理、文化与经济等方面的原因，需要会按照一定的方向与时间顺序进行转移。一般由发达地区向不发达地区转移。例如在我国，购买与消费有从南向北、由东向西、由沿海向内地、由中心大城市到郊区再向边远农村转移的规律。每完成一次转移所经历的时间，随地区间流通的加快而缩短。

5.需要的周期性特征

对需要的历史考察表明，人们对许多消费品的需要，都具有周期性重复出现的特点，所不同的只是周期的长短。如对裙子的设计和流行式样选择上，不管花样如何翻新，但基本款式总在长裙与短裙间周而复始；现今世界风行的“回归大自然”消费时尚，也正是这一特点的体现。

6.需要的可诱导性特征

需要的可诱导性，是指通过营销人员的营销活动的努力，消费者潜在的需要可以变为明显的行动，未来的需要可以变成现实的消费。例如，人们原来并没有准备在近期购买某种商品，但由于新产品的问世，或广告宣传的影响，就会由不准备购买或不准备现在购买而产生强烈的购买冲动。

分析消费者需要的特点，目的在于帮助企业制订良好的营销策略，树立以市场为导向的营销观念。在竞争中，企业的着眼点不能仅放在满足消费者的即时需要上，更应根据消费者需要的心理特点来引导消费，创造新的市场。

（二）消费者的设计引导

消费者的设计引导通常是指不同的消费群体对设计功能及属性的影响。根据不同的消费者群体的划分，大致分为儿童、青年、中老年、女性与男性消费群体。针对不同消费者，设计师应从群体的年龄段、心理特征、社会阅历、审美需求等多因素出发，才能设计出符合消费者不同需求的产品。我们分别从以下不同的类别来说明不同消费者对设计的引导。

1.儿童消费群体对设计的引导

对于儿童消费群体来说，他们一般购买产品的目标明确，在购买商品之前多由父母提前确定，自身的自主权十分有限。这个群体大多缺少商品知识和购买经验，识别、挑选商品的能力不强，所以，对营业员推荐的商品存在较少异议，购买比较迅速。从设计的角度来说，应该使自己的产品首先符合儿童的审美需求，同时，由于学龄前和学龄初期儿童的购买需要往往是感觉型、感情性的，非常容易被诱导。在群体活动中，儿童会产生相互的比较，如“谁的玩具更好玩”“谁有什么款式的运动鞋”等，针对这样的情况，设计人员要对同类产品市场在款式、功能、色彩、新奇等丰富性上多下功夫（图 7-2-1），同时，还可以在学校及儿童的游乐场所进行一定的问卷调查，以获得最新的动态，将这些信息运用于新产品的开发与设计上。

2.青年消费群体对设计的引导

在我国，青年消费者人口众多，也是所有企业竞相争夺的主要消费目标。青年人的特点是热情

图 7-2-1　儿童商品销售设计中关于色彩对儿童心理的影响

奔放、思想活跃、富于幻想、喜欢冒险，这些特点反映在消费心理上，就是追求时尚和新颖，喜欢购买一些新的产品，尝试新的生活。在他们的带领下，消费时尚也就会逐渐形成。青年人的自我意识很强，强烈地追求独立自主，在做任何事情时，都力图表现出自我个性。这一心理特征反映在消费行为上，就是喜欢购买一些具有特色的商品，而且这些商品最好是能体现自己的个性特征。在选择商品时，感情因素占主导地位，往往以能否满足自己的情感愿望来决定对商品的好恶，只要自己喜欢的东西，一定会想方设法，迅速作出购买决策。针对以上青年人的消费心理特征，作为设计师来说，在自己的产品中对设计的表现一定要构思新颖、色彩变化丰富、功能涵盖齐全，同时能充分体现时下的时尚流行元素。另外，由于这个年龄阶段的消费群体属于消费决策过程中的中坚力量，对于产品的包装及产品配套展示效果的设计也尤为重要，是设计师不可忽略的部分。

3.中年消费群体对设计的引导

中年人的心理已经相当成熟，个性表现比较稳定，他们不再像青年人那样爱冲动、爱感情用事，而是能够有条不紊、理智分析处理问题。中年人的这一心理特征在他们的购买行为中也有同样的表现，即在购买决策心理和行动中，很少受商品的外观因素影响，而比较注重商品的内在质量和性能，往往经过分析、比较以后，才做出购买决定，尽量使自己的购买行为合理、正确、可行，很少有冲动、随意购买的行为。他们中的多数人懂得量入为出的消费原则，很少像青年人那样随随便便、无牵无挂、盲目购买。因此，中年人在购买商品前常常对商品的品牌、价位、性能要求乃至购买的时间、地点都妥善安排，做到心中有数，对不需要和不合适的商品他们绝不购买，很少有计划外开支和即兴购买。针对这个消费群体的特征，设计师在设计方式及风格上力求稳中求胜，在质量外观上不可太花哨，应选择比较沉稳的色调，同时关注产品的结构是否合理，使用是否方便，产品是否经济耐用、省时省力、价格适中等诸多方面，在细节上进行设计（图 7-2-2），才能取悦于这部分的消费群体。

4.老年消费群体对设计的引导

在竞争日益激烈的环境中，如果企业多注重分析老年消费者的心理特征，将会赢得更大的消费群体。老年消费者由于生活经验丰富，因而情绪反应一般比较平稳，很少感情用事，大多会以理智来支配自己的行为。因此，他们在消费时比较仔细，不会像年轻人那样产生冲动的购买行为。对商品的质量、价格、用途、品种等都会作详细了解，大多会有自己的主见，而且十分相信自己的经验和智慧，即使听到商家的广告宣传和别人介绍，也要先进行一番分析，以判断自己是否需要购买这种商品。因此，对这种消费者，商家在进行促销宣传时，不应一味地向他们兜售商品。对于老年人来说，他们或者工作繁忙，时间不够用，或者体力不好，行动不便，所以在购物的时候，常常希望比较方便（图 7-2-3），不用花费很大的精力。因此，在店铺设计上应该为他们提供尽可能多的服务，以增加他们的满意度。对于老年人来说，由于他们思想上对于产品的品牌感很强，也很忠诚，同时也是节俭的一代人，对于设计风格来说切不可太夸张，对于一类产品的更新时间不可太快。商家在对他们进行新产品推广的时候，不妨将大面积的广告宣传替换成实际

图 7-2-2　中青年消费群体注重商品的细节设计

图 7-2-3　中老年人的产品设计在消费导购中注重产品功能与外观陈设的统一

的试用或者赠送小袋产品的形式，这对他们来说可能更有效。

5.女性消费群体对设计的引导

俗话说得好：“爱美之心，人皆有之。”对于女性消费者来说，就更是如此。无论是青年女子，还是中老年女性，她们都愿意将自己打扮得美丽一些，充分展现自己的女性魅力。尽管不同年龄层次的女性具有不同的消费心理，但是她们在购买某种商品时，首先想到的就是这种商品能否展现自己的美，能否增加自己的形象美，使自己显得更加年轻和富有魅力。女性消费者还非常注重商品的外观设计，将外观与商品的质量、价格当成同样重要的因素来看待，因此在挑选商品时，她们会非常注重商品的色彩、式样（图 7-2-4）。对于许多女性消费者来说，之所以购买商品，除了满足基本需要之外，还有可能是为了显示自己的社会地位，向别人炫耀自己的与众不同。在这种心理的驱使下，她们会追求高档产品，而不注重商品的实用性，只要能显示自己的身份和地位，她们就会乐意购买。对于设计师来说，除了对产品的外观、性能、功能等方面下功夫外，对于产品的包装、气质感的塑造也非常重要，只要能体现女性柔媚的商品在设计上就赢得了先机。对于产品的装潢从内到外都要求设计师在进行设计的同时均注重细节，这是因为女性消费者比其他的消费者更挑剔。同时，在设计产品的档次上应有区别，以满足不同女性消费者的不同心理需求。

6.男性消费群体对设计的引导

男性的个性特点与女性的主要区别之一就是具有较强理智性、自信性。他们善于控制自己的情绪，处理问题时能够冷静地权衡各种利弊因素，能够从大局着想。有的男性则把自己看作是能力、力量的化身，具有较强的独立性和自尊心。这些个性特点也直接影响他们在购买过程中的心理活动。

男性动机形成要比女性果断迅速，并能立即导致购买行为，即使是处在比较复杂的情况下，如当几种购买动机发生矛盾冲突时，也能够果断处理，迅速做出决策。对某些细节不予追究，也不喜欢花较多的时间去比较、挑选。男性消费群体购买商品的活动远不如女性频繁，购买动机也不如女性强烈，其购买动机的形成往往是由于外界因素的作用，如家里人的嘱咐、同事朋友的委托、工作的需要等。另外，男性消费者对购买环境的感受不如女性强烈，不喜欢联想、幻想，因此相应地，感情色彩也比较淡薄。在购买商品时，往往对具有明显男性特征的商品感兴趣，如烟、酒、服装等。针对这类群体，在设计用品时，我们的设计师在色彩及包装的过程中一定要遵从男性用色的标准，切不可过于女性化，一定要强调他们的特征。同时，他们对于产品品质及性能方面的要求要比女性消费者高一些，因此，与其把大部分设计时的精力放在外观色彩上，不如

图 7-2-4　女性用品设计注重色调、品味、环境与氛围对其的影响

更强调一些内在品质的追求。

二、消费者的动机与设计干预

心理学家一般认为，动机是由目标或对象引导、激发和维持个体活动的一种内在心理过程或内部动力，也就是说，动机是一种内部心理过程，而不是心理活动的结果。动机活动既有心理活动也有生理活动，生理活动承受着个体活动的努力和坚持，并负责执行一些外在的行为。心理活动包括各种认知行为，如计划、组织、监督、决策、解决问题和评估等，这些活动促使个体获得或达到他们的目标。

（一）消费者的动机

消费者的动机是由消费者的需要转化而来的，但是人的需要不一定全都能转化为推动人去行动的动机。需要往往以愿望的形式被人体会，以愿望的形式存在人的心中，只有当某厂家生产了这种产品，并且通过广告宣传，使消费者了解到有满足自己愿望的产品时，消费者才会去商店购买此类产品。这是在满足愿望的动机推动下的购买行动。只有这时，需要才真正转化为动机，成为人购买行为的动力。

消费者决定花钱买东西的行动，是在某种动机推动下进行的。人们的行动一般由一定的主观内部原因即动机支配进行，而动机又与需要密切相关，动机是在一定条件下需要的体现，是由人的需要转化而来。换言之，人是为了满足某种需要才行动的。消费者到商店购买某种商品是因为他们需要这种商品，如在不同的季节人们就会到商店购买不同的衣服。

从设计的角度来说，产品的包装最直接的目标是激发消费者进行购买的欲望。对设计师而言，制定商品包装计划时首先考虑的就应该是这一目标。此外，即使消费者不准备购买此种商品，也应促使他们对该产品的包装和商标以及生产厂家产生好的印象。

（二）设计干预

设计干预是指通过设计艺术的对象，诸如广告、环境以及产品本身，干涉消费者的决策，使其做出有利于特定消费品的购买决策。

总的来说，可以从商品自身的因素、商品的价格、传播的媒介、社会因素以及消费者个性等诸多因素影响设计干预，进而影响消费者购买商品的决策过程。

1.商品因素

商品是满足消费者物质和精神需要的基础，它直接刺激消费者的感官，并给予直观印象，是影响购买动机的主要因素，也是设计干预最直接、最本质的因素。

商品的生命是质量，它是商品的最基本要求。商品质量好，能够促使购买动机增强，能更快地刺激消费决策的形成，从而形成产品的畅销，反之则会滞销。对于设计师来说，注重产品质量内涵的设计是至关重要的，制造商往往强调商品的技术性。商品的技术性通常包含产品的原料、成分、工艺构造、款式、颜色、规格等。但是，商品在市场上，绝不是单纯以这方面为设计标准，还要着眼于市场上的适应程度，以消费者的需求和爱好为中心，即通常所谓的经济性。因此，可以这样认为，一件产品要形成市场性就必须满足技术性与经济性的功能。可见，在设计干预的过程中必须将两者有效结合起来。比如，在同一家商场，同样质量的两种产品，有的被消费者所喜爱，有的则无人问津，这表明商品的质量不是单纯的出于实用质量问题，而是商品质量在人们心理上的作用。有些商品的质量并不是特别优秀，但却仅仅由于产地、品牌、装潢、流行性等与品质无关的差异，这些设计因素正好符合人们或某一类消费者的喜好和需要。从消费者的心理来说，会认为这样的商品更符合他们的审美需求。因此，以商品因素为主导的设计干预，应以商品质量满足消费者的心理需要为中心，并且能随着消费需求和消费潮流的变化而转移，从而使经营的商品适应于买方市场，扩大商品流通，才能更好地满足消费者的需求。

2.价格因素

商品价格高会抑制顾客的购买欲望，相反，商品的价格低则能诱起顾客的购买欲望。比如，近几年来，由于竞争的日趋激烈，很多名牌商品以各种名义加入打折、赠送礼品、发放贵宾卡等作为主要促销手段的商品行列，从而吸引众多经济收入不高的消费者。这使得降价后商品售出率比以前有很大的提高，说明了商品价格对顾客购买行为的影响。从顾客的角度说，商品价格上每一细小差别的变化都会牵动他们的心。对于设计人员来说，需要对产品的品牌、质量、款式、性能、流行性等进行设计的干预，与此同时，又要满足人们对品牌的心理因素的影响，设计并策划出廉价的商品，包括用于打折的贵宾卡、折扣卡、礼品抵扣等形式的促销策略，让消费者感觉“物有所值”，这样才能对顾客产生更大的吸引力。

3.媒介因素

媒介是指从商业角度介绍或引导买卖双方发生关系的人或物。通过人或物等各种形式的广告把有关商务、商品、服务的知识和信息传递给广大消费者，以吸引更多的注意力，使其对商品产生兴趣，刺激其购买欲。对于设计干预来说分为以下几种形式。

首先是广告介绍。广告是经营活动中传播信息的重要手段，在制造商、商店和消费者之间起着重要的沟通作用。制造商为了打开产品的销路，商店为了招揽生意，往往通过广告宣传，如电视、电影片头、报刊、广播、路牌、海报、POP 等向广大消费者进行公司形象和产品的宣传以刺激消费者的购买动机。

其次是陈列与展示介绍。商业经营者都十分重视本店的商品陈列与导购员样品展示的工作，因为这对消费者购买动机具有强大的影响力，直接刺激消费者的感官，如视觉、听觉、嗅觉、味觉、触觉，起到了诱导的作用。通过陈列与展示能充分地显示出商品的具体形象、性能、品质、用途，使顾客受到影响，从而产生需求意念和购买行为。（图 7-2-5）

最后是商场导购人员的推销，因为顾客选购商品不一定都是行家，他们往往有一种认为导购员就是行家的心理，通过商店导购员介绍，往往能左右顾客购买动机。

除此之外，消费者在亲戚、朋友、邻居、同事等周围社会关系方面的口头介绍后，受影响而购买某种商品，我们把它叫作口碑传播，口碑传播是要靠商品、商店的长期良好信誉建立起来的。

设计干预在媒介因素的干预下往往会对产品的销售环节起到决定性的作用，因此，对于设计人员来说，需要做好从广告到口头宣传的一系列策划才能赢得市场。

4.社会因素

不同的消费者，由于受年龄、性别、城乡、群体、职业、民族等类型的不同以及生活习惯、兴趣、爱好和个人性格因素的影响，在对同一件商品的选购过程中往往会表现出不同的心理差异。因此，为了向顾客提供优质高效的产品，除了必须掌握顾客在购买商品时的购买动机外，还必须了解这些个性不一、气质不一、形形色色的顾客在购买过程中的心理特征。具体表现在根据不同类型的顾客采取不同的设计方案，从干预的角度讲应注重所设计的产品能起到让消费者心理稳定、情绪满足的作用。

5.个性因素

不同的消费群体具有不同的个性心理特征，

图 7-2-5　高科技电子产品的设计在陈列上更注重色彩对其心理的暗示，以便形成积极的消费行为导向

比如理智型消费者在购买前非常注重收集有关商品的品牌、价格、质量、性能、款式、如何使用、日常维护等方面的各种信息，购买决定以对商品知识和客观判断为依据。购买过程较长且烦琐，从不急于作出购买决定，在购买中经常不动声色。购买时喜欢独立思考，不喜欢导购员的过多介绍。除此之外，由于不同的个性而形成的消费群体还有冲动型消费者、情感型消费者、疑虑型消费者、随意型消费者、习惯型消费者、专家型消费者等。综合各种不同心理特征的消费群体，作为设计师来说，应采取不同的设计干预的方案。由于心理特质的区别，会对设计风格及类型有不同程度的影响。针对这样的问题，设计人员应具有更灵活敏锐的洞察能力，具备适应各种心理情感的技能及能力，才能设计出满足不同心理消费群体的产品设计干预方案。

三、消费者满意度评价与设计适应

（一）消费者的满意度评价

消费者满意度是指企业所提供的商品和服务的最终表现与消费者期望、要求的吻合程度的大小，相对应的有一系列不同的满意程度。消费者满意度即 Customer Satisfaction Index，简称 CSI，消费心理学也称之为消费者的态度指数。获得消费者满意的目的是为了改变或提升消费者对产品或服务的态度指数。正如国际著名市场营销大师菲利普·科特勒指出的那样：“满意是指一个人通过对一个产品和服务的可感知的效果与它的期望值相比较后所形成的感觉状态。”

总的来说，消费者满意有三个层次，依托这三个层次可以归纳出对消费者的满意度而言形成的评价体系，即一件进入市场的产品需要满足以下几个方面。首先是消费者的物质满意层次，是指消费者对产品本身的满意，包括产品的质量、功能、外观、包装等。物质满意是消费者满意的基础，如果产品本身没有过硬的质量、独特的诉求点、吸引人的外观，是不可能让消费者满意的。接下来是精神满意层次，是指消费者在购买过程与使用过程中所体会到的精神上的愉悦。具体说就是销售过程中商家的服务、产品中厂家所承诺的服务以及对消费者的售后跟踪服务的态度。这个过程的评价主要是指产品在使用过程中所引起的精神上的愉悦程度。精神满意体现于产品生命周期中的各个阶段，因而，仅仅在产品的物质层面上做得好是不能令消费者感到真正满意的。在产品生命周期的各个阶段必须采取不同的服务手段，使产品充满人情味，消费者才可能真正接受商品。最后一个阶段是社会满意层次，这种满意层次不再局限于商家—产品—消费者的模式，它面向的是整个社会，要求企业的经营活动不仅局限于目标消费群体，而且还要考虑到有利于社会文明的发展、人类的环境、生存与进步的需要。产品不光是要给目标消费群体带来好处，而且由新产品带来的一种新的人与人之间的关系所产生的影响，需要企业能对此进行预测。

消费者的满意度评价是消费者在购买商品以后，根据自己对产品以上阶段的不同期望来评价产品的表现，影响这个满意度评价体系的因素主要表现在两个方面，即消费者对该产品的预期满意度与产品的实际满意度。当实际满意度与预期满意度相一致时，消费者会对该品牌的产品形成积极的消费态度，从而影响以后的购买行为，因此而产生的满意的感觉，也会影响购买决策的选择。相反，如果该产品的实际满意度不如预期满意度，消费者从某个程度来说可能会产生负面消极的态度，对该品牌的产品会形成“不满意”的反馈。

（二）设计适应

设计是为人的设计，换句话说，即人是设计的出发点与根本的目的。为人的设计即要求我们的设计师具有为人服务的思想，设计师的行为不再是单纯的个人的艺术表现，而要以适应人的需要与目的为宗旨。因此，“设计适应”应从产品本身的设计出发，除了包含设计作品自身的个性特质外，还需要满足诸多社会需求，使设计产品的艺术生命与设计创造的奉献联系在一起。总的来说，设计适应应包含以下几个方面的内容。

1.产品的整体设计以满意度为导向

产品的整体设计以满意度为导向，首先是产品要能真正满足消费者需要。这就是说，如果没有消费者的需要，就不会有产品的出现。产品的质量是产品属性里的核心要素，包括产品的适用性、可靠性、实现度和性价比等。适用性是指产品适合使用的程度大小，适用性的标准主要是消费者的满意程度。可靠性是指产品在正常使用的情况下正常发挥其功能的安全满意程度。实现度指产品功能的达到程度。通常产品功能会受各种因素的影响而不能全部发挥，实现得越多，说明产品在定位与功能实现上越成功。性价比是指产品所能提供的性能与它的销售价格水平之比。消费者常常会用性价比来评价一件产品的好坏优劣，因此，企业在开发产品时，要注意提高产品的性价比，而不要只是盲目地提高产品的绝对质量。

其次是整个产品设计采取什么样的载体来表现，即指产品的外在表现形式。任何一种功能都必须依附一定的形式表达出来，所以载体是质量得以实现的物质形式，它包括产品的物质基础、象征性和表述性等。物质基础是指产品的材料、结构等，它们决定着产品的使用状况，对功能的实现度起着关键作用。

象征性与表述性主要是指产品的外观是否具有美感以及是否能对功能给予合理的表达、是否能与周围环境相协调。这个环节是整个产品满意度是否得以实现的关键，再好再优秀的产品如果没有其依托的外在表现形式，其产品的个性与人性化的内涵是缺失的，正如迪克·海布迪奇所说："形象的流通先于物品的销售。"可见产品的载体对消费者的决策力的影响是巨大的。例如，苹果公司的品牌"Think Different"就是以产品外观的不断创新而突出其产品的"与众不同"的。

2.产品的个性化以人格与情感设计为中心

产品的个性化是指一产品区别于其他同类或相似产品的个性特质，在产品设计中表现为产品的人格化与情感性。理解产品设计中的人格化应与心理学中的"人格"联系起来理解。人格是人个体的行为，这些行为包括对物品的选择所具有的确定与一致性，这里的一致性常常驱使他们有意或无意地选择具有相应特征的产品。比如，性格活跃的人往往选择色彩鲜艳、图案夸张的服饰，而性格内向的人往往偏爱色彩图案内敛的服饰，也就是说一个人的个性特征的体现往往与其消费的选择，包括物品及外化环境有联系。可见，产品的个性化是指同类性格特质的人选择物品，常常与特定的人格特征联系起来，通常能从他们的选择分类，划分出产品的个性化来。这提醒设计师在设计产品的同时，要利用人的这一特性，有意识地将自己的品牌与此类人的人格特性联系起来，使这些产品参与市场的同时具有各自的差异性，并与有此特质的消费群体相对应。产品设计中的个性化常常包括产品的人格化、环境化以及产品的品牌化。

产品的情感设计是指产品造型自身的要素以及这些要素共同组成的结构能直接作用于人的感官从而引起人相应的情绪，诸如寒冷、温暖、刺激等。设计师除了使产品具有实用与审美两者的统一外，还需要具备"另一个不能忽略的责任，以一种与艺术家相类似的方法创造一种有意味的形式"。

例如，手机这一通信工具的产生是人们情感化设计最好的体现。众所周知，作为通信工具来说，最先进入沟通领域的是传呼机，在它诞生的初期，人们之间的距离瞬时缩短，为人与人之间的沟通最大限度地节约了人力资源，通讯呈现出便捷的雏形。但传呼机之所以最后被手机取代的根本原因则在于人们对于情感的进一步需求，这是因为，如果说传呼机使通讯变得开始流动的话，那么手机就使这种流通无限扩大，无论是领域、性别还是其他，最重要的是手机还囊括了诸如短信、收音机、MP3、电子图书、上网等多项综合功能。现在的手机已进入5G，沟通的可视性已经变成了现实，了解分享与分担对方的喜、怒我们仅仅需要一个电话而已。可见，科技与时代的进步带给我们的设计惊喜的确是太多了。

3.产品设计应注重产品的人际化生存与沟通

现代社会的发展呈现出开放与交融的状态，当代人们生活方式的变革，无不与交流与沟通相联系。设计作为一种"中介"手段，可以成为人与人、人与环境之间的巨大网络，连通产品认识—产品定位—产品宣传—产品内化这个复杂的过程。任何一件产品无不体现其设计的人际化生存与沟通的特质。所以，在产品开发中，需要把握产品“认识—内化”的这条主线，从环境与地域的角度，缩短产品符号语言的差异性，让商品的形态展现独特的意义和文化特征，同时具有普遍沟通的能力。比如，在如今数码电子产品的使用功能中，对于使用语言可以设置多种国家语言，使产品语言体现特定消费群体的品位、情调和审美，以达到唤起他们的购买欲望的目的，使消费者分享和融通设计的成果，这也正是设计产品人际化生存与沟通的具体表现。

对于设计师来说，在设计产品的同时，除了关注外观及内涵设计外，还需要满足产品的多维多向的其他作用，比如产品设计的人际交往及沟通的功能。

产品的生存与沟通的特性还应引导人际沟通向所需的方向发展。比如，当企业想把一种全新的、从未在市场上出现过的商品推出时，就需要进行适当的宣传引导，因为这种商品从未被人实质性地使用过。对于前期已经进入市场的产品来说，这类产品可以说没有形成任何合适的人际关系，消费群体对其消费决策是冷淡的，这是一种必然的结果。但是，如果企业通过设计策划，比如宣传引导，消费群体通过针对性的广告了解了该产品后，产品的销售周期就会出现新的局面，而喜欢创新的群体会率先对该类产品进行体验，这部分群体又会通过人际沟通，使产品的人际化范围不断扩大，最终在市场上被大多数人采用。例如举办大型产品博览会的宗旨就是扩大产品的人际交流与沟通环节，为新产品进入市场造势。

社会发展到今天，人们的需求层次越来越高，范围越来越广。设计是伴随人们生活水平一起发展的，在越来越快的生活与沟通方式的影响下，设计理论的发展必须要与其相适应。

作为一名优秀的设计师，设计同样要求适应消费者的多元需求，比如研究消费者的生活形态与沟通方式、消费者的使用满意度等，并将此感受与经验运用于产品设计中，同时也为探索人与物之间的和谐奠定了新的基础，使设计不再单纯停留在作品本身，而设计师的行为也不再单纯地为功能与审美服务，将会担任起服务社会、改善生活质量、增强消费者满意度，为设计生活走向科技化奠定更坚实的基础。

四、“好的设计”与消费者心理水平

（一）“好的设计”的定义与特征

1.什么是“好的设计”

从产品设计的角度来说，什么样的设计才是“好的设计”，或者说，具备了什么样的条件会是好的。概括来说，这里的“好”除了指物质的感性存在，即与人的感性需要、享受、感官直接相关外，“好”还要具备社会的意义与内容，即与人的群体与理性相联系。总的来说，就是“好的设计”离不开人这个主体的存在。

2.“好的设计”基本特征

如果我们把“好的设计”与人联系起来其实就是“以人为中心的设计”，这里的人就是与产品和市场之间发生关系的用户。用户在产品设计中始终位于整个过程的中心，包括消费群体的预期需求、人性设计、设计终结方案、后期产品的延续与开发、市场选择与测试等方面，可以说，“好的设计”要具备以下特征。

（1）具有内容与形式的统一。“好的设计”的内容与形式的统一就是指能诉诸视听感官或精神感觉的形式，“好的设计”的内容必须表现于形式，只有形式具有了力度与节奏等特征，才能成为审美感应的对象，通过这种感应对用户起作用。一件设计用品呈现在用户面前的时候，人们最先感受到的是它好的形式，而该件用品的“内容则是它通过形式表现出来的具体的、生动的生活与情感内涵”。

从产品设计的角度来说，“好的设计”的内容与形式应包含产品功能、技术与科学三方面。首先，一个合理地表达了内在结构或恰当地表现了功能的形式就应当是一个美的形式。从美与功能的相互关系而言，只要真实而完善地表达了结构和功能的形式，又充分考虑到了人的合理性要求，无论形式处于什么样的层次，都可以说是一种美的形式，或者说是具有美感的形式。

其次，除了具备功能的内容与形式还不够，还需要具有科学性，即设计产品的尺度常常直接应用于人体尺度与设计物之间的比例尺度数值，并结合功能、造型等因素将设计的比例控制在一定的适用范围之内。对于“好的设计”而言，人机工程学是必备的条件之一，来自人的生理学、心理学的相关数据是设计必须遵循的主要数据，即设计的科学性原则，具体包含人与机器系统进而到人与环境空间的系统关系方面的内容。“好的设计”同样需要人机工程学测量数据的支持。

最后，“好的设计”的内容与形式还包括技术性方面的内容。技术性的美是介于自然与艺术美之间的，主要指机械工业技术的美，同时也包含手工技术的美。手工技术的美与机械技术的美相比，常常带有个人的情趣，贯穿着人的精神，保持着经验、感性的特征，比如陶艺、编织、刺绣等手工艺术领域中的技术，往往直接具有艺术的性质。

总的来说，技术美与功能美之间有着内在的关联与一致性。功能美构成了技术美的特征，也是技术美意识结构的核心因素；技术美除了表现对材料的选择加工方面外，在物的形式方面还有更多的反映。功能与技术美是产品设计内容与形式的最核心的评价基础，它们两者又与科学美共同形成了“好的设计”衡量标准。可见，三者是产品之美的重要组成部分，正如德尼·于斯曼在《工业美学及其在法国的影响》一文中所说的那样，“艺术远非任意的或人为的，或另加在应用艺术上的装饰，对工业美学有所促进的艺术，在和技术结合并相互混同时，尤其可以被认为与样机的构思有关”。

产品设计的技术美、功能美、科学美与其他诸因素相互作用，才形成了“好的设计”产品的美化结构，而具有其综合于一体的美的价值。

（2）具备美的感染性与新颖性。“好的设计”的感染性是指设计产品能够以其生动的形象通过感应，吸引用户的情感，并使用户的身心结构发生相应的转变，具备美好愉悦的心理感受。美的感染性既来自产品美的形式，同时也来源于产品美的内容，这种感染性是整体性的，最主要的表现为对用户情感上的感染。“好的设计”的新颖性是指产品的美总是随着人们对时尚生活的需求，显示出新鲜、创造力及理想化的特征。产品本身能实现超越、更新与成长，从而带给用户新的发现、新的展示、新的肯定与满足。

从产品设计的角度来看，具备美的感染性能在某种程度上体现用户的身份、地位与能力，从而对其自身产生心理暗示，使其具有美好的情感体验。同时，吸引人的产品能使人放松，使人的创造力、想象力与思维都得到提高与发展。具备感染力的产品容易激发人的正面情绪，同时，也能提高其对用户的满意度，使人在使用的同时“着迷”，体会到一种理性的美、适用的美。用户在使用这类感染性强的用品时往往能与其他用户形成一种交互性，使这种感染性得到传递。

“好的设计”产品还应具备优越性，这里的优越性主要指设计用品能为用户带来诸如视觉、听觉、触觉、味觉等各方面感觉器官的新鲜感。注重这个环节的设计往往采用鲜艳的色彩、圆润的造型、时尚的风味，形成感官刺激。这些用品大都简单有趣并具有深度内涵与意味，往往与用户之间达到了交互性的最好实现，并使这些感官刺激的效能发挥到最大，从而体现产品的优越性。

（3）具备普遍的社会认可度与用户满意度。“好的设计”除了拥有自身区别于其他设计的优点之外，这样的产品在社会现实生活的使用过程中还应具备普遍的社会认可度与用户满意度。所谓的社会认可度是指产品的优越实用性超过一般的同类产品，具有相当的个性特征，能体现产品自身的效能带给大多数用户的心理愉悦与情感满足，达到节约能源、促进环保的作用，并使其在满足人的实际需要的同时，获得社会利益的最大化。比如，在如今的高科技时代，众多的产品从最初的手工化转化到智能化，我们的劳动力从很大程度上得到了“解放”，同时与之伴随的却是高强度的脑力劳动对电子物理世界的无力感，人们需要从不断更新的信息技术中更新技能，而这种“无力”常常伴随人的情绪低落与消极焦虑等，这个时候，“好的设计”产品为广大用户考虑得更多，更利于人舒缓情感，界面操作更趋于人性，产品的核心技能是更利于大多数的人理解并掌握的。

除此之外，“好的设计”较其他产品而言，能更好地提高用户的满意度。马斯洛认为，大多数人都有一种自我实现的需要与倾向，但却只有少数的人能真正达到这种“自我实现”。从某个程度上来讲，这种自我实现的程度就是产品为用户自身带来的满意度，属于一种心理范畴。“好的设计”在这个环节中的具体表现往往是设计师通过设计物激发用户的“自我实现”的需要，让其在产品使用的过程中达到一种高峰体验。例如，儿童玩具的设计始终是一种挑战性很高的设计门类，大多数的玩具停留在游戏阶段，而“好的设计”往往能带来孩子心、手、脑的相互配合，达到训练肢体平衡、促进智力开发的作用，达到孩子“自我”的实现。同样，如果我们的设计产品能让不同年龄、不同性别的消费群体，达到如儿童游戏般，让这些设计用品在工作学习中实现“自我”，将会为我们的生活带来更多的惊喜与改变的。

（二）设计与消费者心理水平

设计产品要获得消费者的喜爱，设计者就要掌握消费者对“好的设计”产品的各种心理需求。设计产品不仅要进行物理性能方面的设计，还要进行心理性能方面的设计。年龄、性别、文化程度、职业、性格特征不同的消费者，对产品的心理需求也是不同的。因此，设计者应该综合考虑设计产品的特点、产品的使用对象与使用范围等因素来进行产品设计。总的来说，设计对消费者的心理水平的影响有以下几点。

1.产品包装设计与消费者心理

产品包装作为参与市场竞争的手段之一，其作用越来越被人们所认识。根据消费者的不同心理需求，一般来说需要遵循以下规则进行设计。首先是按照消费习惯和实用需求心理设计包装。消费者对产品包装的消费习惯是在长期的消费实践中逐步形成的，会受到消费者的地方传统风格的沿袭、生理特点的适应程度的影响。这种习惯一旦形成，具有相对的稳定性，对于消费者非常熟悉的包装，在其心中已经形成了一定的识别系统与记忆功能，设计者在进行设计时不宜再改动，比如香烟的每 20 支的盒装形式。再如根据消费者的购买习惯和特点，按一定分量进行的包装形式——分量型包装。这种包装的好处是能为消费者购买和使用带来便捷，也能适应尝试性购买消费群体的心理需求，如现在流行的旅行式的小包装洗发水等。这类包装设计人员力求变化与丰富，符合消费者的购买心理。

其次是产品的包装要按照消费者消费水平来进行设计。由于经济收入、社会地位和生活方式的不同，消费者的消费水平存在着很大的差异，这种差异在市场经济条件下会越来越大。因此，不同消费水平的消费者，对产品包装的要求也不同，有偏于精致与豪华的，也有倾向经济实用的。产品的生产经营者可以根据商品主要销售对象的消费水平的差异，进行产品包装的设计，以适应不同购买者的要求。

最后是产品的包装要按照消费者的不同性别与年龄来进行设计。由于消费者性别与年龄的不同，生理和心理上存在差异，对包装的要求也不一样，为适应不同性别和年龄的消费者的心理，对产品分别设计适合的包装具有一定的促销作用。成功产品的包装设计既要满足消费者的生理需求，又要满足心理需求，这是一种复杂的艺术与创作的结合。

2.产品推广设计策划与消费者心理

新的设计产品进入市场需要一个过程，同时消费者对这些产品的心理需求表现为：产品方便实用，在使用过程中操作简单，基本效能能得到保证，在使用的过程中省时、省力，维修保养等相对方便；产品安全舒适、经济耐用，新产品的成本不高、能耗低、使用寿命长、质量稳定，同时对使用者的身心健康能够提供保障；新产品突出个性，体现时尚与审美情趣。只有设计独特、使用巧妙的新产品才能体现智慧与创新，同时追求时尚已经成为一种大众消费心理，同时也要满足具有时代特征的审美情趣。

3.产品购物环境设计与消费者心理

产品要达到满足不同消费群体的需求，需要进行产品购物环境的设计。一旦消费者进入产品的营业环境，通常会注意到这个环境的诸多方面，观察这些环境，浏览感兴趣的产品，与销售人员交谈获得产品的有效信息，完成消费。这一系列行为的产生无不体现着消费者心理活动的微妙变化。作为设计人员如果在进行产品推广的时候注重以下几个环节的设计，将会直接影响消费群体接受产品的程度。

（1）外部建筑景观设计。修建外部建筑景观是要求在销售环境的外部修建/设计有特色的建筑物，使产品的购买环境独特、有个性。例如，在夏天遍布于大街小巷的冷饮小店，有的外观设计成冰激凌、有的设计成大桶可乐瓶，有的小店为了说明自己的水果榨汁非常可口新鲜，则将小店的外观设计成各种放大的水果卡通造型。正是因为这样的特色设计，迎合了消费者求新的心理需求，产品获得很好的推广。

（2）入口店面的门面装饰。产品销售的门面就像我们每个人的脸一样，可爱清新的面孔总是令人耳目一新，入口的店面的装饰往往会给消费者留下深刻的印象（图 7-2-6），店面装饰效果好往往能吸引更多的消费者。而门面装饰最主要的部分就是招牌。对于店面的招牌最重要的是强化店名的灯光效果与宣传的广告。店名的命名往往体现产品的文化特征，所以一定要触目、上口易记，同时满足消费者好奇、方便、信赖、喜气、档次等多重心理需求。

（3）内部橱窗的陈设设计。橱窗是商店借以展示商品的窗口，特色美观的橱窗不但令人乐于停留观赏，也能体现产品的优秀品质。在进行橱窗设计的时候首先要满足橱窗“唤起关注、激发兴趣”的特点，一般来说，橱窗展示选择新品与名品，突出商店经营的特性与质量。其次就是要模拟家居陈设情景，激发消费者的购买欲望，将某个橱窗陈设为居室的现场景观效果，将产品罗列成立体的效果，会对消费者的购买有暗示的心理作用。同时，橱窗的产品在摆放的时候也要讲究主次，在布局上要求视觉效果的均衡与和谐，色彩搭配合理，满足和谐而不单调的原则，比如，橱窗的用品可以按照季节与产品的 XX 系列来陈设，有时候会起到意想不到的效果。最后需要注意的是橱窗一定不能摆好了就一成不变，需要常常更新，才能引起消费者的好奇与新鲜感。

（4）周边环境的选择。对于产品而言，达到好的销售除了以上几点以外，对店面周边环境的选择也非常重要，比如营业环境周围其他店面的商业氛围、人流高峰时的交通状况以及地理位置等方面都会对消费者的心理产生不同程度的影响，在进行产品市场策划设计的同时同样值得关注。

图 7-2-6　某商店圣诞主题的店面设计

专题研究：案例分析与作业点评

从品牌、定位到差异化，从定价、促销到整合营销，莫不是在针对消费者的心理而采取行动。现在的市场营销将越来越依赖于对消费者心理的把握和迎合，从而影响消费者，最终达成产品的销售。经过学习、观察和总结，有以下八个消费者心理在中国具有相当的普遍性，具备很好的营销价值，现列举如下。

一、面子心理

中国的消费者有很强的面子情结，在面子心理的驱动下，中国人的消费会超过甚至大大超过自己的购买或者支付能力。营销人员可以利用消费者的这种面子心理，找到市场、获取溢价、达成销售。脑白金就是利用了国人在送礼时的面子心理，在城市甚至是广大农村找到了市场；当年的TCL凭借在手机上镶嵌宝石，在高端手机市场获取了一席之地，从而获取了溢价收益；终端销售中，店员往往通过夸奖消费者的眼光独到，并且产品如何与消费者相配，让消费者感觉大有脸面，从而达成销售。

二、从众心理

从众指个人的观念与行为由于受群体的引导或压力，而趋向于与大多数人相一致的现象。消费者在很多购买决策上，会表现出从众倾向。比如，购物时喜欢到人多的商店；在品牌选择时，偏向那些市场占有率高的品牌；在选择旅游点时，偏向热点城市和热点线路。以上列举的是从众心理的外在表现，其实在实际工作中，我们还可以主动利用人们的从众心理。比如现在超市中，业务员在产品陈列时故意留有空位，从而给人以该产品畅销的印象；电脑卖场中，店员往往通过说某种价位以及某种配置今天已经卖出了好多套，从而促使消费者尽快做出购买决策；SP行业中，在推广铃声广告的时候，往往也多见最流行铃声推荐的字眼，最流行也就是目前最多人喜欢。这都是在主动地利用消费者的从众心理。

三、推崇权威

消费者推崇权威的心理，在消费形态上多表现为决策的情感成分远远超过理智的成分。这种对权威的推崇往往导致消费者对权威所消费产品不加思索地选用，并且进而把消费对象人格化，从而达成产品的畅销。现实中，营销对消费者推崇权威心理的利用也比较多见。比如，利用人们对名人或者明星的推崇，所以大量的商家在找明星代言、做广告；IT行业中，软件公司在成功案例中，都喜欢列举一些大的知名公司的应用。更大的范围内，很多企业都很期望得到所在行业协会的认可，或者引用专家等行业领袖对自己企业以及产品的正面评价。

四、爱占便宜

刘春雄先生说过，“便宜”与“占便宜”不一样。价值50元的东西，50元买回来，那叫便宜；价值100元的东西，50元买回来，那叫占便宜。中国人经常讲“物美价廉”，其实，真正的物美价廉几乎是不存在的，都是心理感觉上的物美价廉。他进而说道，消费者不仅想占便宜，还希望“独占”，这给商家有可乘之机。比如，女士在服装市场购物，在消费者不还价就不买的威胁之下，商家经常做出“妥协”：“今天刚开张，图个吉利，按进货价卖给你算了！”“这是最后一件，按清仓价卖给你！”“马上要下班了，一分钱不赚卖给你！”这些话隐含如下信息：只有你一人享受这样的低价，便宜让你一人独占了。面对如此情况，消费者鲜有不成交的。消费者并不是想买便宜的商品而是想买占便宜的商品，这就是买赠和降价促销的关键差别。

五、害怕后悔

每一个人在做决定的时候，都会有恐惧感，生怕做错决定，生怕花的钱是错误的，这就是卢泰宏先生提到的购后冲突。所谓购后冲突是指消费者购买之后出现的怀疑、不安、后悔等不和谐的负面心理情绪，并引发不满的行为。通常贵重的耐用消费品引发的购后冲突会更严重，为此国美针对消费者的这个心理，说出了“买电器，到国美，花钱不后悔”，并作为国美店的店外销售语。进一步说，在销售的过程中，商家要不断地证明给顾客，让他百分之百地相信商家。同时商家必须时常问自己，当顾客在购买产品和服务的时候，商家要怎样做才能给顾客百分之百的安全感。

六、心理价位

任何一类产品都有一个“心理价格”，若高于“心理价格”也就超出了大多数用户的预算范围，而低于“心理价格”就会让用户对产品的品质产生疑问。因此，了解消费者的心理价位，有助于市场人员为产品制定合适的价格，有助于销售人员达成产品的销售。在IT行业，无论是软件还是硬件设备的销售，如果你了解到你的下限售价高于客户的心理价位，那么下面关键的工作就是拉升客户的心理价位，相反则需要适度提升你的售价。心理价位在终端销售表现就更为明显，以服装销售为例，消费者如果在一番讨价还价之后，最后的价格还是高于其心理价位，可能最终还是不会达成交易，甚至消费者在初次探询价格时，如果报价远高于其心理价位，就会懒得再看扭头就走。

七、炫耀心理

消费者炫耀心理，在消费商品上多表现为产品带给消费者的心理成分远远超过实用的成分。正是这种炫耀心理创造了高端市场，这一点在时尚商品上表现得尤为明显。为什么这样说呢？女士都钟爱手袋，非常有钱的女士为了炫耀其支付能力，往往会买价值几千甚至上万的世界名牌手袋。因此，对消费者来说，炫耀重在拥有或者外表。

八、攀比心理

消费者的攀比心理是基于消费者对自己所处的阶层、身份以及地位的认同，从而选择所在的阶层人群为参照而表现出来的消费行为。相比炫耀心理，消费者的攀比心理更在乎“有”——你有我也有。MP3、MP4、电子词典的热销并且能形成相当的市场规模，应该说消费者的攀比心理起到推波助澜的作用。很多商品，在购买的前夕，萦绕在消费者脑海中最多的就是，谁谁都有了，我也要去买。在计算机的配置中，也多见学生出于同学们都有的心理，也要求父母为自己购买计算机。对营销人员来说，我们可以利用消费者的攀比心理，出于对其参照群体的对比，有意强调其参照群体的消费来达成销售。

消费者心理学作为市场营销的一个分支，离我们并不遥远，以上八个消费者心理就在我们身边。同时我们还应明了，任何一个理论，只有通过总结得出方法，并进而细化成可以行动的能力，才能真正形成价值。现代很多流行的诸如EMBA管理理论，我们中国的先贤早就有提出，差距的关键就在于我们没有总结成理论体系，并细化成可行动的能力。

专题研究来源于网络营销策略、网络整合营销策略、酒店网络营销策略。

小　结

消费者在消费过程中产生的购买行为有时是由消费者的某一种动机支配的，有时是由多种复杂动机综合支配的。这些动机往往交织在一起构成购买行为体系。满足精神、社会需要的动机常常伴随满足生理、物质需要的动机。

在设计的过程中，协调产品与消费者动机之间的关系，对于产品市场形象的塑造有着直接的影响。对于设计师来说，是针对经济收入低的消费者设计价廉物美的商品，还是针对经济收入丰厚的消费者设计包装品质更为讲究的商品，这些因素都不是设计师单方面就能决定的，最终设计师的行为要取决于市场的需求。与此同时，设计与消费者的购买动机是相当复杂的，是生理、物理需要与精神、社会需要融会在一起的。

随着生活水平的不断提高，消费的需要不断变化，在确立产品设计的目标和定位时，设计师还应多从满足人们的社会生活和精神需要的层面入手，才能获得有利于产品推广的信息。

思考题

1. 设计师与消费者沟通技巧有哪些？

2. 消费时尚的具体含义是什么？

3. 消费者的设计决策主要分为哪几个方面的内容？

4. 消费者的需要特征有哪些？

5. “好的设计”的定义与特征是什么？

参考资料

1. 李泽厚.《美学三书》. 天津社会科学院出版社，2003

2. 李世杰主编.《市场营销与策划》. 北京：清华大学出版社，2006

3. 曾永成.《美学原理教程》. 成都：电子科技大学出版社，1993

4. 柳沙.《设计艺术心理学》. 北京：清华大学出版社，2006

5. 柯洪霞，曲振国.《消费心理学》. 北京：对外经济贸易大学出版社，2006

6. 彭聃龄主编.《普通心理学（修订版）》. 北京师范大学出版社，2004

7. 李砚祖.《产品设计艺术》. 北京：中国人民大学出版社，2005

8. 邱松.《立体构成》. 北京：中国青年出版社，2008

9. 王宏建主编.《艺术概论》. 北京：文化艺术出版社，2000

10. [瑞士] Niggli.《工业产品造型设计》. 霍营楠译. 北京：中国青年出版社，2005

11. [美] 玛丽安·罗斯奈·克里姆切克，[美] 桑德拉·A. 科拉索.《包装设计：品牌的塑造——从概念构思到货架展示》. 李慧娟译. 上海人民美术出版社，2008

12. 王峰.《设计材料基础》. 上海人民美术出版社，2006

13. 刘佳俊，陈耕主编.《现代色彩构成与应用》. 长沙：湖南人民出版社，2006

14. 胡介鸣.《立体构成》. 上海人民美术出版社，2006

15. 柳沙.《设计心理学》. 上海人民美术出版社，2009

16. 齐皓，张俏梅，余勇.《设计心理学》. 武汉：湖北美术出版社，2008

17. 赵江洪.《设计心理学》. 北京理工大学出版社，2008

18. 周承君主编.《设计心理学》. 武汉大学出版社，2008

19. 张成忠，吕屏主编.《设计心理学》. 北京大学出版社，2007

20. [美] 托马斯 L. 贝内特.《感觉世界——感觉和知觉导论》. 旦明译. 北京：科学出版社，1983

21. [美] 鲁道夫·阿恩海姆.《视觉思维》. 滕守尧译. 北京：光明日报出版社，1986

22. [美] M. 艾森克.《心理学——一条整合的途径》. 阎巩固译. 上海：华东师范大学出版社，2000

23. [英] 乔治·汉弗莱.《人类心灵的故事》. 郭本禹，王国芳译. 南京：江苏人民出版社，1999

24. 柳沙.《设计艺术心理学》. 北京：清华大学出版社，2006

25. 曹方.《视觉传达设计》. 南京：江苏美术出版社，2002

26. 马泉.《广告图形创意》. 武汉：湖北美术出版社，2003

27. 滕守尧.《审美心理描述》. 成都：四川人民出版社，1998

28. 余小梅.《广告心理学》. 北京：中国传媒大学出版社，2003

29. 马义爽主编.《消费心理学》. 北京：北京经济学院出版社，1991

30. 吴家骅.《环境设计史纲》. 重庆大学出版社，2002

31. [美] 杜·舒尔茨.《现代心理学史》. 沈德灿，等译. 北京：人民教育出版社，1981

32. [美] 约翰·O. 西蒙兹 .《景观设计学——场地规划与设计手册（第三版）》. 俞孔坚，王志芳，孙鹏译 . 北京：中国建筑工业出版社，2000

33. 李道增 .《环境行为学概论》. 北京：清华大学出版社，1999

34. 周宪主编 .《文化现代性与美学问题》. 北京：中国人民大学出版社，2005

35. [美] 阿摩斯·拉普卜特 .《文化特性与建筑设计》. 常青，张昕，张鹏译 . 北京：中国建筑工业出版社，2004

36. 吴良镛 .《人居环境科学导论》. 北京：中国建筑工业出版社，2001

37. 吴焕加 .《中国建筑传统与新统》. 南京：东南大学出版社，2003

38. 卢济威 .《建筑创作中的立意与构思》. 北京：中国建筑工业出版社，2002

39. 单德启 .《从传统民居到地区建筑》. 北京：中国建材工业出版社，2004

40. 王燕玲，童慧明 .《100 年 100 位产品设计师》. 北京理工大学出版社，2003

41. [俄] 瓦·康定斯基 .《论艺术的精神》. 查立译 . 北京：中国社会科学出版社，1987

42. [瑞士] 约翰内斯·伊顿 .《色彩艺术》. 杜定宇译 . 上海人民美术出版社，1985

43. [德] 卡尔·马克思 .《政治经济学批判》. 载于《马克思恩格斯全集》. 徐坚译 . 北京：人民出版社，1955

44. 刘琼雄，胡传建 .《创意市集产品型录》. 南京：江苏美术出版社，2008

45. 柯洪霞，曲振国 .《消费心理学》. 北京：对外经济贸易大学出版社，2006

46. [美] 戈登·福克塞尔，[美] 罗纳德·戈德史密斯，[美] 史蒂芬·布朗 .《市场营销中的消费者心理学》. 裴利芳，何润宇译 . 北京：机械工业出版社，2001

47 纪宝成主编 .《市场营销学教程》. 北京：中国人民大学出版社，2000

48. 罗钢、王中忱主编 .《消费文化读本》. 北京：中国社会科学出版社，2003

49. [美] 鲁道夫·阿恩海姆 .《艺术与视知觉》. 滕守尧，朱疆源译 . 成都：四川人民出版社，1998

50. 王宏建主编 .《艺术概论》. 北京：文化艺术出版社，2000

51. 李砚祖 .《产品设计艺术》. 北京：中国人民大学出版社，2005

52.《丛刊》编委会编 .《技术美学与工业设计丛刊》第 1 辑 . 天津：南开大学出版社，1986